AutoCAD 2014

中文版 标准教程

■ 张东平 温玲娟 等 编著

清华大学出版社

北 京

内 容 简 介

本书以最新版本的 AutoCAD 2014 中文版为操作平台,全面介绍使用该软件进行产品设计的方法和技巧。全书共分为 9 章,主要内容包括 AutoCAD 2014 入门基础知识、绘制和编辑二维图形、尺寸标注和文本注释、创建和编辑三维图形、打印和输出图形等,覆盖了使用 AutoCAD 设计各种产品的全过程。本书在讲解软件功能的同时,各章都安排了丰富的"课堂实例"和"上机练习",辅助读者巩固所学知识,解决读者在使用 AutoCAD 2014 过程中遇到的大量实际问题。本书配套光盘附有多媒体语音视频教程和大量的图形文件,供读者学习和参考。本书内容结构严谨、分析讲解透彻,实例针对性强,适合作为 AutoCAD 的培训教材,也可以作为 AutoCAD 工程制图人员的参考资料。

图书在版编目(CIP)数据

AutoCAD 2014 中文版标准教程/张东平,温玲娟等编著. —北京:清华大学出版社,2015
(清华电脑学堂)
ISBN 978-7-302-39050-3

Ⅰ. ①A… Ⅱ. ①张… ②温… Ⅲ. ①AutoCAD 软件-教材 Ⅳ. ①TP391.72

中国版本图书馆 CIP 数据核字(2015)第 017103 号

责任编辑:冯志强
封面设计:吕单单
责任校对:徐俊伟
责任印制:刘海龙

出版发行:清华大学出版社
　　　网　　　址:http://www.tup.com.cn, http://www.wqbook.com
　　　地　　　址:北京清华大学学研大厦 A 座　　　　邮　　编:100084
　　　社 总 机:010-62770175　　　　　　　　　　　邮　　购:010-62786544
　　　投稿与读者服务:010-62776969, c-service@tup.tsinghua.edu.cn
　　　质 量 反 馈:010-62772015, zhiliang@tup.tsinghua.edu.cn
印 装 者:北京密云胶印厂
经　　销:全国新华书店
开　　本:185mm×260mm　　　印　张:19.25　　　字　数:478 千字
　　　　(附光盘 1 张)
版　　次:2015 年 4 月第 1 版　　　　　　　　印　次:2015 年 4 月第 1 次印刷
印　　数:1~3000
定　　价:49.00 元

产品编号:062499-01

前　　言

AutoCAD 是专门为计算机绘图开发的设计软件。该软件提供了一个开放的平台、面向对象的绘图环境和简易的操作方法，可以对产品进行设计、分析、修改和优化等操作。使用该软件不仅能够将设计方案用规范、美观的图纸表达出来，而且还能有效地帮助设计人员提高设计水平及工作效率，从而解决了传统手工绘图中的种种弊端，便于用户及时进行必要的调整和修改。

最新推出的 AutoCAD 2014 在其原有版本的基础上，做了较大的改动，使其功能日益完善。另外，该软件的操作界面和细节功能更加人性化，在运行速度和数据共享等方面都有较大的增强，便于设计者快捷和准确地完成设计任务。

1. 本书内容介绍

本书以工程理论知识为基础，以典型的机械零部件为训练对象，带领读者全面学习 AutoCAD 2014 中文版软件。全书共分 9 章，具体内容详细如下。

第 1 章　主要介绍 AutoCAD 2014 软件的操作界面、基本功能和部分新增功能，并详细介绍了绘图环境设置的相关方法，以及文件管理、视图控制和图形的精确控制设置等操作方法和技巧。

第 2 章　主要介绍使用点、线、矩形和圆等工具来绘制图形的方法和技巧，并详细介绍某些线条的编辑方法，例如对多段线和样条曲线的编辑修改。

第 3 章　主要介绍常用编辑工具的使用方法和操作技巧，以及夹点编辑的操作方法。

第 4 章　主要介绍常规块和动态块的创建方法，以及块和块属性的相关编辑技巧。此外，还详细介绍了使用外部参照和设计中心插入各种对象的方法。

第 5 章　主要介绍尺寸标注的相关设置和操作方法，其中重点是各类图形尺寸的标注和编辑方法。此外，还详细介绍了查询图形数据信息的相关方法。

第 6 章　主要介绍文字和表格的添加和编辑方法，并详细介绍了如何添加几何约束和尺寸约束等相关内容。

第 7 章　主要介绍在三维建模环境中创建各种三维曲线和网格曲面的方法，以及利用 AutoCAD 相关的实体工具创建各种三维实体的方法。此外还介绍了三维绘图的基础知识和 UCS 坐标系的设置方法。

第 8 章　主要介绍控制三维视图显示效果的方法，以及实体间的布尔运算和相关的三维操作方法。此外，还详细介绍了编辑实体的边、面和体的方法。

第 9 章　主要介绍视图布局和视口的设置方法，以及常用图形的打印输出和格式输出方法。此外还介绍了 DWF 格式文件的发布方法，以及将图形发布到 Web 页的方法。

2．本书主要特色

本书是指导初学者学习 AutoCAD 2014 中文版绘图软件的标准教程。书中详细地介绍了 AutoCAD 2014 强大的绘图功能及其应用技巧，使读者能够利用该软件方便快捷地绘制工程图样，并进行三维建模。本书主要特色介绍如下。

❑ **内容的全面性和实用性**

在定制本教程的知识框架时，就将写作的重心放在体现内容的全面性和实用性上。因此从提纲的定制以及内容的编写力求将 AutoCAD 专业知识全面囊括。另外，每章都安排了丰富的课堂实例，且这些实例都与工程实践设计紧密联系在一起，采用了实用案例式的讲解，同时附有简洁明了的步骤说明，使用户在制作过程中不仅巩固知识，而且通过这些实例建立产品设计思路，在今后的设计过程中，起到举一反三的效果。

❑ **知识的系统性**

从整本书的内容安排上不难看出，全书的内容是一个循序渐进的过程，即讲解绘图基本知识和 AutoCAD 操作环境、绘制和编辑二维图形、创建和编辑三维图形，以及观察模型和输出打印图形等，环环相扣，紧密相联。

❑ **知识的拓展性**

为了拓展读者的机械专业知识，书中在介绍每个绘图工具时，都与实际的零件绘制紧密联系，并增加了机械制图的相关知识、涉及到的零件图的绘制规律、原则、标准以及各种注意事项。

3．随书光盘内容

为了帮助用户更好地学习和使用本书，本书专门配带了多媒体学习光盘，提供了本书实例源文件、最终效果图和全程配音的教学视频文件。本光盘使用之前，需要首先安装光盘中提供的 tscc 插件才能运行视频文件。其中 example 文件夹提供了本书主要实例的全程配音教学视频文件；downloads 文件夹提供了本书实例素材文件；image 文件夹提供了本书主要实例最终效果图。随书光盘特色介绍如下。

❑ **人性化设计**　光盘主界面有 4 个按钮，分别是"实例欣赏"、"素材下载"、"教学视频"和"网站支持"，前 3 个按钮对应光盘的 image 文件夹、downloads 文件夹和 example 文件夹。用户只需单击相应的按钮，就可以进入相关程序，比如单击"网站支持"按钮可以直接链接到清华大学出版社网站。

❑ **交互性**　视频播放控制器功能完善，提供了"播放"、"暂停"、"快进"、"快退"、"试一试"等控制按钮，可以显示视频播放进度，用户使用非常方便。比如，视频文件在播放过程中，单击"试一试"按钮，可以最小化视频播放界面，读者可以跟随视频文件指导，自行上机练习视频教学内容。

❑ **功能完善**　本光盘由专业技术人员使用 Director 技术开发，具有背景音乐控制，快进，后退，返回主菜单、退出等多项功能。用户只需单击相应的按钮，就可以灵活完成操作。比如，自动运行光盘时，单击"视频教程"按钮，可以进入视频文件界面，单击每一个视频按钮，就可以直接播放视频文件；如果手动打开光盘，可以进入 example 文件夹，双击对应的 avi 文件，直接打开视频文件。

4．本书适用的对象

本书紧扣工程专业知识，不仅带领读者熟悉该软件，而且可以了解产品的设计过程，特别适合作为大专院校机电一体化、机械设计制造与自动化等专业教材。全书共分为 9 章，安排 25～30 个课时，并配有相应的课堂实例和上机练习。

参与本书编写的除了封面署名人员外，还有张瑞萍、吴东伟、倪宝童、石玉慧、李志国、唐有明、王咏梅、李乃文、陶丽、连彩霞、毕小君、王兰兰、牛红惠等人。由于时间仓促，水平有限，疏漏之处在所难免，欢迎读者朋友登录清华大学出版社的网站 www.tup.com.cn 与我们联系，帮助本书的改进和提高。

编　者

目　　录

第 1 章

AutoCAD 2014 入门基础知识

AutoCAD 是专门为计算机绘图开发的设计软件。该软件提供了一个开放的平台、面向对象的绘图环境和简易的操作方法，可以对产品进行设计、分析、修改和优化等操作。使用该软件不仅能够将设计方案用规范、美观的图纸表达出来，而且能有效地帮助设计人员提高设计水平及工作效率，从而解决了传统手工绘图中人为造成的种种弊端，便于用户及时进行必要的调整和修改。

本章主要介绍 AutoCAD 2014 软件的操作界面、基本功能和部分新增功能，并详细介绍了绘图环境设置的相关方法，以及文件管理、视图控制和图形的精确控制设置等操作方法和技巧。

本章学习目的：

➢ 熟悉 AutoCAD 2014 软件的基本功能和新增功能
➢ 熟悉 AutoCAD 2014 软件的操作界面
➢ 掌握绘图环境的设置方法
➢ 掌握管理图形文件的相关方法
➢ 熟悉视图的常用操作工具
➢ 掌握绘图控制的基本方法

1.1 AutoCAD 功能概述

使用 AutoCAD 软件绘制的二维和三维图形，在工程设计、生产制造和技术交流中起着不可替代的作用。而最新推出的 AutoCAD 2014 在其原有版本的基础上，做了较大的改动，使其功能日益完善。另外，该软件的操作界面和细节功能更加人性化，在运行速度和数据共享等方面都有较大的增强，便于设计者快捷和准确地完成设计任务。

1.1.1 AutoCAD 基本功能

AutoCAD 是一款强大的工程绘图软件，已经成为工程人员工作中不可或缺的工具，用户可以利用该软件对产品进行设计、分析、修改和优化等操作。AutoCAD 软件的基本功能主要体现在产品的绘制、编辑、注释和渲染等多个方面，现分别介绍如下。

1. 绘制与编辑图形

在 AutoCAD 软件的【草图与注释】工作空间下，【默认】选项卡中包含有各种绘图工具和辅助编辑工具。利用这些工具可以绘制各种二维图形，效果如图 1-1 所示。

在【三维建模】工作空间中，可以利用【常用】选项卡下各个选项板上的工具快速创建三维实体模型和网格曲面，效果如图 1-2 所示。

图 1-1　绘制旋转开关草图

在工程设计中，为了方便查看图形的机构特征，也常常使用轴测图来描述物体。轴测图是一种以二维绘图技术来模拟三维对象，沿特定视点产生的三维平行投影效果，但其绘制方法与二维图形有所不同。因此，可以将轴测图看成三维图形，将 AutoCAD 切换到轴测模式下就可以方便地绘制出轴测图。如图 1-3 所示是使用 AutoCAD 绘制的轴测图。

图 1-2　支耳实体模型

图 1-3　定位支架轴测图效果

2. 尺寸标注

尺寸标注是在图形中添加测量注释的过程。在 AutoCAD 的【注释】选项卡中包含了各种尺寸标注和编辑工具。使用它们可以在图形的各个方向上创建各种类型的标注，也可以以一定格式方便、快捷地创建符合行业或项目标准的标注。

在 AutoCAD 中提供了线性、半径和角度等多种基本标注类型，可以进行水平、垂直、对齐、旋转、坐标、基线或连续等标注。此外还可以进行引线标注、公差标注，以及自定义粗糙度标注。标注的对象可以是二维图形或三维图形，效果如图 1-4 所示。

标注尺寸效果

图 1-4　标注图形尺寸

3. 渲染三维图形

在 AutoCAD 中运用雾化、光源和材质，可以将模型渲染为具有真实感的图像。如果是为了演示，可以渲染全部对象；如果时间有限，或显示设备不能提供足够的灰度等级和颜色，就不必精细渲染；如果只需快速查看设计的整体效果，则可以简单消隐或设置视觉样式。如图 1-5 所示就是利用 AutoCAD 渲染出来的三维图形效果。

齿轮油泵渲染效果

图 1-5　渲染三维图形

4. 输出与打印图形

AutoCAD 不仅允许用户将所绘图形以不同的样式，通过绘图仪或打印机输出，还能够将不同格式的图形导入 AutoCAD 或将 AutoCAD 图形以其他格式输出。因此，当完成图形绘制之后，可以使用多种方法将其输出。例如可以将图形打印在图纸上，或创建成文件以供其他应用程序使用，效果如图 1-6 所示。

输出图纸效果

图 1-6　输出图形

1.1.2　AutoCAD 2014 新增功能

2014 版 AutoCAD 在原有版本的基础上，添加了全新功能，并对相应操作功能进行了改动和完善，使该新版软件可以帮助设计者更加方便快捷地完成设计任务。AutoCAD 2014 的新增功能介绍如下。

1. 命令行增强

在 2014 版 AutoCAD 软件中，命令行得到了增强，可以提供更智能、更高效的访问命令和系统变量。用户可以使用命令行查找诸如阴影图案、可视化风格以及联网帮助等内容。此外，命令行的颜色和透明度可以随意改变。且其在不停靠的模式下形式更小，更方便使用，如图 1-7 所示。

❑ 自动更正

如果命令输入错误，系统不会再显示"未知命令"，而是会自动更正成最接近且有效的 AutoCAD 命令。例如，如果输入了 TABLE，系统将会自动启动 TABLE 命令。

❑ 自动适配建议

命令在最初建议列表中显示的使用顺序基于用户的通用数据。当用户继续使用 AutoCAD 软件，命令的建议列表顺序将适应其自身的使用习惯。命令使用数据存储在配置文件，并自动适应每个用户。

❑ 互联网搜索

用户可以在建议列表中快速搜索命令或系统变量的更多信息。其通过移动光标到列表中的命令或系统变量上，然后选择帮助或网络图标，即可搜索相关信息。且 AutoCAD 会自动返回当前词的互联网搜索结果，如图 1-8 所示。

图 1-7　命令行

图 1-8　互联网搜索

提　示

此外，在 2014 版 AutoCAD 的命令行中，其半透明的提示历史可显示多达 50 行。

2. 文件选项卡

2014 版 AutoCAD 提供了图形选项卡，使得其在打开的图形间切换或创建新图形时非常方便。文件选项卡是以文件打开的顺序来显示的。用户可以拖动选项卡来更改他们之间的位置。如果上面没有足够的空间来显示所有的文件选项卡，此时会在其右端出现一个浮动菜单来访问更多打开的文件。当文件选项卡打开后，在图形区域上方会显示所有已经打开的图形的选项卡，如图 1-9

图 1-9　文件选项卡

所示。

　　如果选项卡上有一个锁定的图标，则表明该文件是以只读的方式打开的；如果有个冒号，则表明自上一次保存后此文件被修改过。当用户把光标移到文件标签上时，可以预览该图形的模型和布局。如果把光标移到预览图形上时，则相对应的模型或布局就会在图形区域临时显示出来，并且打印和发布工具在预览图中也是可用的，如图1-10所示。

图1-10 预览图形

　　此外，文件选项卡的右键菜单可以新建、打开或关闭文件，包括可以关闭除所单击文件外的其他所有已打开的文件。用户也可以复制文件的全部路径到剪贴板，或打开资源管理器并定位到该文件所在的目录。

3．绘图和注释增强

　　2014版AutoCAD软件包含了大量的绘图增强功能，如在绘制圆弧时，按住Ctrl键可以切换所要绘制的圆弧的方向，这样可以轻松地绘制不同方向的圆弧；在绘制多段线时，可以通过自我圆角来创建封闭的多段线。

　　此外，在添加尺寸注释时，系统增强了单行文字功能，它将维持其最后一次的对齐设置直到被改变。当创建连续标注或基线标注时，新的DIMCONTINUEMODE系统变量提供了更多的控制：当 DIMCONTINUEMODE 设置为 0 时，DIMCONTINUE 和DIMBASELINE 命令是基于当前标注样式创建标注；而当其设置为 1 时，它们将基于所选择标注的标注样式创建。

　　2014版AutoCAD在绘图和注释功能方面增强的工具将在后面相应章节中进行详细介绍，这里不再赘述。

1.2　AutoCAD 2014 用户界面

　　在学习 CAD 软件之前，首先要了解 2014 版 AutoCAD 的操作界面。新版软件更加人性化，不仅提供了便捷的操作工具，便于初级用户快速熟悉操作环境，同时对于熟悉该软件的用户而言，操作将更加方便。

1.2.1 AutoCAD 的基本操作界面

启动 2014 版 AutoCAD 软件，系统将打开相应的操作界面，并默认进入【草图与注释】工作空间，如图 1-11 所示。该操作界面包括菜单、工具栏、工具选项板和状态栏等，各部分的含义介绍如下。

图 1-11 基本操作界面

1. 标题栏

屏幕的顶部是标题栏，它显示了 AutoCAD 2014 的名称及当前的文件位置、名称等信息。在标题栏中包括快速访问工具栏和通讯中心工具栏。

1）快速访问工具栏

在标题栏左边位置的快速访问工具栏中，包含新建、打开、保存和打印等常用工具。如有必要还可以将其他常用的工具放置在该工具栏中，效果如图 1-12 所示。

2）通讯中心

在标题栏的右侧为通讯中心，是通

图 1-12 自定义快速访问工具栏

过 Internet 与最新的软件、产品支持通告和其他服务进行直接连接，快速搜索各种信息来源，访问产品更新和通告以及在信息中心中保存主题。通讯中心提供一般产品信息、产品支持信息、订阅信息、扩展通知、文章和提示等通知。

2. 文档浏览器

单击窗口左上角按钮，系统将打开文档浏览器。该浏览器中左侧为常用的工具，右侧为最近打开的文档，并且可以指定文档名的显示方式，便于更好地分辨文档，如图 1-13 所示。

当鼠标在文档名上停留时，系统将会自动显示一个预览图形，以及它的文档信息。此时，用户可以按顺序列表来查看最近访问的文档，也可以将文档以日期、大小或文件类型的方式显示，如图 1-14 所示。

图 1-13 访问最近使用的文档

3．工具栏

新版软件的工具栏通常处于隐藏状态，要显示所需的工具栏，切换至【视图】选项卡，在【用户界面】选项板中单击【工具栏】按钮 ，在其下拉列表中选择【AutoCAD】选项，系统将显示所有工具栏选项名称。此时，用户可以根据需要选择打开或者关闭任一个工具栏。如图 1-15 所示选择【标注】选项，系统将打开【标注】工具栏。

图 1-14 预览图形

4．光标

光标是指工作界面上当前的焦点，或者当前的工作位置。针对 AutoCAD 工作的不同状态，对应的光标会显示不同的形状。

当光标位于 AutoCAD 的绘图区时，呈现为十字形状，在这种状态下可以通过单击来执行相应的绘图命令；当光标呈现为小方格型时，表示 AutoCAD 正处于等待选择状态，此时可以单击鼠标在绘图区中进行对象的选择，如图 1-16 所示。

图 1-15 打开指定工具栏

5. 命令窗口

命令窗口位于绘图界面的最下方，主要用于显示提示信息和接受用户输入的数据。在 AutoCAD 中，用户可以通过快捷键 Ctrl+9 来控制命令窗口的显示和隐藏。当按住命令行左侧的标题栏进行拖动时，可以使其成为浮动面板，如图 1-17 所示。

图 1-16　光标的状态

图 1-17　浮动命令窗口

AutoCAD 还提供一个文本窗口，按下快捷键 F2 将显示该窗口，如图 1-18 所示。它记录了本次操作中的所有操作命令，包括单击按钮和所执行的菜单命令。在该窗口中输入命令后，按下回车键，也同样可以执行相应的操作。

图 1-18　文本窗口

6. 状态栏

状态栏位于整个界面的最底端。它的左边用于显示 AutoCAD 当前光标的状态信息，包括 X、Y 和 Z 三个方向上的坐标值；右边则显示一些具有特殊功能的按钮，一般包括捕捉、栅格、动态输入、正交和极轴等。如图 1-19 所示单击【显示/隐藏线宽】功能按钮 +，系统将显示所绘图形的轮廓线宽效果。

7. 选项卡

新版软件的界面显示具有与 Office 2007 软件相似的工具选项卡，几乎所有的操作工具都位于选项卡对应的选项板中，如图 1-20 所示。

图 1-19　显示轮廓线宽

8. 坐标系

AutoCAD 提供了两个坐标系：一个称为世界坐标系（WCS）的固定坐标系和一个称为用户坐标系（UCS）的可移动坐标系。UCS 对于输入坐标、定义图形平面和设置视图非常有用。改变 UCS 并不改变视点，只改变坐标系的方向和倾斜角度，如图 1-21 所示。

图 1-20　选项卡

图 1-21　坐标系

1.2.2　工作空间

工作空间是由分组组织的菜单、工具栏、选项板和功能区控制面板组成的集合，使用户可以在专门的、面向任务的绘图环境中工作。且使用工作空间时，只会显示与任务相关的菜单、工具栏和选项板。

AutoCAD 提供了基于两个任务的工作空间类型：模型空间和图纸空间。单击 AutoCAD 顶部【工作空间】右边的小三角，系统即可打开【工作空间】下拉列表，如图 1-22 所示。

图 1-22　【工作空间】
　　　　　下拉列表

1. 工作空间的切换

在展开的【工作空间】下拉列表中选择不同的选项，系统将切换至不同的工作空间，且带有复选标记的工作空间是用户的当前工作空间。该列表中各选项的含义现分别介绍如下。

1）模型空间

包括【三维基础】和【三维建模】两个工作空间，就是可以建立三维坐标系的工作空间，用户大部分的三维设计工作都在该类空间中完成。在该空间中，即使绘制的是二维图形，也是处在空间位置中的。该类空间主要用来创建三维实体模型。

2）图纸空间

该类空间即【草图与注释】工作空间，只能进行二维操作，绘制二维图形，主要是用于规划输出图纸的工作空间。用户在该类空间中添加的对象在模型空间中是不可见的，另外，在图纸空间中也不能直接编辑模型空间中的对象。通俗地说，模型空间是设计空间，而图纸空间是表现空间。

此外，在该列表中还显示了【AutoCAD 经典】选项。选择该选项，系统将切换至 AutoCAD 经典工作空间，如图 1-23 所示。

该工作空间也主要是用来绘制二维图形的，与【草图与注释】工作空间所不同的是，该空间内各类工具栏遍布，使用户在绘制图形时操作更为方便。

图 1-23　AutoCAD 经典工作空间

2．工作空间的设置

在展开的【工作空间】下拉列表中选择【工作空间设置】选项，系统将打开【工作空间设置】对话框，如图 1-24 所示。

在该对话框的【我的工作空间】下拉列表框中可以选择系统默认的工作空间打开模式；在【菜单显示及顺序】列表框中，选择相应的工作空间名称并通过右边的【上移】和【下移】按钮可以调整其排列顺序；在【切换工作空间时】选项组中，通过选择不同的单选按钮，可以设置切换空间时是否保存空间的修改。

图 1-24　【工作空间设置】对话框

另外，若选择【工作空间】下拉列表中的【将当前工作空间另存为】选项，系统将打开【保存工作空间】对话框。此时，在该对话框的文本框中输入要保存的空间名称，并单击【保存】按钮，即可在【工作空间】下拉列表中查看另存效果，如图 1-25 所示。

图 1-25　另存工作空间

1.2.3　坐标系

与传统的手工绘图相比较，使用 AutoCAD 软件绘图的优势之一就是该软件为用户

AutoCAD 2014 中文版标准教程

提供了众多的辅助绘图工具。如利用捕捉和栅格功能可以控制光标的精确移动，利用正交和极轴追踪功能可以绘制水平、垂直和倾斜直线。特别是坐标系的应用，为用户快速准确地定位点提供了极大的方便。

1. 坐标系的分类

在 AutoCAD 中，坐标系按不同的类别分为世界坐标系和用户坐标系，以及直角坐标系和极坐标系两大类，现分别介绍如下。

1) 世界坐标系和用户坐标系

启动 AutoCAD 或新建图形文件时，系统默认坐标系为世界坐标系（WCS），而用户通过改变坐标系原点或旋转坐标轴而创建的坐标系为用户坐标系（UCS），如图 1-26 所示。

在二维视图中，世界坐标系的 X 轴成水平方向，Y 轴成垂直方向。且规定沿 X 轴向右和 Y 轴向上的位移为正方向，X 轴和 Y 轴的交点为世界坐标系的原点。

图 1-26　世界坐标系和用户坐标系

2) 直角坐标系和极坐标系

直角坐标系又称为笛卡尔坐标系，由一个原点和两个通过原点的、互相垂直的坐标轴构成。该坐标系的样式与世界坐标系相同，且平面上任何一点都可以由 X 轴和 Y 轴的坐标所定义，即用一对坐标值（x，y）来定义一个点。例如，输入一对直角坐标值确定圆心位置绘制圆，效果如图 1-27 所示。

极坐标系是由一个极点和一个极轴构成的，极轴的方向为水平向右。平面上的任何一点都可以由该点到极点的连线长度 L（L<0）与连线和极轴的夹角 a（极角，逆时针方向为正）所定义，即用一对坐标值（L<a）来定义一个点，其中"<"表示角度。例如，输入一对极坐标值确定圆心位置绘制圆，效果如图 1-28 所示。

图 1-27　输入直角坐标值确定圆心

2. 坐标的输入法

为了体现出精确性，在绘制图形的过程中，点必须要精确定位。AutoCAD 软件提

图 1-28　输入极坐标值确定圆心

供了两种精确定位的坐标输入法，即绝对坐标输入法和相对坐标输入法。

1）绝对坐标输入法

选用该方法创建点时，任何一个点都是相对于同一个坐标系的坐标原点，也就是世界坐标系的原点来创建的，参照点是固定不变的。在直角坐标系和极坐标系中，点的绝对坐标输入形式分别如下所述。

① 绝对直角坐标系

该方式表示目标点从坐标系原点出发的位移。用户可以使用整数和小数等形式表示点的 X、Y 坐标值，且坐标间用逗号隔开，如（9，10），（1.5，3.5）。

② 绝对极坐标系

该方式表示目标点从坐标系原点出发的距离，以及目标点和坐标系原点连线（虚拟）与 X 轴之间的夹角。其中距离和角度用"<"隔开，且规定 X 轴正向为 0°，Y 轴正向为 90°，逆时针旋转角度为正，顺时针旋转角度为负，如（20<30），（15<-30）。

2）相对坐标输入法

选用该方法创建点时，所创建的每一个点不再是参照同一个坐标系原点来完成的，坐标原点时时在变，创建的任一点都是相对于上一个点来定位的。在创建过程中，上一点是下一点的坐标原点，参照点时时在变。

在直角坐标系和极坐标系中使用该方法输入点坐标时，表示目标点相对于上一点的 X 轴和 Y 轴位移，或距离和角度。它的表示方法是在相应的绝对坐标表达式前加上"@"符号，如（@9，10），（@20<30），其中相对极坐标中的角度是目标点和上一点连线与 X 轴的夹角。

3. 坐标值的显示

在 AutoCAD 操作界面底部左边的状态栏中，显示着当前光标所处位置的坐标值，如图 1-29 所示。

该坐标值主要有以下几种显示状态。

❑ **绝对坐标状态**　显示光标所在位置的坐标。

❑ **相对极坐标状态**　在相对于上一点来指定第二点时可使用该状态。

❑ **关闭状态**　颜色变为灰色，并"冻结"关闭时所显示的坐标值。

图 1-29　光标坐标值显示

用户可以在状态栏中显示坐标值的区域双击，进行各状态之间的切换，也可以在该区域单击右键打开快捷菜单，然后选择所需的状态进行切换，如图 1-30 所示。

1.3 基本操作

AutoCAD 2014 作为专业化的图形软件，具有与其他软件所不同的特点和使用要求，其中包括相关的文件管理、视图控制、对象选择和对象特性等。作为 AutoCAD 软件的初学者掌握这些基本操作方法是学好该软件的关键，也是进一步提高作图能力的关键。

图 1-30　切换坐标显示状态

1.3.1 文件管理

在 2014 版 AutoCAD 的快捷工具栏中，系统提供了一些管理图形文件所必须的操作命令，即用于建立新的文件、打开现有的图形文件、保存或者重命名保存图形文件等。要提高设计的工作效率，首先要熟悉这些图形文件的管理方法。

1. 新建图形文件

当启动了 AutoCAD 以后，系统将默认创建一个图形文件，并自动命名为 Drawing1.dwg。这样在很大程度上就方便了用户的操作，只要打开 AutoCAD 即可进入工作模式。

要创建新的图形文件，可以在快捷工具栏中单击【新建】按钮，系统将打开【选择样板】对话框，如图 1-31 所示。

此时，在该对话框中选择一个样板，并单击【打开】按钮，系统即可打开一个基于样板的新文件。且一般情况下，日常设计中最常用的是"acad"样板和"acadiso"样板。

此外，在创建样板时，用户可以不选择任何样板，从空白开始创建。此时需要在对话框中单击【打开】按钮旁边的黑三角打开其下拉菜单，然后选择【无样板打开-英制】或【无样板打开-公制】方式即可。

图 1-31　【选择样板】对话框

第一个新建的图形文件命名为"Drawing 1.dwg"。如果再创建一个图形文件，其默认名称为"Drawing2.dwg"，依次类推。

2．打开图形文件

在机械设计过程中并非每个零件的 AutoCAD 图形都必须绘制，用户可以根据设计需要将一个已经保存在本地存储设备上的文件调出来编辑，或者进行其他操作。

要打开现有图形文件，可以直接在快捷工具栏中单击【打开】按钮，系统将打开【选择文件】对话框，如图 1-32 所示。

在该对话框中单击【打开】按钮旁边的黑三角，其下拉菜单中提供了以下 4 种打开方式。

1）打开

该方式是最常用的打开方式。用户可以在【选择文件】对话框中双击相应的文件，或者选择相应的图形文件，然后单击【打开】按钮即可，如图 1-33 所示。

2）以只读方式打开

选择该方式表明文件以只读的方式打开。用户可以进行编辑操作，但编辑后不能直接以原文件名存盘，需另存为其他名称的图形文件，如图 1-34 所示。

3）局部打开

选择该方式仅打开图形的指定图层。如果图形中除了轮廓线、中心线外，还有尺寸、文字等内容分别属于不同的图层，此时，采用该方式可执行选择其中的某些图层打开图样。该打开方式适合图样文件较大的情况，可以提高软件的执行效率。

图 1-32 【选择文件】对话框

图 1-33 直接打开图形

图 1-34 以只读方式打开图形

如果使用局部打开方式，则在打开后只显示被选图层上的对象，其余未选图层上的对象将不会被显

示出来，如图
1-35 所示。

选择【局部
打开】方式，系
统在打开的对话
框左边的列表框
中列举出了打开
图形文件时的可
选视窗，其右边
的列表框列出了

图 1-35 局部打开图形文件

用户所选图形文件中的所有图层。
如果使用局部打开方式则必须在
打开文件中选定相应的图层，否则
将出现警告对话框提示用户。

4）以只读方式局部打开

选择该方式打开当前图形与
局部打开文件一样需要选择相应
的图层。用户可以对当前图形进行
相应的编辑操作，但无法进行保
存，需另存为其他名称的图形文
件，如图 1-36 所示。

图 1-36 以只读方式局部打开

3. 保存图形文件

在使用 AutoCAD 软件绘图的
过程中，应每隔 10～15min 保存一
次所绘的图形。定期保存绘制的图
形是为了防止一些突发情况，如电
源被切断、错误编辑和一些其他故
障，尽可能做到防患于未然。

要保存正在编辑或者已经
编辑好的图形文件，可以直接在快
捷工具栏中单击【保存】按钮
（或者使用快捷键 Ctrl+S），即可保
存当前文件。如果所绘图形文件
是第一次被保存，系统将打开【图
形另存为】对话框，如图 1-37
所示。

图 1-37 保存图形

此时，在该对话框中输入图形文件的名称（不需要扩展名），并单击【保存】按钮，即可将该文件成功保存。

除了上面的保存方法之外，AutoCAD 还为用户提供了另外一种保存方法，即间隔时间保存。其设置方法是：在空白处单击鼠标右键，在打开的快捷菜单中选择【选项】选项。然后在打开的对话框中切换至【打开和保存】选项卡，如图 1-38 所示。

此时，在该选项卡中启用【自动保存】复选框，并在【保存间隔分钟数】文本框中设置相应的数值。这样在以后的绘图过程中，系统即可以根据间隔时间，自动对文件进行存盘。

图 1-38　【打开和保存】选项卡

4．文件加密

要执行图形加密操作，用户可以在快捷工具栏中单击【另存为】按钮，系统将打开【图形另存为】对话框，如图 1-39 所示。

在该对话框的【工具】下拉菜单中选择【安全选项】选项，系统将打开【安全选项】对话框。此时，在【密码】选项卡的文本框中输入密码，并单击【确定】按钮，然后在打开的【确认密码】对话框中输入确认密码，即可完成文件的加密操作，如图 1-40 所示。

图 1-39　【图形另存为】对话框

图 1-40　输入保密密码

1.3.2 视图控制

在绘制图形的过程中，为了更方便地观察图形的不同位置，可以对图形进行平移或缩放操作，还可以利用视图的重画和重生成工具更新视图，提高绘图的准确性和画面清晰度。

1. 平移视图

使用平移视图工具可以重新定位当前图形在窗口中的位置，以便对图形其他部分进行浏览或绘制。此命令不会改变视图中对象的实际位置，只改变当前视图在操作区域中的位置。在 AutoCAD 中，平移视图工具包含【实时平移】和【定点平移】两种方式，现分别介绍如下。

1）实时平移

利用该工具可以使视图随光标的移动而移动，从而在任意方向上调整视图的位置。切换至【视图】选项卡，在【二维导航】选项板中单击【平移】按钮，此时鼠标指针将显示形状。然后按住鼠标左键并拖动，窗口中的图形将随着光标移动的方向而移动，按 Esc 键可退出平移操作，效果如图 1-41 所示。

提 示

在绘图过程中为提高绘图的效率，当平移视图时可以直接按住鼠标中键将视图移动到指定的位置，释放视图即可获得移动效果。

2）定点平移

利用【定点平移】指令可以通过指定移动基点和位移值的方式进行视图的精确平移。在命令行中输入 MOVE 指令，并选取要移动的对象，按下回车键后，此时屏幕中将显示一个"十"形光标。然后在绘图区中的适当位置单击左键指定基点，并偏移光标指定视图的移动方向。接着输入位移距离并按回车键，或直接单击左键指定目标点，即可完成视图的定点平移，效果如图 1-42 所示。

图 1-41　实时平移视图

图 1-42　定点平移视图

2. 缩放视图

通常在绘制图形的局部细节时，需要使用相应的缩放工具放大绘图区域，且当绘制完成后，再使用缩放工具缩小图形来观察图形的整体效果。

切换至【视图】选项卡，在【二维导航】选项板中单击【范围】按钮右侧的黑色小三角，系统将打开下拉菜单。该菜单中包含了 11 种视图缩放工具，各工具的具体含义如表 1-1 所示。

表 1-1 视图缩放工具功能说明

工 具 名 称	功 能 说 明
范围	系统能够以屏幕上所有图形的分布距离为参照，自动定义缩放比例，对视图的显示比例进行调整，使所有图形对象显示在整个图形窗口中
窗口	可以在屏幕上提取两个对角点以确定一个矩形窗口，之后系统将会把矩形范围内的图形放大至整个屏幕。当使用【窗口】缩放视图时，应尽可能指定矩形对角点与当前屏幕形成一定的比例，才能达到最佳的放大效果
上一个	单击该按钮，可以将视图返回至上次显示位置的比例
实时	按住鼠标左键，通过向上或向下移动进行视图的动态放大或缩小操作。在使用【实时】缩放工具时，如果图形放大到最大程度，光标显示为 时，表示不能再进行放大；反之，如果缩小到最小程度，光标值来显示为 时，表示不能再进行缩小
全部	可以将当前视图缩放来显示整个图形。在平面视图中，所有图形将被缩放到栅格界限和当前范围两者中较大的区域中
动态	可以将当前视图缩放显示在指定的矩形视图框中。该视图框表示视图，可以改变它的大小，或在图形中移动
缩放	执行缩放操作与圆心缩放操作有相似之处。当执行缩放操作时，只需设置比例参数即可。例如，在命令行中输入 5X，可以使屏幕上的每个对象显示为原大小的 1/2
圆心	缩放以显示由中心点及比例值或高度定义的视图。其中，设置高度值较小时，增加放大比例；反之，则减小放大比例。当需要设置比例值来相对缩放当前的图形时，可以输入带 X 的比例因子数值。例如，输入 2X 显示比当前视图放大两倍的视图
对象	能够以图中现有图形对象的形状大小为缩放参照，调整视图的显示效果
放大	能够以 2X 的比例对当前图形执行放大操作
缩小	能够以 0.5X 的比例对当前图形执行缩小操作

3. 重画和重生成视图

利用重画和重生成工具，可以将当前图形中的临时标记删除，以提高图形的清晰度和整体效果；或者对图形进行重生成更新，使某些操作对图生效，以提高图形的实时显示。

1）重画图形

在以前版本的 CAD 中绘制图形时，如果点标记模式为打开状态（点标记模式状态管理命令为 BLIPMODE），在对图形进行操作时会产生临时标记点，这些标记点不属于图形中的对象，往往还会对图形的显示效果产生负面影响。此时，执行重画指令，可以在显示内存中更新屏幕，消除临时标记。但在 2012 版以后的 CAD 软件中，点标记功能被废弃，从产品中已经删除，系统默认点标记模式处于关闭状态。

在命令行中输入 REDRAW 指令，屏幕上或当前视图区域中的原图形消失，系统快速地将原图形重画一遍，但不会更新图形的数据库。

2）重生成图形

执行重生成操作，在当前视图中以最新的设置更新整个图形，并重新计算所有对象的屏幕坐标。另外，该命令还可以重新创建图形数据库索引，从而优化显示和对象选择的性能。该操作的执行速度与重画命令相比较慢，更新屏幕花费的时间较长。

在命令行中输入 REGEN 指令，即可完成图形对象的重生成操作。在 AutoCAD 中，某些操作只有在使用【重生成】命令后才生效。例如在命令行中输入 FILL 指令后输入 OFF，关闭图案填充显示，此时只有对图形进行重生成操作，图案填充才会关闭，效果如图 1-43 所示。

图 1-43　重生成图形显示效果

1.3.3　对象选择

在 AutoCAD 中执行编辑操作，通常情况下需要首先选择编辑的对象，然后再进行相应的编辑操作。这样所选择的对象便将构成一个集合，称为选择集。用户可以用一般的方法进行选择，也可以使用夹点工具对图形进行简单地编辑。且在构造选择集的过程中，被选中的对象通常将以虚线显示。

通过设置选择集的各选项，可以根据个人使用习惯对拾取框、夹点显示以及选择视觉效果等方面的选项进行详细的设置，从而提高选择对象时的准确性和速度，达到提高绘图效率和精确度的目的。

在命令行中输入 OPTIONS 指令，并按下回车键，系统将打开【选项】对话框。此时切换至【选择集】选项卡，即可展开相应的对话框界面，如图 1-44 所示。

该选项卡中各选项组的含义分别介绍如下。

图 1-44　【选择集】选项卡

1．拾取框和夹点大小

拾取框是指十字光标中部用以确定拾取对象的方形图框，而夹点则是图形对象被选中后，处于对象端部、中点或控制点等处的矩形或圆锥形实心标识。其各自的大小都可以通过该选项卡中的相应选项进行详细的调整。

1）调整拾取框大小

进行图形对象的点选时，只有处于拾取框内的图形对象才可以被选取。因此，在绘制较为简单的图形时，可以将拾取框调大，以便于图形对象的选取；反之，绘制复杂图形对象时，适当的调小拾取框的大小，可以避免图形对象的误选取。

在【拾取框大小】选项组中拖动滑块，即可改变拾取框的大小。且在拖动滑块的过程中，其左侧的调整框预览图标将动态显示调整框的适时大小，如图 1-45 所示。

2）调整夹点大小

夹点不仅可以标识图形对象的选取情况，还可以通过拖动夹点的位置，对选取的对象进行相应的编辑。但需要注意的是，夹点在图形中的显示大小是恒定不变的，也就是说当选择的图形对象被放大或缩小时，只有对象本身的显示比例被调整，而夹点的大小不变。

图 1-45　调整拾取框大小效果

利用夹点编辑图形时，适当地将夹点调大，可以提高选取夹点的方便性。此时如果图形对象较小，夹点出现重叠的现象，采用将图形放大的方法，即可避免该现象的发生。夹点的调整方法同拾取框大小的调整方法相同，都是利用拖动调整滑块的方法调整，如图 1-46 所示。

图 1-46　调整夹点大小效果

提示

通过滑块调整拾取框或夹点的大小时，不仅可以直接拖动滑块进行调整，还可以单击激活相应的选项滑块，滚动鼠标的滚轮进行调整。。

2. 选择集预览

选择集预览就是当光标的拾取框移动到图形对象上时，图形对象以加粗或虚线的形式显示预览效果。通过启用该选项组中的相应复选框，可以调整图形预览与工具之间的关联方式，或利用【视觉效果设置】按钮，对预览样式进行详细地调整。

1）命令处于活动状态时

启用该复选框后，只有当某个命令处于激活状态，并且命令提示行中显示"选取对象"提示，此时将拾取框移动到图形对象上，该对象才会显示选择预览。

2）未激活任何命令时

该复选框的作用同上述复选框相反，即启用该复选框后，只有没有任何命令处于激活状态时，才可以显示选择预览。

3）特性预览

启用该复选框，当对图形对象的特性进行编辑操作时，系统将同步显示修改后的图形效果。

4）视觉效果设置

选择集的视觉效果包括被选择对象的线型、线宽以及选择区域的颜色和透明度等，用户可以根据个人的使用习惯进行相应的调整。单击【视觉效果设置】按钮，系统将打开【视觉效果设置】对话框，如图 1-47 所示。

该对话框中各选项组的含义分别介绍如下。

① 面亮显

该复选框用于控制在三维建模环境下选取模型表面时的显示效果。当启用该复选框时，所选模型表面轮廓亮显的同时，轮廓内的面也以纹理填充方式亮显，效果如图 1-48 所示。

图 1-47 【视觉效果设置】对话框

图 1-48 面亮显选取效果

② 线亮显

在该选项组中，包括 3 个用于定义选择集对象的线型和线宽预览显示效果的单选按钮。其中，选择【虚线】单选按钮时，预览效果将以虚线的形式显示；选择【加粗】单选按钮时，预览效果将以加粗的形式显示；选择【同时应用两者】单选按钮时，预览效果将以虚线和加粗两种形式显示，如图 1-49 所示。

图 1-49 线亮显选取预览效果

③ 区域选择效果

在进行多个对象的选取时，采用区域选择的方法，可以大幅度地提高对象选取的效率。用户可以通过设置该选项组中的各选项，调整选择区域的颜色、透明度以及区域显示的开、闭情况，效果如图 1-50 所示。

图 1-50 调整区域选择效果

3．选择集模式

该选项组中包括 6 种用以定义选择集同命令之间的先后执行顺序、选择集的添加方式以及在定义与组或填充对象有关选择集时的各类详细设置，现分别介绍如下。

1）先选择后执行

启用该复选框，可以定义选择集与命令之间的先后顺序。启用该复选框后，即表示需要先选择图形对象再执行操作，被执行的操作对之前选择的对象产生相应的影响。

如利用【偏移】工具编辑对象时，可以先选择要偏移的对象，再利用【偏移】工具对图形进行偏移操作。这样可以在调用修改工具并选择对象后，省去了按回车键的操作，简化了操作步骤。但是并非所有命令都支持【先选择后执行】模式。例如【打断】【圆角】和【倒角】等命令，这些命令需要先激活工具再定义选择集。

2）用 Shift 键添加到选择集

该复选框用以定义向选择集中添加图形对象时的添加方式。默认情况下，该复选框处于禁用状态。此时要向选择集中添加新对象时，直接选取新对象即可。当启用该复选框后，系统将激活一个附加选择方式：即在添加新对象时，需要按住 Shift 键才能将多个图形对象添加到选择集中。

如果需要取消选择集中的某个对象，无论在两种模式中的任何一种模式下，按住 Shift 键选取该对象即可。

3）对象编组

启用该复选框后，选择组中的任意一个对象时，即可选择组中的所有对象。当将 PICKSTYLE 系统变量设置为 1 时，可以设置该选项。

4）关联图案填充

主要用在选择填充图形的情况中。当启用该复选框时，如果选择关联填充的对象，则填充边界的对象也被选中。当将 PICKSTYLE 系统变量设置为 2 时，可以设置该选项。

5）隐含选择窗口中的对象

当启用该复选框后，可以在绘图区用鼠标拖动或者用定义对角点的方式定义选择区域，进行对象的选择。当禁用该复选框后，则无法使用定义选择区域的方式定义选择对象。

6）允许按住并拖动对象

该复选框用以定义选择窗口的定义方式。当启用该复选框后，单击鼠标左键指定窗口的第一点后按住左键并拖动，在第二点位置松开即可确定选择窗口的大小和位置。当禁用该复选框后，需要在选择窗口的起点和终点分别单击鼠标左键，才能定义出选择窗口的大小和位置。

4．选取对象方式

在 AutoCAD 中，针对图形对象的复杂程度或选取对象数量的不同，有多种选择对象的方法，总的可以分为点选或区域选取两种选取方式，下面介绍几种常用的对象选择方法。

1）直接选取

该方法也被称为点取对象，是最常用的对象选取方法。用户可以直接将光标拾取框移动到欲选取的对象上，并单击左键，即可完成对象的选取操作，效果如图 1-51 所示。

2）窗口选取

窗口选取是以指定对角点的方式，定义矩形选取范围的一种选取方法。使用该方法选取对象时，只有完全包含在矩形框中的对象才会被选取，而只

将光标移至该圆弧

单击进行选取

图 1-51　直接选取

有一部分进入矩形框中的对象将不会被选取。

采用窗口选取方法时,可以首先单击确定第一个对角点,然后向右侧移动鼠标,此时选取区域将以实线矩形的形式显示。接着单击确定第二个对角点后,即可完成窗口选取。例如,先确定点 A 再确定点 B,图形对象的选择效果如图 1-52 所示。

3）交叉窗口选取

在交叉窗口模式下,用户无须将欲选择对象全部包含在矩形框中,即可选取该对象。交叉窗口选取与窗口选取模式很相似,只是在定义选取窗口时有所不同。

交叉选取是在确定第一点后,向左侧移动鼠标,选取区域将显示为一个虚线矩形框。此时再单击确定第二点,即第二点在第一点的左边,即可将完全或部分包含在交叉窗口中的对象均选中。例如,先确定点 A 再确定点 B 的选择效果如图 1-53 所示。

4）不规则窗口选取

不规则窗口选取是通过指定若干点的方式定义不规则形状的区域来选择对象,包括圈围和圈交两种选择方式。其中,圈围多边形窗口只选择完全包含在内的对象,而圈交多边形窗口可以选择包含在内或相交的对象。

在命令行中输入 SELECT 指令,按下回车键后输入"？",然后根据命令行提示输入 WP 或 CP,即可通过定义端点的方式在绘图区中绘制相应的多边形区域来选取指定的图形对象。例如,利用圈交方式选取图形对象的效果如图 1-54 所示。

5）栏选选取

使用该选取方式,能够以画链的方式选择对象。所绘制的线链可以由一段或多段直线组成,且所有与其相交的对象均被选择。

在命令行中输入 SELECT 指令,按下回车键后输入"？"。然后根据命令提示输入字母 F,在需要选择对象处绘制出线链,并按下回车键即可选取指定的对象,效果如图 1-55 所示。

图 1-52 窗口选取

图 1-53 交叉窗口选取

图 1-54 不规则窗口选取

图 1-55 栏选选取

6）快速选择

快速选择是根据对象的图层、线型、颜色和图案填充等特性或类型来创建选择集，从而使用户可以准确地从复杂的图形中，快速地选择满足某种特性要求的图形对象。

在命令行中输入 QSELECT 指令，并按下回车键，系统将打开【快速选择】对话框。在该对话框中指定对象应用的范围、类型，以及欲指定类型相对应的值等选项后，单击【确定】按钮，即可完成对象的选择，如图 1-56 所示。

图 1-56　快速选择

1.3.4　对象特性

对于任何一个图形对象来讲，都具有独立的或者与其他对象相同的特性，包括图层、线型、颜色、线宽和打印样式等，且这些对象特性都具有可编辑性。通过编辑特性不仅可以重新组织图形中的对象，还可以控制这些对象的显示和打印方式。

1. 设置对象特性

对象的特性包括基本特性、几何特性，以及根据对象类型的不同所表现的其他一些特性。为了提高图形的表达能力和可读性，设置图形对象的特性是极有必要的。这样不仅方便创建和编辑图形，而且便于快速查看图形，尽快获得图形信息。在 AutoCAD 中有以下两种设置对象特性的方法。

1）设置图层

在工程绘图过程中，图层就像透明的覆盖层，相当于图纸绘图中使用的重叠图纸。一幅图形通常都是由一层或多层图层组成的。用户可以将同类对象设置相同的图层特性，并编组各种不同的图形信息，其中包括颜色、线型和线宽等，效果如图 1-57 所示。

这种方法便于在设计前后管理图形，通过组织图层以及图层上的对象使管理图形中的信息变得更加容易，因此广泛应用于计算机辅助绘图中。

图 1-57　通过图层设置对象特性

2）分别设置对象特性

分别为每个对象指定特性，这种方法不便于图形管理，因此在设计时很少使用。在 AutoCAD 中，系统为设计者提供了独立设置对象的常用工具，其中主要有颜色、线型和线宽等。

在绘制和编辑图形时，选取图形对象并单击鼠标右键，选择【特性】选项，即可在打开的【特性】对话框中设置指定对象的所有特性，效果如图 1-58 所示。

此外，当没有选取图形对象时，该选项板将显示整个图纸的特性；选择同一类型的多个对象，选项板内将列出这些对象的共有特性及当前设置；选择不同类型的多个对象，在选项板内将只列出这些对象的基本特性以及这些对象的当前设置。

2．编辑对象特性

要在图形的编辑过程中修改对象的相关特性信息，即调整对象的颜色、线型、图层和线宽，以及尺寸和位置等特性，可以直接在【特性】对话框中设置和修改。

单击【特性】选项板中右下角的箭头，系统将打开【特性】对话框。在该对话框对应的编辑栏中即可直接修改对应的特性，且改变的对象将立即更新。在该对话框中主要可以设置以下特性。

图 1-58　【特性】对话框

- ❑ **线宽**　在【线宽】下拉列表中可以选择所需的线宽。例如，修改所选图形的宽度为 0.3，如图 1-59 所示。
- ❑ **颜色**　在【颜色】下拉列表中可以指定当前所选图形的颜色。
- ❑ **线型**　在【线型】下拉列表中可以设置当前所选图形线条的线型。
- ❑ **超链接**　通过【超链接】文本框可以插入超级链接。
- ❑ **快速选择**　在【特性】对话框中单击该按钮，系统将打开【快速选择】对话框。用户可以通过该对话框快速选取相应的对象。例如，设置过滤图层为【点划线】图层，并单击【确定】按钮，即可快速选择图形中所有的点划线，如图 1-60 所示。

图 1-59　修改线宽

图 1-60　快速选择

1.4 绘图环境的设置

绘图环境是用户与 AutoCAD 软件的交流平台，构建一目了然、操作方便的绘图界面，直接关系着用户能否快捷、准确地完成设计任务。例如在 AutoCAD 中如何自定义系统的常规设置，如何设置图限和单位等内容。

1.4.1 设置参数选项

设置大部分绘图环境，最直接的方法是使用【选项】对话框。在该对话框中可以分别设置图形显示、打开、打印和发布等参数。

要设置参数选项，用户可以在绘图区的空白处单击鼠标右键，在打开的快捷菜单中选择【选项】选项，系统将打开【选项】对话框，如图1-61 所示。

该对话框中各选项卡的具体设置内容分别介绍如下。

1. 文件

在该选项卡中可以确定 AutoCAD 各类支持文件、设备驱动程序文件、菜单文件和其他文件的搜索路径，以及用户定义的一些设置。

图1-61 【选项】对话框

2. 显示

在该选项卡中可以设置窗口元素、布局元素、显示精度、显示性能、十字光标大小和淡入度控制等显示属性。其中，在该选项卡中经常执行的操作为设置图形窗口的颜色，即单击【颜色】按钮，然后在打开的【图形窗口颜色】对话框中设置各类背景的颜色，如图1-62 所示。

图1-62 【图形窗口颜色】对话框

3. 打开和保存

在该选项卡中可以设置是否自动保存文件，以及指定保存文件时的时间间隔、是否维护日志，以及是否加载外部参照等。

4．打印和发布

在该选项卡中可以设置 AutoCAD 2014 的输出设备。默认情况下，输出设备为 Windows 打印机。但在多数情况下为了输出较大幅面的图形，常使用专门的绘图仪。

5．系统

在该选项卡中可以设置当前三维图形的显示特性、指定当前的定点设备、是否显示"OLE 文字大小"对话框，以及是否允许设置长符号名等。

6．用户系统配置

在该选项卡中可以设置是否使用快捷菜单，以及进行坐标数据输入优先级的设置。为了提高绘图的速度，避免重复使用相同命令，通常单击【自定义右键单击】按钮，在打开的【自定义右键单击】对话框中进行相应的设置，如图 1-63 所示。

图 1-63　【用户系统配置】选项卡

7．绘图

在该选项卡中可以进行自动捕捉的常规设置，以及指定对象捕捉标记框的颜色、大小和靶框的大小。且这些选项的具体设置，需要配合状态栏的功能操作情况而定。

8．三维建模

在该选项卡中可以对三维绘图模式下的三维十字光标、三维对象和三维导航等参数选项进行设置。

9．选择集

在该选项卡中可以设置选择集模式、拾取框大小及夹点大小等内容。若单击【视觉效果设置】按钮，则可以在打开的对话框中设置区分其他图线的显示效果，如图 1-64 所示。

图 1-64　【视觉效果设置】对话框

10. 配置

在该选项卡中可以实现新建系统配置文件、重命名系统配置文件，以及删除系统配置文件等操作。

11. 联机

在该选项卡中可以设置使用 AutoCAD 360 联机工作的相关选项，并可以访问存储在 Cloud 账户中的设计文档。

1.4.2 设置绘图边界

图形界限就是 AutoCAD 的绘图区域，也称为图限。设置图形界限就是要标明工作区域和图纸的边界，让用户在设置好的区域中绘图，以避免所绘制的图形超出该边界从而在布局中无法正确显示。

在模型空间中设定的图形界限实际上是一假定的矩形绘图区域，用于规定当前图形的边界。在命令行中输入 LIMITS 指令，然后指定绘图区中的任意一点作为空间界限的左下角点，并输入相对坐标（@410，290）确定空间界限的右上角点。接着启用【栅格显示】功能，即可查看设置的图形界限效果，如图 1-65 所示。

图 1-65 栅格显示的图形界限

1.4.3 设置图形单位

在 AutoCAD 中对于任何图形而言，总有其大小、精度和所采用的单位。屏幕上显示的仅为屏幕单位，但屏幕单位应该对应一个真实的单位，不同的单位其显示格式也不同。图形单位的相关设置主要是指设置长度和角度的类型、精度以及角度的起始方向。

单击窗口左上角按钮▲，在其下拉菜单中选择【图形实用工具】|【单位】选项，即可在打开的【图形单位】对话框中设置长度、角度，以及插入时的缩放单位等参数选项，如图 1-66 所示。

图 1-66 【图形单位】对话框

1．设置长度

在【长度】选项组中，用户可以在【类型】下拉列表中选择长度的类型，并通过【精度】下拉列表指定数值的显示精度。其中，默认的长度类型为小数，精度为小数点后4位。

2．设置角度

在【角度】选项组中，用户可以在【类型】下拉列表中选择角度的类型，并通过【精度】下拉列表指定角度的显示精度。其中，角度的默认方向为逆时针，如果启用【顺时针】复选框，则系统将以顺时针方向作为正方向。

3．设置插入比例

在该选项组中，用户可以设置插入块时所应用的缩放单位，包括英寸、码和光年等。默认的插入时的缩放单位为【毫米】。

4．设置方向

单击【方向】按钮，即可在打开的【方向控制】对话框中设定基准角度的 0° 方向。且一般情况下，系统默认的正东方向为 0° 方向。

如果要设定除东、南、西、北四个方向以外的方向为 0° 方向，可以选择【其他】单选按钮。此时，【角度】文本框将被激活。用户可以单击【拾取角度】按钮，然后在绘图区中选取一个角度或直接输入一个角度作为基准角度的 0° 方向，如图 1-67 所示。

图 1-67 设置基准角度方向

1.5 图形的精确控制

在工程设计过程中，尽管可以通过移动光标来指定点的位置，却很难精确指定对象的某些特殊位置。在 AutoCAD 中，通过启用捕捉、自动追踪、栅格和动态输入等功能，既可以精确地指定绘图位置，还可以实时显示绘图状态，进而提高绘图效率。

1.5.1 对象捕捉

在绘图过程中常常需要在一些特殊几何点之间连线，如通过圆心、线段的中点或端点等。虽然有些点可以通过输入坐标值来精确定位，但有些点的坐标是难以计算出来的，且通过输入坐标值的方法过于繁琐，耗费大量时间。此时，用户便可以利用软件提供的对象捕捉工具来快速准确地捕捉这些特殊点。在 2014 版 AutoCAD 中，启用对象捕捉有以下 4 种方式。

1. 工具栏

在绘图过程中，当要求指定某点时，可以在【对象捕捉】工具栏中单击相应的特征点按钮，然后将光标移动到捕捉对象的特征点附近，即可捕捉到相应的点。例如在绘图过程中，单击【捕捉到切点】按钮，即可捕捉到圆弧的切点，效果如图 1-68 所示。

图 1-68 捕捉特殊点

> **提 示**
>
> 在【草图与注释】工作空间中，可以通过【视图】选项卡中的【工具栏】下拉菜单调出【对象捕捉】工具栏，其具体操作方法是：切换至【视图】选项卡，在【用户界面】选项板中单击【工具栏】按钮，然后选择【AutoCAD】|【对象捕捉】选项即可。

2. 右键快捷菜单

使用右键快捷菜单指定捕捉类型是一种常用的捕捉设置方式。该方式与【对象捕捉】工具栏具有相同的效果，但操作更加方便。在绘图过程中，按住 Shift 键并单击右键，系统将打开【对象捕捉】快捷菜单，如图 1-69 所示。

在该菜单中，选择指定的捕捉选项即可执行相应的对象捕捉操作。

3. 草图设置

前两种方式仅对当前操作有效，当命令结束后，捕捉模式将自动关闭。所以，用户可以通过草图设置捕捉模式来定位相应的点。且当启用该模式时，系统将根据事先设定的捕捉类型，自动寻找几何对象上的点。

在状态栏中的【对象捕捉】功能按钮上右击，并选择【设置】选项，系统将打开【草图设置】对话框，如图 1-70 所示。

此时，用户即可在该对话框的【对象捕捉】选项卡中启用相应的复选框，指定所需的对象捕捉点的类型。

菜单项：
- 临时追踪点(K)
- 自(F)
- 两点之间的中点(T)
- 点过滤器(T)
- 三维对象捕捉(3)
- 端点(E)
- 中点(M)
- 交点(I)
- 外观交点(A)
- 延长线(X)
- 圆心(C)
- 象限点(Q)
- 切点(G)
- 垂直(P)
- 平行线(L)
- 节点(D)
- 插入点(S)
- 最近点(R)
- 无(N)
- 对象捕捉设置(O)...

图 1-69 【对象捕捉】快捷菜单

4. 输入命令

在绘制或编辑图形时捕捉特殊点，也可以通过在命令行中输入捕捉命令（例如中点捕捉命令为 MID、端点捕捉命令为 ENDP）来实现捕捉点的操作。例如利用【直线】工具指定一点后，可以通过在命令行中输入 TAN 指令来捕捉圆弧的切点，如图 1-71

所示。

图 1-70 【对象捕捉】选项卡

捕捉
切点

图 1-71 输入命令捕捉特殊点

此外，捕捉各个特殊点的快捷键和具体操作方法如表 1-2 所示。

表 1-2 常用对象捕捉方式的功能

对象捕捉类型	快捷键	含 义	操作方法
临时追踪点	TT	创建对象捕捉所使用的临时点	用户将光标从几何对象上现有点（需要单击选取该点）开始移动时，系统沿该对象显示双侧捕捉辅助线和捕捉点的相对极坐标，输入偏移距离后，即可定位新点
捕捉自	FROM	从临时参照点偏移捕捉至另一个点	启用【捕捉自】模式后，先指定几何对象上一点作为临时参照点即基点。然后输入偏移坐标，即可确定捕捉目标点相对于基点的位置
捕捉到端点	ENDP	捕捉线段、圆弧等几何对象的端点	启用【捕捉到端点】，将光标移动到目标点附近，系统将自动捕捉该端点
捕捉到中点	MID	捕捉线段、圆弧等几何对象的中点	启用【捕捉到中点】，将光标的拾取框与线段或圆弧等几何对象相交，系统将自动捕捉中点
捕捉到交点	INT	捕捉几何对象间现有或延伸交点	启用【捕捉到交点】，将光标移动到目标点附近，系统将自动捕捉该点；如果两个对象没有直接相交，可先选取一对象，再选取另一对象，系统将自动捕捉到交点
捕捉到外观交点	APPINT	捕捉两个对象的外观交点	在二维空间中该捕捉方式与捕捉交点相同。但该捕捉方式还可在三维空间中捕捉两个对象的视图交点（在投影视图中显示相交，但实际上并不一定相交）
捕捉到延长线	EXT	捕捉线段或圆弧的延长线	用户将光标从几何对象端点开始移动时（不需要单击选取该点），系统沿该对象显示单侧的捕捉辅助线和捕捉点的相对极坐标，输入偏移距离后，即可定位新点
捕捉到圆心	CEN	捕捉圆、圆弧或椭圆的中心	启用【捕捉到圆心】，将光标的拾取框与圆弧、椭圆等几何对象相交，系统将自动捕捉这些对象的中心点
捕捉到象限点	QUA	捕捉圆、圆弧或椭圆的 0°、90°、180°、270° 的点	启用【捕捉到象限点】，将光标拾取框与圆弧、椭圆等几何对象相交，系统将自动捕捉距拾取框最近的象限点
捕捉到切点	TAN	捕捉圆、圆弧或椭圆的切点	启用【捕捉到切点】，将光标的拾取框与圆弧、椭圆等几何对象相交，系统将自动捕捉这些对象的切点

对象捕捉类型	快捷键	含　义	操 作 方 法
捕捉到 垂足⊥	PER	捕捉线段、或圆弧的 垂足点	启用【捕捉到垂足】，将光标的拾取框与线段、圆弧等 几何对象相交，系统将自动捕捉这些对象的垂足点
捕捉到 平行线⁄⁄	PAR	平行捕捉，可用于绘 制平行线	绘制平行线时，指定一点为起点。然后启用【捕捉到 平行线】，并将光标移至另一直线上，该直线上将显示 平行线符号。再移动光标将显示平行线效果，此时输 入长度即可
捕捉到 插入点⊡	INS	捕捉文字、块、图形 的插入点	启用【捕捉到插入点】，将光标的拾取框与文字或块等 对象相交，系统将自动捕捉这些对象的插入点
捕捉到 节点∘	NOD	捕捉利用【点】工具 创建的点	启用【捕捉到节点】，将光标的拾取框与点或等分点相 交，系统将自动捕捉到这些点
捕捉到 最近点⁄	NEA	捕捉距离光标最近 的几何对象上的点	启用【捕捉到最近点】，将光标的拾取框与线段或圆弧 等对象相交，系统将自动捕捉这些对象上离光标最近 的点

1.5.2　自动追踪

在工程设计过程中，尽管可以通过移动光标来指定点的位置，却很难精确指定对象的某些特殊位置。在 AutoCAD 中，通过启用捕捉、自动追踪、栅格和动态输入等功能，可以精确地指定绘图位置，还可以实时显示绘图状态，进而提高绘图效率。

1．极轴追踪

极轴追踪是按事先的角度增量来追踪特征点的。该追踪功能通常是在指定一个点时，按预先设置的角度增量显示一条无限延伸的辅助线，这时就可以沿辅助线追踪获得光标点。在绘制二维图形时常利用该功能绘制倾斜的直线。

在状态栏中的【极轴追踪】功能按钮⚹上右击，并选择【设置】选项，即可在打开的【极轴追踪】选项卡中设置极轴追踪对应的参数选项，如图 1-72 所示。

在该对话框的【增量角】下拉列表中选择系统预设的角度，即可设置新的极轴角；如果该下拉列表中的角度不能满足需要，可以启用【附加角】复选框，并单击【新建】按钮，然后在文本框中输入新的角度即可。例如新建附加角角度值为 80°，绘制角度线将显示该附加角的极轴跟踪，效果如图 1-73 所示。

此外，在【极轴角测量】选项组中可以设置极轴对齐角度的测量基准。其中，选择

图 1-72　【极轴追踪】选项卡

图 1-73　设置极轴追踪角度

AutoCAD 2014 中文版标准教程

【绝对】单选按钮，可基于当前 UCS 坐标系确定极轴追踪角度；选择【相对上一段】单
选按钮，可基于最后所绘的线段确定极轴追踪的角度。

2．对象捕捉追踪

当不知道具体角度值但知道特定的关系时，可以通过进行对象捕捉追踪来绘制某些
图形对象。对象捕捉追踪按照对象捕捉设置，对相应的捕捉点进行追踪。因此在追踪对
象捕捉到的点之前，必须先打开对象捕捉
功能。

依次启用状态栏中的【对象捕捉追踪】
功能按钮 ╱ 和【对象捕捉】功能按钮 ▯，然
后在绘图区中选取一端点作为追踪参考
点，并沿极轴角方向显示的追踪路径确定
第一点，接着继续沿该极轴角方向显示的
追踪路径确定第二点，即可绘制相应的直
线，效果如图 1-74 所示。

图 1-74　沿极轴角方向绘制直线

从追踪参考点进行追踪的方向可以在
【极轴追踪】选项卡中的【对象捕捉追踪设置】选项组中进行设置，该选项组中两个选项
的含义如下所述。

- ❑ **仅正交追踪**　选择该单选按钮，系统将在追踪参考点处显示水平或竖直的追踪
    路径。
- ❑ **用所有极轴角设置追踪**　选择该单选按钮，系统将在追踪参考点处沿预先设置的
    极轴角方向显示追踪路径。

1.5.3　栅格和正交

在绘图过程中，尽管可以通过移动光标来指定点的位置，却很难精确地指定对象的
某些特殊位置。为提高绘图的速度和效率，通常使用栅格和正交功能辅助绘图。其中使
用栅格功能可以快速地指定点的位置，使用正交功能可以使光标沿垂直或平行方向移动。

1．栅格

栅格是指点或线的矩阵遍布指定为栅格界限的整个区域。使用栅格类似于在图形下
放置一张坐标纸，以提供直观的距离和位置参照。

启用状态栏中的【栅格显示】功能按钮 ▦，屏幕上将显示当前图限内均匀分布的点

或线，如图 1-75 所示。

使用栅格功能不仅可以控制其间距、角度和对齐，而且可以设置显示样式和区域，以及控制主栅格频率等，现分别介绍如下。

1）控制栅格的显示样式和区域

栅格具有两种显示方式：点栅格和线栅格。其中，点栅格方式为系统默认的显示方式，而当视觉样式不是二维线框时将显示为线栅格。

图 1-75 启用【栅格显示】功能

展开【视图】选项卡，在【视觉样式】下拉列表中指定其他视觉样式，即可将栅格样式设置为线或点，效果如图 1-76 所示。

要修改栅格覆盖的区域，可以在命令行中输入 LIMITS 指令，然后按照命令行提示，分别输入位于栅格界限左下角和右上角的点的坐标值即可。

2）控制主栅格线的频率

如果栅格以线显示，则颜色较深的线（称为主栅格线）将间隔显示。在以十进制单位或英尺和英寸绘图时，主栅格线对于快速测量距离尤其有用。

图 1-76 栅格的两种显示形式

要设置主栅格线的频率，可以在状态栏的【栅格显示】功能按钮上右击，并选择【设置】选项。然后在打开对话框的【栅格 X 轴间距】和【栅格 Y 轴间距】文本框中输入间距值，即可控制主栅格线的频率，如图 1-77 所示。

该对话框的【栅格行为】选项组用于设置视觉样式下栅格线的显示样式（三维线框除外），各复选框的含义如下所述。

图 1-77 设置栅格间距

- ❑ **自适应栅格**　启用该复选框，可以限制缩放时栅格的密度。
- ❑ **允许以小于栅格间距的间距再拆分**　启用该复选框，能够使小于指定栅格间距的间距来拆分该栅格。
- ❑ **显示超出界限的栅格**　启用该复选框，将全屏显示栅格。
- ❑ **遵循动态 UCS**　启用该复选框，将跟随动态 UCS 的 XY 平面而改变栅格平面。

提 示

控制主栅格的主频率的另一种方法是：在命令行中输入 GRIDDISPLAY 指令后，输入该栅格频率参数，该参数在 0～15 之间。

3）更改栅格角度

在绘图过程中如果需要沿特定的对齐或角度绘图，可以通过 UCS 坐标系来更改栅格角度。此旋转操作将十字光标在屏幕上重新对齐，以与新的角度匹配。利用该方法可以在二维环境中快速绘制倾斜的线段。

在命令行中输入 SNAPANG 指令，可以修改栅格角度。例如修改栅格角度为 45°，与固定支架的角度一致，以便于绘制相关的图形对象，如图 1-78 所示。

图 1-78 更改栅格角度

2．正交

在绘图过程中使用正交功能，可以将光标限制在水平或垂直方向上移动，以便于精确地绘制和修改对象。

启用状态栏中的【正交模式】功能按钮，这样在绘制和编辑图形对象时，拖动光标将受到水平和垂直方向限制，无法随意拖动，效果如图 1-79 所示。

图 1-79 启用正交模式前后对比

> **技 巧**
>
> 按下 F7 键可以启用或禁用栅格模式；按下 F9 键可以启用或禁用捕捉模式；按下 F8 键可以启用或禁用正交模式。

1.5.4 动态输入

启用状态栏中的【动态输入】功能，系统将会在指针位置处显示命令提示信息、光标点的坐标值，以及线段的长度和角度等内容，以帮助用户专注于绘图区域，从而极大地提高设计效率，且这些信息会随着光标的移动而动态更新。

在状态栏中启用【动态输入】功能按钮，即可启用动态输入功能。如果右击该功能按钮，并选择【设置】选项，系统将打开【动态输入】选项卡，如图 1-80 所示。

图 1-80 【动态输入】选项卡

该选项卡中包含指针输入和标注输入两种动态输入方式，现分别介绍如下。

1．指针输入

当启用指针输入且有命令在执行时，十字光标的位置将在光标附近的工具栏提示中显示为坐标。此时，用户可以在工具栏提示中输入坐标值，而不用在命令行中输入，如图1-81所示。

图 1-81　通过指针输入绘制直线

在使用指针输入指定坐标点时，第二个点和后续点的默认设置为相对极坐标。如果需要使用绝对极坐标，则需使用井号前缀（#）。此外，在【指针输入】选项组中单击【设置】按钮，系统将打开【指针输入设置】对话框。用户可以在该对话框中设置指针输入的格式和可见性，如图1-82所示。

> **提 示**
>
> 在【动态输入】选项卡中单击【绘图工具提示外观】按钮，用户即可在打开的【工具提示外观】对话框中设置指针输入的显示方式，如指针输入文本框的大小和透明度等。

2．标注输入

启用标注输入功能，当命令提示输入第二点时，工具栏提示将显示距离和角度值，且两者的值随着光标的移动而改变。此时按 Tab 键即可切换到要更改的值，如图1-83所示。

要进行标注输入的设置，单击【标注输入】选项组中的【设置】按钮，即可在打开的【标注输入的设置】对话框中设置标注输入的可见性，如图1-84所示。

图 1-82　【指针输入设置】对话框

图 1-83　通过标注输入绘制直线

图 1-84　【标注输入的设置】对话框

AutoCAD 2014 中文版标准教程

1.6 思考与练习

一、填空题

1. AutoCAD 是一款强大的工程绘图软件，已经成为工程人员工作中不可或缺的重要工具，用户可以利用该软件对产品进行_____、_____、_____和_____等操作。

2. 2014 版 AutoCAD 提供了基于两个任务的工作空间类型：_____和_____。

3. 在绘制图形的过程中，为了更方便地观察图形的不同位置，可以对图形进行_____或_____操作对图形进行相应的观察。

4. 在 2014 版 AutoCAD 的快捷工具栏中，系统提供了一些管理图形文件所必须的操作命令，即用于_____、_____、_____等。

5. 2014 版 AutoCAD 软件操作界面包括_____、_____、_____和_____等。

6. 在 AutoCAD 中，通过启用_____、_____、_____和_____等功能，既可以精确地指定绘图位置，还可以实时显示绘图状态，进而提高绘图效率。

二、选择题

1. 保存文件的快捷键是____。

A. Ctrl+S   B. Ctrl+C
C. Ctrl+B   D. Ctrl+E

2. 当启动了 AutoCAD 2013 以后，系统将默认创建一个图形文件，并自动被命名为____。

A. Sldworks.dwg

B. Jpg.dwg

C. Drawing1.dwg

D. AutoCAD.dwg

3. 设置插入比例时，在该选项组中，用户可以设置插入块时所应用的缩放单位，包括英寸、码和光年等。默认的插入时的缩放单位为____。

A. 厘米   B. 毫米
C. 分米   D. 米

4. 图纸空间包括____。

A. 三维基础   B. 三维建模
C. 草图与注释   D. Autocad 经典

三、简答题

1. 简述如何设置绘图环境？

2. 简述 AutoCAD 基本功能用法和技巧？

第 2 章

绘制二维图形

任何一幅工程图都是由点、直线、圆和圆弧等基本图形元素组合而成的，它们是构成工程绘图的基础元素。只有熟练掌握这些基本图形的绘制方法，才能方便快捷地绘制出机械零件的三视图、装配图和电子电路图等各种复杂的图形。掌握各种基本图形元素的绘制方法是绘制二维图形的前提条件。

本章主要介绍使用点、线、矩形和圆等工具来绘制图形的方法和技巧，并详细介绍某些线条的编辑方法，例如对多段线和样条曲线的编辑修改。

本章学习目的：

➢ 掌握各种图层特性的设置方法
➢ 掌握图层的相关操作和管理方法
➢ 掌握点样式的设置和绘制点的方法
➢ 掌握各种线条的绘制方法
➢ 掌握矩形和正多边形的绘制方法
➢ 掌握各种曲线对象的绘制方法

2.1 图层操作

图层是将图形中的对象进行按类分组管理的工具。通过分层管理利用图层的特性来区分不同的对象，这样便于图形的修改和使用。在 AutoCAD 中，图层的特性包括线型、线宽和颜色等内容。在绘图过程中，这些内容主要通过图层来控制。通常在绘制图样之前，应该根据国家制图标准用不同线型和图线的宽度来表达零件的结构形状。

●--2.1.1 图层特性管理器--、

在【图层】选项板中单击【图层特性】按钮，系统将打开【图层特性管理器】对话框，如图 2-1 所示。

其中，该对话框的左侧为树状过滤器窗口，右侧为图层列表窗口。该对话框中包含多个功能按钮和参数选项，其具体含义如表 2-1 所示。

图 2-1　【图层特性管理器】对话框

● 2.1.2　新建图层

通常在绘制新图形之前，可以首先创建并命名多个图层，或者在绘图过程中根据需要随时增加相应的图层。而当创建一个图层后，往往需要设置该图层的线型、线宽、颜色和显示状态，并且根据需要随时指定不同的图层为当前图层。

表 2-1　【图层特性管理器】对话框中各按钮选项含义

名　　称	图标	作　　用
新建图层		单击该按钮，可以在【图层列表】窗口中新建一个图层
新建冻结图层		单击该按钮，可以创建在所有视口中都被冻结的新图层
置为当前		单击该按钮，可以将选中的图层切换为当前活动图层
新建特性过滤器		单击该按钮，系统将打开【图层过滤器特性】对话框。在该对话框中可以通过定义图层的特性来选择所有符合特性的图层，而过滤掉所有不符合条件的图层。这样可以通过图层的特性快速地选择所需的图层
新建组过滤器		单击该按钮，可以在【树状过滤器】窗口中添加【组过滤器】文件夹，然后用户可以选择图层，并拖到该文件夹，以对图层列表中的图层进行分组，达到过滤图层的目的
图层状态管理器		单击该按钮，可以在打开的【图层状态管理器】对话框中管理图层的状态
反转过滤器		启用该复选框，在对图层进行过滤时，可以在图层列表窗口中显示所有不符合条件的图层
设置		单击该按钮，可以在打开的【图层设置】对话框中控制何时发出新图层通知，以及是否将图层过滤器应用到【图层】工具栏。此外，还可以控制图层特性管理器中视口替代的背景色

在【图层】选项板中单击【图层特性】按钮，并在打开的对话框中单击【新建图层】按钮，系统将打开一个新的图层。此时即可输入该新图层的名称，并设置该图层的颜色、线型和线宽等多种特性，如图 2-2 所示。

且为了便于区分各类图层，用户应取一个能表征图层上图元特性的新名字取代缺省名，使之一目了然，便于管理。

图 2-2　新建各种图层

如果在创建新图层前没选中任何图层，则新创建图层的特性与 0 层相同；如果在创建前选中了其他图层，则新创建的图层特性与选中的图层具有相同的颜色、线型和线宽等特性，效果如图 2-3 所示。

此外，用户也可以利用快捷菜单来新建图层，其设置方法是：在【图层特性管理器】对话框中的图层列表框空白处单击右键，在打开的快捷菜单中选择【新建图层】选项，即可创建新的图层，如图 2-4 所示。

为新图层指定了名称后，图层特性管理器将会按照名称的字母顺序排列各个图层。如果要创建自己的图层方案，则用户需要系统地命名图层的名称，即使用共同的前缀命名有相关图形部件的图层。

图 2-3　新建指定的图层

> **提　示**
>
> 在绘图或修改图形时，屏幕上总保留一个"当前层"。在 AutoCAD 中有且只能有一个当前层，且新绘制的对象只能位于当前层上。但当修改图形对象时，则不管对象是否在当前层，都可以进行修改。

图 2-4　利用快捷菜单新建图层

2.1.3　图层置为当前

创建多个图层并命名和设置特性后，在绘图过程中就需要不断切换图层，将指定图层切换为当前层，这样创建的图形对象将默认为该图层。一般情况下，切换图层置为当前层有以下两种方式。

1．常规置为当前层

在【图层特性管理器】对话框的【状态】列中，显示图标为 ✓ 的图层表示该图层为当前层。要切换指定的图层，只需在【状态】列中双击相应的图层，使其显示 ✓ 图标即可，如图 2-5 所示。

2．指定图层置为当前层

在绘图区中选取要置为当前层的图形对象，此时在【图层】选项板中将显示该对象所对应的图层列表项。然后单击【将对象的图层设为当前图层】按钮 🖋，即可将指定的对象图层设置为当前层，如图 2-6 所示。

图 2-5　设置图层为当前层

使用 AutoCAD 软件绘图时，所绘的图形元素均处于某个图层上。在缺省情况下，当前层是 0 层，且如果没有切换至其他图层，所绘制的图形均在 0 层上。

2. 单击该按钮

未保存的图层状态

中心线层

图层 ▾

该中心线所对应的图层为当前层

1. 选取中心线

图 2-6　将对象的图层置为当前层

2.1.4　重命名图层

在创建图层并命名和设置特性后，为了方便记忆和选取图层，可以对指定的图层进行重新命名的操作。在 AutoCAD 中，用户可以通过以下两种方式对图层进行重命名的操作。

1．常规方式

在【图层特性管理器】对话框中，慢双击要重命名的图层名称，使其变为待修改的状态。然后输入新名称即可，如图 2-7 所示。

2．快捷菜单方式

在【图层特性管理器】对话框中，选择要重命名的图层，并单击鼠标右键，在打开的快捷菜单中选择【重命名图层】选项，即可输入新的图层名称，如图 2-8 所示。

慢双击该图层名称进行重命名

图 2-7　常规重命名图层

1. 选择该图层

2. 选择该选项

3. 输入新名称

图 2-8　通过快捷菜单重命名图层

2.2　图层管理

在 AutoCAD 中，如果零件图中包含大量的信息，且具有很多图层，用户便可以通过对图层的特性管理达到高效绘制或编辑图形的目的。一般情况下，其主要包括打开与关闭、冻结与解冻、锁定与解锁，以及合并和删除图层等相关操作。

2.2.1　打开与关闭图层

在绘制复杂图形时，由于过多的线条干扰设计者的工作，这就需要将无关的图层暂时关闭。通过这样的设置不仅便于绘制图形，而且减少系统的内存，提高了绘图的速度。

1．关闭图层

关闭图层是暂时隐藏指定的一个或多个图层。打开【图层特性管理器】对话框，在【图层列表】窗口中选择一个图层，并单击【开】列对应的灯泡按钮💡。此时，该灯泡的颜色将由黄色变为灰色，且该图层对应的图形对象将不显示，也不能打印输出，如图 2-9 所示。

此外，还可以通过两种方式关闭图层。一种是在【图层】选项板的【图层】下拉列表中，单击对应列表项的灯泡按钮💡，可以关闭所指定的图层；另一种是在【图层】选项板中单击【关闭】按钮，然后选取相应的图形对象，即可关闭该图形对象所对应的图层。

图 2-9　关闭【标注线】图层

2．打开图层

打开图层与关闭图层的设置过程正好相反。在【图层特性管理器】对话框中选择被关闭的图层，单击【开】列对应的灰色灯泡按钮💡，该按钮将切换为黄色的灯泡按钮💡，即该图层被重新打开，且相应的图层上的图形对象可以显示，也可以打印输出。此外，单击该选项板中的【打开所有图层】按钮，将显示所有隐藏的图层。

2.2.2　冻结图层与解冻

冻结图层可以使该图层不可见，也不能被打印出来。当重新生成图形时，系统不再重新生成该层上的对象。因而冻结图层后，可以加快显示和重生成的速度。

1．冻结图层

利用冻结操作可以冻结长时间不用看到的图层。一般情况下，图层的默认设置为解冻状态，且【图层特性管理器】对话框的【冻结】列中显示的太阳图标☼视为解冻状态。

指定一图层，并在【冻结】列中单击太阳图标☼，使该图标改变为雪花图标❆，即表示该图层被冻结。此外也可以在【图层】选项板中单击【冻结】按钮，然后在绘图区中选取要冻结的图层对象，即可将该对象所在的图层冻结，如图 2-10

图 2-10　冻结【标注线】图层

所示。

另外，在 AutoCAD 中不能冻结当前层，也不能将冻结层设置为当前层，否则系统将会显示警告信息。冻结的图层与关闭的图层的可见性是相同的，但冻结的对象不参加处理过程的运算，而关闭的图层则要参加运算。所以在复杂图形中，通过冻结不需要的图层，可以加快系统重新生成图形的速度。

提 示

解冻一个图层将引起整个图形重新生成，而打开一个图层则不会导致这种现象（只是重画这个图层上的对象）。因此，如果需要频繁地改变图层的可见性，应关闭图层而不应冻结图层。

2．解冻

解冻是冻结图层的逆操作。选择被冻结的图层，单击【冻结】列的雪花图标❄，使之切换为太阳图标☼，则该图层被解冻。解冻冻结的图层时，系统将重新生成并显示该图层上的图形对象。此外，在【图层】选项板中单击【解冻所有图层】按钮，可以解冻当前图形文件的所有冻结图层。

2.2.3 锁定图层与解锁

通过锁定图层可以防止指定图层上的对象被选中和修改。锁定的图层对象将以灰色显示，可以作为绘图的参照。

1．锁定图层

锁定图层就是取消指定图层的编辑功能，防止意外地编辑该图层上的图形对象。打开【图层特性管理器】对话框，在【图层列表】窗口中选择一个图层，并单击【锁定】列的解锁图标，该图标将切换为锁定图标，即该图层被锁定，如图 2-11所示。

图 2-11 锁定【标注线】图层

除了上述方式外，还可以在【图层】选项板中单击【锁定】按钮，然后在绘图区选取指定的图形对象，则该对象所在的图层将被锁定，且锁定的对象以灰色显示。

此外，在 AutoCAD 中还可以设置图层的淡入比例来查看图层的锁定效果。在【图层】选项板中拖动【锁定的图层淡入】滑块，系统将调整锁定图层对应对象的显示效果，如图 2-12 所示。

图 2-12 设置锁定图层的淡入比例

2. 解锁

解锁是锁定图层的逆操作。选择被锁定的图层，单击【锁定】列的锁定图标🔒，使之切换为解锁图标🔓，即该图层被解锁。此时图形对象显示正常，并且可以进行编辑操作。此外，用户还可以在【图层】选项板中单击【解锁】按钮🔓，然后选取待解锁的图形对象，则该对象对应的锁定图层将被解锁。

2.2.4 合并与删除图层

在绘制复杂图形对象时，如果图形中的图层过于繁多，将影响绘图的速度和准确率，且容易发生误选图层进行绘图的情况。此时，可以通过合并和删除图层的操作来清理一些不必要的图层，使图层列表窗口简洁明了。

1. 合并图层

在 AutoCAD 中，可以通过合并图层的操作来减少图形中的图层数。执行该操作可以将选定的图层合并到目标图层中，并将该选定的图层从图层列表窗口中删除。

在【图层】选项板中单击【合并】按钮🗇，然后在绘图区中分别选取要合并图层上的对象和目标图层上的对象，并在命令行中输入字母 Y，即可完成合并图层的操作，且此时系统将自动删除要合并的图层。例如，将【虚线】图层合并为【粗实线】图层，效果如图 2-13 所示。

图 2-13 合并图层

2. 删除图层

在绘图过程中，执行此操作可以删除指定图层上的所有对象，并在图层列表窗口中清理该图层。

在【图层】选项板中单击【删除】按钮🗑，然后选取要删除图层上的对象，并在命令行中输入字母 Y，即可完成删除图层的操作，效果如图 2-14 所示。

图 2-14 删除【标注线】图层

2.2.5 图层设置

每个图层都有与其相关联的颜色、线型和线宽等属性信息，在创建新的图层后，用户可以对这些信息进行相应的设定或修改。在这些属性信息中，对象颜色有助于辨别图样中的相似对象，线型和线宽可以表示不同类型的图形元素。为了表达零件图上不同的对象，用户可以创建多个图层，并分别为每个图层赋予不同的线型、线宽和颜色等特性。

1．图层颜色设置

对象颜色将有助于辨别图样中的相似对象。新建图层时，通过给图形中的各个图层设置不同的颜色，可以直观地查看图形中各部分的结构特征，同时也可以在图形中清楚地区分每个图层。

要设置图层的颜色，用户可以在【图层特性管理器】对话框中单击【颜色】列表项中的色块，系统将打开【选择颜色】对话框，如图 2-15 所示。

该对话框中主要包括以下 3 种设置图层颜色的方法。

图 2-15　【选择颜色】对话框

1）索引颜色

索引颜色又称为 ACI 颜色，它是在 AutoCAD 中使用的标准颜色。每种颜色用一个 ACI 编号标识，即 1～255 之间的整数，例如红色为 1，黄色为 2，绿色为 3，青色为 4，蓝色为 5，品红色为 6，白色/黑色为 7，标准颜色仅适用于 1～7 号颜色。当选择某一颜色为绘图颜色后，AutoCAD 将以该颜色绘图，不再随所在图层的颜色变化而变化。

切换至【索引颜色】选项卡后，将出现 ByLayer 和 ByBlock 两个按钮：单击 ByLayer 按钮时，所绘对象的颜色将与当前图层的绘图颜色相一致；单击 ByBlock 按钮时，所绘对象的颜色为白色。

2）真彩色

真彩色使用 24 位颜色来定义显示 1600 万种颜色。指定真彩色时，可以使用 HSL 或 RGB 颜色模式，如图 2-16 所示。

这两种模式的含义分别介绍如下。

① HSL 颜色模式

HSL 颜色是描述颜色

图 2-16　真彩色的两种模式

的另一种方法，它是符合人眼感知习惯的一种模式。它是由颜色的三要素组成，分别代表着 3 种颜色要素：H 代表色调、S 代表饱和度、L 代表亮度。通常如果一幅图像有偏色、整体偏亮、整体偏暗或过于饱和等缺点，可以在该模式中进行调节。

② RGB 颜色模式

RGB 颜色通常用于光照、视频和屏幕图像编辑，也是显示器所使用的颜色模式，分别代表着 3 种颜色：R 代表红色、G 代表绿色、B 代表蓝色。通过这三种颜色可以指定颜色的红、绿、蓝组合。

3）配色系统

在该选项卡中，用户可以从所有颜色中选择程序事先配置好的专色，且这些专色是被放置于专门的配色系统中。在该程序中主要包含三个配色系统，分别是 PANTONE、

DIC 和 RAL，它们都是全球流行的色彩标准（国际标准）。

在该选项卡中选择颜色大致需要 3 步：首先在【配色系统】下拉列表中选择一种类型，然后在右侧的选择条中选择一种颜色色调，接着在左侧的颜色列表中选择具体的颜色编号即可，如图 2-17 所示。

图 2-17　选择配色系统指定颜色

2. 图层线型设置

线型是图形基本元素中线条的组成和显示方式，如虚线、中心线和实线等。通过设置线型可以从视觉上很轻易地区分不同的绘图元素，便于查看和修改图形。此外，对于虚线和中心线这些由短横线或空格等构成的非连续线型，还可以设置线型比例来控制其显示效果。

1）指定或加载线型

AutoCAD 提供了丰富的线型，它们存放在线型库 ACAD.LIN 文件中。在设计过程中，用户可以根据需要选择相应的线型来区分不同类型的图形对象，以符合行业的标准。

要设置图层的线型，可以在【图层特性管理器】对话框中单击【线型】列表项中的任一线型，然后在打开的【选择线型】对话框中选择相应的线型即可。如果没有所需线型，可在该对话框中单击【加载】按钮，在打开的新对话框中选择需要加载的线型，并单击【确定】按钮，即可加载该新线型，如图 2-18 所示。

图 2-18　加载新线型

2）修改线型比例

在绘制图形的过程中，经常遇到细点划线或虚线的间距太小或太大的情况，以至于无法区分点划线与实线。为解决这个问题，可以通过设置图形中的线型比例来改变线型的显示效果。

要修改线型比例，可以在命令行中输入 LINETYPE 指令，系统将打开【线型管理器】对话框。在该对话框中单击【显示细节】按钮，将激活【详细信息】选项组。用户可以在该选项组中修改全局比例因子和当前对象的缩放比例，如图 2-19 所示。

这两个比例因子的含义分别介绍如下。

① 全局比例因子

设置该文本框的参数可以控制线型的全局比例，将影响到图形中所有非连续线型的外观：其值增加时，将使非连续线型中短横线及空格加长；反之将使其缩短。当用户修改全局比例因子后，系统将重新生成图形，并使所有非连续线型发生相应的变化。例如，将全局比例因子由 1 修改为 3，零件图中的中心线和虚线均会发生相应的变化，如图 2-20 所示。

② 当前对象缩放比例

在绘制图形的过程中，为了满足设计要求和让视图更加清晰，需要对不同对象设置不同的线型比例，此时就必须单独设置对象的比例因子，即设置当前对象的缩放比例参数。

在默认情况下，当前对象的缩放比例参数值为 1，该因子与全局比例因子同时作用在新绘制的线型对象上。新绘制对象的线型最终显示缩放比例是两者间的乘积，如图 2-21 所示。

3. 图层线宽设置

线宽是指用宽度表现对象的大小和类型。设置线宽就是改变线条的宽度，通过控制图形显示和打印中的线宽，可以进一步区分图形中的对象。此外，使用线宽还可以用粗线和细线清楚地表现出部件的截面、边线、尺寸线和标记等，提高了图形的表达能力和可读性。

要设置图层的线宽，可以在【图层特性管理器】对话框中单击【线宽】列表项的线宽样图，系统将打开【线宽】对话框，如图 2-22 所示。

在该对话框的【线宽】列表框中即可指定所需的各种尺寸的线宽。此外，用户还可以根据设计的需要设置线宽的单位和显示比例。在命令行中输入 LWEIGHT 指令，系统将打开【线宽设置】对话框，如图 2-23 所示。

图 2-19 【线型管理器】对话框

图 2-20 全局比例对非连续线型的影响

图 2-21 设置新绘制非连续线型的比例

图 2-22 【线宽】对话框

在该对话框中即可设置线宽单位和调整指定线宽的显示比例，各选项的具体含义分别介绍如下。

图 2-23　【线宽设置】对话框

- ❑ **列出单位**　在该选项组中可以指定线宽的单位，可以是毫米或英寸。
- ❑ **显示线宽**　启用该复选框，线型的宽度才能显示出来。用户也可以直接启用软件界面状态栏上的【线宽】功能按钮⊞来显示线宽效果。
- ❑ **默认**　在该下拉列表中可以设置默认的线宽参数值。
- ❑ **调整显示比例**　在该选项区中可以通过拖动滑块来调整线宽的显示比例大小。

2.3　绘制点

点是组成图形的最基本元素，通常用来作为对象捕捉的参考点，例如标记对象的节点、参考点和圆心点等。掌握绘制点方法的关键在于灵活运用点样式，并根据需要定制各类型的点。

2.3.1　点样式的设置

绘制点时，系统默认为一个小黑点，在图形中并不容易辨认出来。因此在绘制点之前，为了更好地用点标记等距或等数等分位置，用户可以根据系统提供的一系列点样式，选取所需的点样式，且必要时自定义点的大小。

在【草图与注释】工作空间界面中，单击【实用工具】选项板中的【点样式】按钮↗，系统将打开【点样式】对话框，如图 2-24 所示。

此时，用户即可选择指定的点样式并设置相应的点参数。该对话框中各主要选项的含义现分别介绍如下。

图 2-24　设置点样式

- ❑ **点大小**　该文本框用于设置点在绘图区中显示的比例大小。
- ❑ **相对于屏幕设置大小**　选择该单选按钮，则可以相对于屏幕尺寸的百分比设置点的大小，比例值可大于、等于或小于 1。
- ❑ **按绝对单位设置大小**　选择该单选按钮，则可以按实际单位设置点的大小。

2.3.2　绘制单点和多点

单点和多点是点常用的两种类型。所谓单点是在绘图区中一次仅绘制的一个点，主要用来指定单个的特殊点位置，如指定中点、圆心点和相切点等；而多点则是在绘图区中可以连续绘制的多个点，且该方式主要是用第一点为参考点，然后依据该参考点绘制多个点。

1．绘制任意单点和多点

当需要绘制单点时，可以在命令行中输入 POINT 指令，并按下回车键。然后在绘图区中单击左键，即可绘制出单个点。当需要绘制多点时，可以直接单击【绘图】选项板中的【多点】按钮 ，然后在绘图区中连续单击，即可绘制出多个点，如图 2-25 所示。

2．绘制指定位置单点和多点

由于点主要起到定位标记参照的作用，因此在绘制点时并非是任意确定点的位置，需要使用坐标确定点的位置。

图 2-25 绘制单个点和多个点

1）鼠标输入法

该输入法是绘图中最常用的输入法，即移动鼠标直接在绘图区中的指定位置处单击鼠标左键，获得指定点效果。

在 AutoCAD 中，坐标的显示是动态直角坐标。当移动鼠标时，十字光标和坐标值将连续更新，随时指示当前光标位置的坐标值。

2）键盘输入法

该输入法是通过键盘在命令行中输入参数值来确定位置的坐标，且位置坐标一般有两种方式，即绝对坐标和相对坐标，这两种坐标的定义方式在第一章中已经详细介绍，这里不再赘述。

3）用给定距离的方式输入

该输入方式是鼠标输入法和键盘输入法的结合。当提示输入一个点时，将鼠标移动至输入点附近（不要单击）用来确定方向，然后使用键盘直接输入一个相对前一点的距离参数值，按下回车键即可确定点的位置，效果如图 2-26 所示。

图 2-26 用给定距离的方式输入点

2.3.3　绘制等分点

等分点是在直线、圆弧、圆或椭圆以及样条曲线等几何图元上创建的等分位置点或插入的等间距图块。在 AutoCAD 中，可以使用等分点功能对指定对象执行等分间距操作，即从选定对象的一个端点划分出相等的长度，并使用点或块标记将各个长度间隔。

1．定数等分点

利用 AutoCAD 的【定数等分】工具可以将所选对象等分为指定数目的相等长度，并在对象上按指定数目等间距创建点或插入块。该操作并不将对象实际等分为单独的对象，它仅仅是标明定数等分的位置，以便将这些等分点作为几何参考点。

在【绘图】选项板中单击【定数等分】按钮，然后在绘图区中选取被等分的对象，并输入等分数目，即可将该对象按照指定数目等分，效果如图2-27所示。

选取等分对象后，如果在命令行中输入字母 B，则可以将选取的块对象等间距插入到当前图形中，且插入的块可以与原对象对齐或不对齐分布，效果如图 2-28所示。

图 2-27　定数等分圆效果

2．定距等分点

定距等分点是指在指定的图元上按照设置的间距放置点对象或插入块。一般情况下放置点或插入块的顺序是从起点开始的，并且起点随着选取对象的类型变化而变化。由于被选对象不一定完全符合所有指定距离，因此等分对象的最后一段通常要比指定的间隔短。

在【绘图】选项板中单击【定距等分】按钮，然后在绘图区中选取被等分的对象，系统将显示"指定线段长度"的提示信息和列表框。此时，在列表框中输入等分间距的参数值，即可将该对象按照指定的距离等分，效果如图2-29所示。

图 2-28　定数等分插入图块效果

图 2-29　定距等分直线效果

2.4　绘制线

在 AutoCAD 中，直线、射线和构造线都是最基本的线性对象。这些线性对象和指定点位置一样，都可以通过指定起始点和终止点来绘制，也可以通过在命令行中输入坐标值确定起始点和终止点位置来获得相应的线轮廓。

2.4.1 绘制直线

在 AutoCAD 中，直线是指两点确定的一条直线段，而不是无限长的直线。构造直线段的两点可以是图元的圆心、端点（顶点）、中点和切点等类型。根据生成直线的方式，可以分为以下 3 种类型。

1．一般直线

一般直线是最常用的直线类型。在平面几何内，其是通过指定起点和长度参数来完成绘制的。

在【绘图】选项板中单击【直线】按钮 ✎，然后在绘图区中指定直线的起点，并设定直线的长度参数值，即可完成一般直线的绘制，效果如图 2-30 所示。

> **提 示**
>
> 在绘制直线时，若启用状态栏中的【动态输入】功能按钮 ┺，则系统将在绘图区中显示动态输入的标尺和文本框。此时在文本框中直接设置直线的长度和其他参数，即可快速地完成直线的绘制。其中，按下 Tab 键可以切换文本框中参数值的输入。

图 2-30 由直线起点和长度绘制一条直线

2．两点直线

两点直线是由绘图区中选取的两点确定的直线类型。其中，所选的两点决定了直线的长度和位置，且所选的点可以是图元的圆心、象限点、端点（顶点）、中点、切点和最近点等类型。

单击【直线】按钮 ✎，在绘图区中依次指定两点作为直线要通过的两个点，即可确定一条直线段，效果如图 2-31 所示。

图 2-31 由两点绘制一条直线

> **技 巧**
>
> 为了绘图方便，可以设置直线捕捉点的范围和类型。在状态栏中右击【对象捕捉】按钮 ☐，并在打开的快捷菜单中选择【设置】选项，然后在打开的【草图设置】对话框中设置直线捕捉的点类型和范围即可。

3．成角度直线

成角度直线是一种与 X 轴方向成一定角度的直线类型。如果设置的角度为正值，则直线绕起点逆时针方向倾斜；反之直线绕顺时针方向倾斜。

选择【直线】工具后，指定一点为起点，然后在命令行中输入"@长度<角度"，并按下回车键结束该操作，即可完成该类直线的绘制。例如，绘制一条长 150，且成 30°倾斜角的直线，效果如图 2-32 所示。

2.4.2　绘制射线和构造线

射线和构造线都属于直线的范畴，这两种线是指一端固定、一端延伸，或者两端延伸的直线。其可以放置在平面或三维空间的任何位置，主要用于作为辅助线。

1．射线

射线是一端固定、另一端无限延伸的直线，即只有起点没有终点或终点无穷远的直线。其主要用来作为图形中投影所得线段的辅助引线，或某些长度参数不确定的角度线等。

在【绘图】选项板中单击【射线】按钮，然后在绘图区中分别指定起点和通过点，即可绘制一条射线，效果如图 2-33 所示。

2．构造线

图 2-32　绘制成角度直线

图 2-33　绘制射线

与射线相比，构造线是一条没有起点和终点的直线，即两端无限延伸的直线。该类直线可以作为绘制等分角、等分圆等图形的辅助线，如图素的定位线等。

在【绘图】选项板中单击【构造线】按钮，命令行将显示"指定点或[水平(H)/垂直(V)/角度(A)/二等分(B)/偏移(O)]:"的提示信息，各选项的含义分别介绍如下。

1）水平（H）

默认辅助线为水平直线，单击一次绘制一条水平辅助线，直到用户单击鼠标右键或按下回车键时结束。

2）垂直（V）

默认辅助线为垂直直线，单击一次创建一条垂直辅助线，直到用户单击鼠标右键或按下回车键时结束。

3）角度（A）

创建一条用户指定角度的倾斜辅助线，单击一次创建一条倾斜辅助线，直到用户单击鼠标右键或按下回车键时结束。例如，输入角度为 45°，并指定通过点，即可获得角度构造线，效果如图 2-34 所示。

4）二等分（B）

创建一条通过用户指定角的顶点，并平分该角的辅助线。首先指定一个角的顶点，再分别指定该角两条边上的点即可。需要提

图 2-34　绘制角度构造线

示的是：这个角不一定是实际存在的，也可以是想象中的一个不可见的角。

5）偏移（O）

创建平行于另一个对象的辅助线，类似于偏移编辑命令。且选择的另一个对象可以是一条辅助线、直线或复合线对象。

2.4.3　多段线

多段线是作为单个对象创建的相互连接的线段组合图形。该组合线段作为一个整体，可以由直线段、圆弧段或两者的组合线段组成，并且可以是任意开放或封闭的图形。此外，为了区别多段线的显示，除了设置不同形状的图元及其长度外，还可以设置多段线中不同的线宽显示。

1. 直线段多段线

直线段多段线全部由直线段组合而成，是最简单的一种类型。一般用于创建封闭的线性面域。

在【绘图】选项板中单击【多段线】按钮 ⊃，然后在绘图区中依次选取多段线的起点和其他通过的点即可。如果欲使多段线封闭，则可以在命令行中输入字母 C，并按下回车键确认，效果如图 2-35 所示。

此外，需要注意的是起点和多段线通过的点在一条直线上时，不能成为封闭多段线。

2. 直线和圆弧段组合多段线

该类多段线是由直线段和圆弧段两种图元组成的开放或封闭的组合图形，是最常用的一种类型。主要用于表达绘制圆角过渡的棱边，或具有圆弧曲面的 U 型槽等实体的投影轮廓界线。

绘制该类多段线时，通常需要在命令行内不断切换圆弧和直线段的输入命令，效果如图 2-36 所示。

图 2-35　绘制直线段多段线

绘制多段线　输入字母 C 多段线封闭

输入字母 A 切换至圆弧绘制状态　输入字母 L 切换至直线绘制状态

图 2-36　绘制直线和圆弧段多段线

3. 带宽度的多段线

该类多段线是一种带宽度显示的多段线样式。与直线的线宽属性不同，此类多段线的线宽显示不受状态栏中【显示/隐藏线宽】工具的控制，而是根据绘图需要而设置的实际宽度。在选择【多段线】工具后，在命令行中主要有以下两种设置线宽显示的方式。

1）半宽

该方式是通过设置多段线的半宽值而创建的带宽度显示的多段线。其中，显示的宽度为设置值的 2 倍，并且在同一图元上可以显示相同或不同的线宽。

选择【多段线】工具后，在命令行中输入字母 H，然后可以通过设置起点和端点的半宽值来创建带宽度的多段线，效果如图 2-37 所示。

2）宽度

该方式是通过设置多段线的实际宽度值而创建的带宽度显示的多段线，显示的宽度与设置的宽度值相等。与【半宽】方式相同，在同一图元的起点和端点位置可以显示相同或不同的线宽，其对应的命令为输入字母 W，效果如图 2-38 所示。

带半宽的多段线

图 2-37 利用【半宽】方式绘制多段线

4. 编辑多段线

对于由多段线组成的封闭或开放图形，为了自由控制图形的形状，还可以利用【编辑多段线】工具编辑多段线。

在【修改】选项板中单击【编辑多段线】按钮，然后选取欲编辑的多段线，系统将打开相应的快捷菜单。此时，在该快捷菜单中选择对应的选项，即可进行相应的编辑多段线的操作，如图 2-39 所示。

该快捷菜单中各主要编辑命令的功能分别介绍如下。

带宽度的多段线

图 2-38 利用【宽度】方式绘制多段线

❑ **闭合** 输入字母 C，可以封闭所编辑的开放多段线。系统将自动以最后一段的绘图模式（直线或者圆弧）连接多段线的起点和终点。

❑ **合并** 输入字母 J，可以将直线段、圆弧或者多段线连接到指定的非闭

快捷菜单

选取该多段线

图 2-39 编辑多段线

合多段线上。若编辑的是多个多段线，需要设置合并多段线的允许距离；若编辑的是单个多段线，系统将连续选取首尾连接的直线、圆弧和多段线等对象，并将它们连成一条多段线。需要注意的是，合并多段线时，各相邻对象必须彼此首尾相连。

❑ **宽度** 输入字母 W，可以重新设置所编辑多段线的宽度。

❑ **编辑顶点** 输入字母 E，可以进行移动顶点、插入顶点以及拉直任意两顶点之间的多段线等操作。选择该选项，系统将打开新的快捷菜单。例如选择【编辑顶点】选项后指定起点，然后选择【拉直】选项，并选择【下一个】选项指定第二点，接着选择【执行】选项即可，效果如图 2-40 所示。

❑ **拟合** 输入字母 F，可以采用圆弧曲线拟合多段线的拐角，也就是创建连接每一对顶点的平滑圆弧曲线，将原来的直线段转换为拟合曲线，效果如图 2-41 所示。

图 2-40　拉直线段　　　　　　图 2-41　拟合多段线

- ❑ **样条曲线**　输入字母 S，可以用样条曲线拟合多段线，且拟合时以多段线的各顶点作为样条曲线的控制点。
- ❑ **非曲线化**　输入字母 D，可以删除在执行【拟合】或【样条曲线】命令时插入的额外顶点，并拉直多段线中的所有线段，同时保留多段线顶点的所有切线信息。
- ❑ **线型生成**　输入字母 L，可以设置非连续线型多段线在各顶点处的绘线方式。输入命令 ON，多段线以全长绘制线型；输入命令 OFF，多段线的各个线段独立绘制线型，当长度不足以表达线型时，以连续线代替。

2.5　绘制线性对象

在 AutoCAD 中，矩形和正多边形属于线性对象，且该类图形中所有线段并不是孤立的，而是合成一个面域。灵活使用该类图形工具可以大大简化绘图过程，使操作更加方便。

2.5.1　绘制矩形

在 AutoCAD 中，用户可以通过定义两个对角点，或者长度和宽度的方式来绘制矩形，且同时可以设置其线宽、圆角和倒角等参数。

在【绘图】选项板中单击【矩形】按钮▭，命令行将显示"指定第一个角点或[倒角(C)/标高(E)/圆角(F)/厚度(T)/宽度(W)]:"的提示信息，其中各选项的含义如下所述。

1. 指定第一个角点

在屏幕上指定一点后，然后指定矩形的另一个角点来绘制矩形。该方法是绘图过程中最常用的绘制方法。

2. 倒角（C）

绘制倒角矩形。在当前命令提示窗口中输入字母 C，然后按照系统提示输入第一个和第二个倒角距离，明确第一个角点和另一个角点，即可完成矩形的绘制。其中，第一个倒角距离指沿 X 轴方向（长度方向）的距离，第二个倒角距离指沿 Y 轴方向（宽度方向）的距离。

3．标高（E）

该命令一般用于三维绘图中。在当前命令提示窗口中输入字母 E，并输入矩形的标高，然后明确第一个角点和另一个角点即可。

4．圆角（F）

绘制圆角矩形。在当前命令提示窗口中输入字母 F，并输入圆角半径参数值，然后明确第一个角点和另一个角点即可。

5．厚度（T）

绘制具有厚度特征的矩形。在当前命令行提示窗口中输入字母 T，并输入厚度参数值，然后明确第一个角点和另一个角点即可。

6．宽度（W）

绘制具有宽度特征的矩形。在当前命令行提示窗口中输入字母 W，并输入宽度参数值，然后明确第一个角点和另一个角点即可。

选择不同的选项则可以获得不同的矩形效果，但都必须指定第一个角点和另一个角点，从而确定矩形的大小。执行各种操作获得的矩形绘制效果如图 2-42 所示。

图 2-42　矩形的各种样式

2.5.2　绘制正多边形

利用【正多边形】工具可以快速绘制 3～1024 边的正多边形，其中包括等边三角形、正方形、五边形和六边形等。在【绘图】选项板中单击【多边形】按钮 ⬠，即可按照以下 3 种方法绘制正多边形。

1．内接圆法

利用该方法绘制多边形时，是由多边形的中心到多边形的顶角点间的距离相等的边组成，也就是整个多边形位于一个虚构的圆中。

单击【多边形】按钮 ⬠，然后设置多边形的边数，并指定多边形中心。接着选择【内接于圆】选项，并设置内接圆的半径值，即可完成多边形的绘制，效果如图 2-43 所示。

图 2-43　利用内接圆法绘制正八边形

2. 外切圆法

利用该方法绘制正多边形时，所输入的半径值是多边形的中心点至多边形任意边的垂直距离。

单击【多边形】按钮⬡，然后输入多边形的边数为8，并指定多边形的中心点。接着选择【外切于圆】选项，并设置外切圆的半径值即可，效果如图2-44所示。

图2-44 利用外切圆法绘制正八边形

3. 边长法

设定正多边形的边长和一条边的两个端点，同样可以绘制出正多边形。单击【多边形】按钮⬡，在设置完多边形的边数后输入字母e，然后即可直接在绘图区中指定两点，或者指定一点后输入边长值来绘制出所需的多边形。例如，分别选取三角形一条边上的两个端点，绘制以该边为边长的正六边形，效果如图2-45所示。

图2-45 利用边长法绘制正六边形

2.5.3 绘制区域覆盖

区域覆盖是在现有的对象上生成一个空白的区域，用于覆盖指定区域或要在指定区域内添加注释。该区域与区域覆盖边框进行绑定，可以打开该区域进行编辑，也可以关闭该区域进行打印操作。

在【绘图】选项板中单击【区域覆盖】按钮▢，命令行将显示"指定第一点或[边框(F)/多段线(P)]<多段线>:"的提示信息，各选项的含义及设置方法分别介绍如下。

1. 边框

该方式是指绘制一个封闭的多边形区域，并使用当前的背景色遮盖被覆盖的对象。默认情况下，用户可以通过指定一系列控制点来定义区域覆盖的边界，并可以根据命令行的提示信息对区域覆盖进行编辑，确定是否显示区域覆盖对象的边界。若选择【开（ON）】选项可以显示边界；若选择【关（OFF）】选项，则可以隐藏绘图窗口中所要覆盖区域的边界，其对比效果如图2-46所示。

图2-46 显示与隐藏效果

2. 多段线

该方式是指选取原有的封闭多段线作为区域覆盖对象的边界。当选择一个封闭的多段线时，命令行将提示是否要删除多段线，输入 Y，系统将删除用来绘制区域覆盖的多段线；输入 N，则保留该多段线。

2.6 绘制曲线对象

在实际的绘图过程中，图形中不仅包含直线、多段线、矩形和多边形等线性对象，还包含圆、圆弧、椭圆以及椭圆弧等曲线对象，这些曲线对象同样是 AutoCAD 图形的主要组成部分。

2.6.1 绘制圆

圆是指平面上到定点的距离等于定长的所有点的集合。它是一个单独的曲线封闭图形，有恒定的曲率和半径。在二维草图中，主要用于表达孔、台体和柱体等模型的投影轮廓；在三维建模中，由它创建的面域可以直接构建球体、圆柱体和圆台等实体模型。

在【绘图】选项板中单击【圆】按钮 下侧的黑色小三角，其下拉列表中主要有以下 5 种绘制圆的方法。

1. 圆心，半径（或直径）

该方式可以通过指定圆心，并设置半径值（或直径值）来确定一个圆。单击【圆心，半径】按钮，然后在绘图区中指定圆心位置，并设置半径值，即可确定一个圆，效果如图 2-47 所示。

此外，如果在命令行中输入字母 D，并按下回车键确认，则可以通过设置直径值来确定一个圆。

图 2-47 利用【圆心，半径】工具绘制圆

2. 两点圆

该方式可以通过指定圆上的两个点来确定一个圆。其中，两点之间的距离确定了圆的直径，假想的两点直线间的中点确定圆的圆心。

单击【两点】按钮，然后在绘图区中依次选取圆上的两个点 A 和 B，即可确定一个圆，效果如图 2-48 所示。

图 2-48 利用【两点】工具绘制圆

3．三点

该方式通过指定圆周上的三个点来确定一个圆。其原理是：在平面几何内三点的首尾连线可组成一个三角形，而一个三角形有且只有一个外接圆。需要注意的是这三个点不能在同一条直线上。

单击【三点】按钮◎，然后在绘图区中依次选取圆上的三个点即可，效果如图 2-49 所示。

图 2-49 利用【三点】工具绘制圆

4．相切，相切，半径

该方式可以通过指定圆的两个公切点和设置圆的半径值来确定一个圆。单击【相切，相切，半径】按钮◎，然后在相应的图元上指定公切点，并设置圆的半径值即可，效果如图 2-50 所示。

5．相切，相切，相切

该方式通过指定圆的三个公切点来确定一个圆。该类型的圆是三点圆的一种特殊类型，即三段两两相交的直线或圆弧段的公切圆，其主要用于确定正多边形的内切圆。

单击【相切，相切，相切】按钮◎，然后在绘图区中依次选取相应图元上的三个切点即可，效果如图 2-51 所示。

图 2-50 利用【相切，相切，半径】工具绘制圆

2.6.2 绘制圆弧

在 AutoCAD 中，圆弧既可以用于建立圆弧曲线和扇形，也可以用作放样图形的放样截面。由于圆弧可以看作是圆的一部分，因此它会涉及到起点和终点的问题。

图 2-51 利用【相切，相切，相切】工具绘制圆

绘制圆弧的方法与圆基本类似，既要指定半径和起点，又要指出圆弧所跨的弧度大小。根据绘图顺序和已知图形要素条件的不同，主要分为以下 5 种类型。

1．三点圆弧

该方式通过指定圆弧上的三点来确定一段圆弧。其中，第一点和第三点分别是圆

弧上的起点和端点，且第三点直接决定圆弧的形状和大小，第二点可以确定圆弧的位置。

单击【三点】按钮 ⌒，然后在绘图区中依次选取圆弧上的三点，即可绘制通过这三个点的圆弧，效果如图 2-52 所示。

2．起点和圆心

该方式通过指定圆弧的起点和圆心，再选取圆弧的端点，或设置圆弧的包含角或弦长来确定圆弧。其主要包括 3 个绘制工具，最常用的为【圆心，起点，端点】工具。

单击【圆心，起点，端点】按钮 ⌒，然后在绘图区中依次指定三个点作为圆弧的起点，圆心和端点，即可完成圆弧的绘制，效果如图 2-53 所示。

如果单击【圆心，起点，角度】按钮 ⌒，则绘制圆弧时需要指定圆心角，且当输入正角度值时，所绘圆弧从起始点绕圆心沿逆时针方向绘制；如果单击【圆心，起点，长度】按钮 ⌒，则绘制圆弧时所给定的弦长不得超过起点到圆心距离的两倍，且当设置的弦长为负值时，该值的绝对值将作为对应整圆的空缺部分圆弧的弦长。

3．起点和端点

该方式通过指定圆弧上的起点和端点，然后再设置圆弧的包含角、起点切向或圆弧半径来确定一段圆弧。其主要包括 3 个绘制工具，效果如图 2-54 所示。

其中，单击【起点，端点，方向】按钮 ⌒，绘制圆弧时可以拖动鼠标动态地确定圆弧在起点和端点之间形成的一条橡皮筋线，而该橡皮筋线即为圆弧在起始点处的切线。

4．圆心和起点

该方式通过指定圆弧的起点和圆心，再选取圆弧的端点，或设置圆弧的包含角或弦长来确定圆弧。其主要包括 3 个绘制工具，最常用的为【起点，圆心，端点】工具。

单击【起点，圆心，端点】按钮 ⌒，然后在绘图区中依次指定三个点作为圆弧的起点，圆心和端点，即可完成圆弧的绘制，效果如图 2-55 所示。

图 2-52　利用【三点】工具绘制圆弧

图 2-53　利用【圆心，起点，端点】工具绘制圆弧

图 2-54　利用【起点，端点】相应工具绘制圆弧

如果单击【起点，圆心，角度】按钮 ⟋，则绘制圆弧时需要指定圆心角，且当输入正角度值时，所绘圆弧从起始点绕圆心沿逆时针方向绘制；如果单击【起点，圆心，长度】按钮 ⟋，则绘制圆弧时所给定的弦长不得超过起点到圆心距离的两倍，且当设置的弦长为负值时，该值的绝对值将作为对应整圆的空缺部分圆弧的弦长。

图 2-55　利用【起点，圆心，端点】工具绘制
圆弧

5．连续圆弧

该方式是以最后一次绘制线段或圆弧过程中确定的最后一点作为新圆弧的起点，并以最后所绘制线段方向，或圆弧终止点处的切线方向为新圆弧在起始点处的切线方向，然后再指定另一个端点确定的一段圆弧。

单击【连续】按钮 ⟋，系统将自动选取最后一段圆弧。此时，仅需指定连续圆弧上的另一个端点即可，效果如图2-56 所示。

图 2-56　绘制连续圆弧

2.6.3　绘制椭圆和椭圆弧

椭圆和椭圆弧曲线都是机械绘图时最常用的曲线对象。该类曲线 X、Y 轴方向对应的圆弧直径有差异，如果直径完全相同则形成规则的圆轮廓线，因此可以说圆是椭圆的特殊形式。

1．椭圆

椭圆是指平面上到定点距离与到定直线间距离之比为常数的所有点的集合。零件上圆孔特征在某一角度上的投影轮廓线、圆管零件上相贯线的近似画法等均以椭圆显示。

在【绘图】选项板中单击【椭圆】按钮 ⬭ 右侧的黑色小三角，系统将显示以下两种绘制椭圆的方式。

1）指定圆心绘制椭圆

指定圆心绘制椭圆，即通过指定椭圆圆心、主轴的半轴长度和副轴的半轴长度来绘制椭圆。

单击【圆心】按钮 ⬭，然后在绘图区中指定椭圆的圆心，并依次指定两个轴的半轴长度，即可完成椭圆的绘制，效果如图2-57 所示。

2）指定端点绘制椭圆

该方法是 AutoCAD 绘制椭圆的默认方法，只需在绘图区中直接指定出椭圆的三个端点，即可绘制出一个完整的椭圆。

单击【轴，端点】按钮⊙，然后选取椭圆的两个端点，并指定另一半轴的长度，即可绘制出完整的椭圆，效果如图 2-58 所示。

图 2-57　指定圆心绘制椭圆

2.椭圆弧

椭圆弧顾名思义就是椭圆的部分弧线，只需指定圆弧的起点角和端点角即可。其中在指定椭圆弧的角度时，可以在命令行中输入相应的数值，也可以直接在图形中指定位置点定义相应的角度。

单击【椭圆弧】按钮⊙，命令行将显示"指定椭圆的轴端点或[圆弧（A）/中心点（C）]:"的提示信息。此时便可以按以上两种绘制方法首先绘制椭圆，然后再按照命令行提示的信息分别输入起点和端点角度，来获得相应的椭圆弧，效果如图 2-59 所示。

图 2-58　指定端点绘制椭圆

● 2.6.4　样条曲线

样条曲线是经过或接近一系列给定点的光滑曲线，可以控制曲线与点的拟合程度。在机械绘图中，该类曲线通常用来表示区分断面的部分，还可以在建筑图中表示地形地貌等。

图 2-59　绘制椭圆弧

1.绘制样条曲线

样条曲线与直线一样都是通过指定点获得，不同的是样条曲线是弯曲的线条，并且线条可以是开放的，也可以是起点和端点重合的封闭样条曲线。

单击【样条曲线拟合】按钮∿，然后依次指定起点、中间点和终点，即可完成样条曲线的绘制，效果如图 2-60 所示。

2.编辑样条曲线

在样条曲线绘制完成后，往往不能满足实际的使用要求，此时即可利用样条曲线的编辑工具对其进行相应的操作，以达到设计要求。

图 2-60　绘制样条曲线

在【修改】选项板中单击【编辑样条曲线】按钮⬠，系统将提示选择样条曲线。此时，选取相应的样条曲线即可显示一快捷菜单，如图 2-61 所示。

该快捷菜单中各主要选项的含义及设置方法介绍如下。

❑ **闭合**　选择该选项，系统自动将最后一点定义为与第一点相同，并且在连接处相切，以此使样条曲线闭合。

❑ **拟合数据**　选择该操作方式可以编辑样条曲线所通过的某些控制点。选择该选项后，系统将打开拟合数据快捷菜单，且样条曲线上各控制点的位置均会以夹点的形式显示，如图 2-62 所示。

图 2-61　编辑快捷菜单

该快捷菜单主要包括 8 种编辑方式，现分别介绍如下。

➢ **添加**　输入字母 A，可以为样条曲线添加新的控制点。

➢ **闭合**　输入字母 C，系统自动将最后一点定义为与第一点相同，并且在连接处相切，以此使样条曲线闭合。

图 2-62　拟合数据快捷菜单

➢ **删除**　输入字母 D，可以删除样条曲线控制点集中的一些控制点。

➢ **扭折**　输入字母 K，可以在样条曲线上的指定位置添加节点和拟合点，且不会保持在该点的相切或曲率连续性。

➢ **移动**　输入字母 M，可以移动控制点集中点的位置。

➢ **清理**　输入字母 P，可以从图形数据库中清除样条曲线的拟合数据。

➢ **切线**　输入字母 T，可以修改样条曲线在起点和端点的切线方向。

➢ **公差**　输入字母 L，可以重新设置拟合公差的值。

❑ **编辑顶点**　选择该选项可以将所修改样条曲线的控制点进行细化，以达到更精确地对样条曲线进行编辑的目的，如图 2-63 所示。

选择该选项，在打开的快捷菜单中包含多种编辑方式，各选项的含义分别介绍如下。

图 2-63　编辑顶点快捷菜单

➢ **添加**　输入字母 A，可以增加样条曲线的控制点。此时，在命令行提示下选取样条曲线上的某个控制点将以两个控制点代替，且新点与样条曲线更加逼近。

➢ **删除**　输入字母 D，可以删除样条曲线控制点集中的一些控制点。

➢ **提高阶数**　输入字母 E，可以控制样条曲线的阶数，且阶数越高控制点越多，样条曲线越光滑。如果选择该选项，系统将提示输入新阶数，例如输入阶次数为 8，显示的精度设置效果如图 2-64 所示。

> **移动** 输入字母 M，可以通过拖动鼠标的方式，移动样条曲线各控制点处的夹点，以达到编辑样条曲线的目的。其与【拟和数据】选项中的【移动】子选项功能一致。

> **权值** 输入字母 W，可以改变控制点的权值。

图 2-64 提高曲线阶数

❑ **转换为多段线** 选择该选项，并指定相应的精度值，即可将样条曲线转换为多段线。

❑ **反转** 选择该选项可以使样条曲线的方向相反。

2.6.5 绘制修订云线

利用该工具可以绘制类似于云彩的图形对象。在检查或用红线圈阅图形时，可以使用云线来亮显标记，以提高工作效率。

在【绘图】选项板中单击【修订云线】按钮，命令行将显示"指定起点或[弧长(A)/对象(O)/样式(S)]<对象>:"的提示信息。各选项的含义及设置方法分别介绍如下。

1. 指定起点

该方式是指从头开始绘制修订云线，即默认云线的参数设置。在绘图区中指定一点为起始点，拖动鼠标将显示云线，效果如图 2-65 所示。

2. 弧长

选择该选项可以指定云线的最小弧长和最大弧长，默认情况下弧长的最小值为 0.5 个单位,最大值不能超过最小值的 3 倍。

图 2-65 绘制修订云线

3. 对象

选择该选项可以指定一个封闭图形，如矩形、多边形等，并将其转换为云线路径。且在绘制过程中如果选择 N，则圆弧方向向外；如果选择 Y，则圆弧方向向内，效果如图 2-66 所示。

图 2-66 转换对象后的两种情况

AutoCAD 2014 中文版标准教程

4. 样式

选择该选项可以指定修订云线的方式，包括【普通】和【手绘】两种样式。两种云线样式的对比效果如图2-67所示。

2.7 图案填充

图 2-67　两种样式绘制修订云线

在绘制图形时常常需要以某种图案填充一个区域，以此来形象地表达或区分物体的范围和特点，以及零件剖面结构大小和所使用的材料等。这种被称为"画阴影线"的操作，也被称为图案填充。该操作可以利用【图案填充】工具来完成，且所绘阴影线既不能超出指定边界，也不能在指定边界内绘制不全或所绘阴影线过疏、过密。

2.7.1 创建图案填充

使用传统的手工方式绘制阴影线时，必须依赖绘图者的眼睛，并正确使用丁字尺和三角板等绘图工具，逐一绘制每一条线。这样不仅工作量大、且角度和间距都不太精确，影响画面质量。但利用 AutoCAD 提供的【图案填充】工具，只需定义好边界，系统即可自动进行相应的填充操作。

单击【图案填充】按钮，系统将展开【图案填充创建】选项卡，如图 2-68 所示。

图 2-68　【图案填充创建】选项卡

在该选项卡中即可分别设置填充图案的类型、填充比例、角度和填充边界等。

1. 指定填充图案的类型

创建图案填充，首先要设置填充图案的类型。用户既可以使用系统预定义的图案样式进行图案填充，也可以自定义一个简单的或创建更加复杂的图案样式进行图案填充。

在【特性】选项板的【图案填充类型】下拉列表中，系统提供了 4 种图案填充类型，如图 2-69 所示。

图 2-69　填充图案的 4 种类型

❑ **实体**　选择该选项，则填充图案为 SOLID（纯色）图案。

❑ **渐变色**　选择该选项，可以设置双色渐变的填充图案。

❑ **图案**　选择该选项，可以使用系统提供的填充图案样式，这些图案保存在系统的 acad.pat 和 acadiso.pat 文件中。当选择该选项后，便可以在【图案】选项板的【图案填充图案】下拉列表中选择系统提供的图案类型，如图 2-70 所示。

❑ **用户定义**　利用当前线型定义由一组平行线或者相互垂直的两组平行线组成的图案。例如选取该填充图案类型后，如果在【特性】选项板中单击【交叉线】按钮▦，则填充图案将由平行线变为交叉线，如图2-71 所示。

2．设置填充图案的比例和角度

指定好填充图案后，还需要设置合适的比例和合适的剖面线旋转角度，否则所绘剖面线的线与线之间的间距不是过疏，就是过密。AutoCAD 提供的填充图案都可以调整比例因子和角度，以便满足各种填充要求。

1）设置剖面线的比例

剖面线比例的设置，直接影响到最终的填充效果。当处理较大的填充区域时，如果设置的比例因子太小，由于单位距离中有太多的线，则所产生的图案就像是使用实体填充的一样。这样不仅不符合设计要求，还增加了图形文件的容量。但如果使用了过大的填充比例，可能由于剖面线间距太大，而不能在区域中插入任何一个图案，从而观察不到剖面线效果。

在 AutoCAD 中，预定义剖面线图案的缺省缩放比例是 1。如果绘制剖面线时没有指定特殊值，系统将按缺省比例值绘制剖面线。如果要输入新的比例值，可以在【特性】选项板的【填充图案比例】文本框中输入新的比例值，以增大或减小剖面线的间距，效果如图 2-72 所示。

2）设置剖面线的角度

除了剖面线的比例可以控制之外，剖面线的角度也可以进行控制。剖面线角度的数值大小直接决定了剖面区域中图案的放置方向。

在【特性】选项板的【图案填充角度】文本框中可以输入剖面线的角度数值，也可以拖动左侧的滑块来控制角度的大小。但要注意的是在该文本框中所设置的角度并不是剖面线与 X 轴的倾斜角度，而是剖面线以 45º 线方向为起始位置的转动角度。例如设置角度为 0º，此时剖面线与 X 轴的夹角却是 45º，如图 2-73 所示。

图 2-70　【图案填充图案】列表框

图 2-71　用户定义的填充图案

图 2-72　不同比例的剖面线效果

当分别输入角度值为45°和90°时，剖面线将逆时针旋转至新的位置，它们与X轴的夹角分别为90°和135°，效果如图2-74所示。

3．指定填充边界

剖面线一般总是绘制在一个对象或几个对象所围成的区域中，如一个圆或一个矩形或几条线段或圆弧所围成的形状多样的区域中。即剖面线的边界线必须是首尾相连的一条闭合线，且构成边界的图形对象应在端点处相交。

在AutoCAD中，指定填充边界主要有两种方法：一种是在闭合的区域中选取一点，系统将自动搜索闭合的边界，另一种是通过选取对象来定义边界，现分别介绍如下。

1）选取闭合区域定义填充边界

在图形不复杂的情况下，经常通过在填充区域内指定一点来定义边界。此时，系统将自动寻找包含该点的封闭区域进行填充操作。

单击【边界】选项板中的【拾取点】按钮，然后在要填充的区域内任意指定一点，系统即可以虚线形式显示该填充边界，效果如图2-75所示。

且如果拾取点不能形成封闭边界，则会显示错误提示信息。此外，在【边界】选项板中单击【删除边界对象】按钮，可以取消系统自动选取或用户所选的边界，将多余的对象排除在边界集之外，使其不参与边界计算，从而重新定义边界，以形成新的填充区域，效果如图2-76所示。

2）选取边界对象定义填充边界

该方式是通过选取填充区域的边界线来确定填充区域。该区域仅为鼠标点选的区域，且必须是封闭的区域，未被选取的边界不在填充区域内。该方式常用在多个或多重嵌套的图形需要进行填充时。

单击【选择边界对象】按钮，然后选取指定的封闭边界对象，即可对该边界对象所围成的区域进行相应的填充操作，如图2-77

图2-73 输入角度为0°时剖面线效果

图2-74 输入不同角度时的剖面线效果

图2-75 拾取内部点填充图案

图2-76 删除多余图形边界的填充效果

所示。

提　示

如果指定边界时，系统提示未找到有效的边界，则说明所选区域边界未完全封闭。此时可以采用两种方法：一种是利用延长、拉伸或修剪工具对边界重新修改，使其完全闭合；另一种是利用多段线将边界重新描绘，也可以解决边界未完全封闭的问题。

图 2-77　选取边界填充图案

2.7.2　孤岛填充

在填充边界中常包含一些闭合的区域，这些区域被称为孤岛。利用 AutoCAD 提供的孤岛操作可以避免在填充图案时覆盖一些重要的文本注释或标记等属性。在【图案填充创建】选项卡中，展开【选项】选项板中的【孤岛检测】下拉列表，系统提供了以下 3 种孤岛显示方式。

1．普通孤岛检测

系统将从最外边界向里填充图案，遇到与之相交的内部边界时断开填充图案，遇到下一个内部边界时再继续填充，效果如图 2-78 所示。

图 2-78　普通孤岛填充样式效果

2．外部孤岛检测

该选项是系统的默认选项。选择该选项后，系统将从最外边界向里填充图案，遇到与之相交的内部边界时断开填充图案，不再继续向里填充，效果如图 2-79 所示。

3．忽略孤岛检测

选择该选项后，系统将忽略边界内的所有孤岛对象，所有内部结构都将被填充图案覆盖，效果如图 2-80 所示。

图 2-79　外部孤岛填充样式效果

2.7.3　渐变色填充

在绘图过程中，有些图形在填充时需要用到一种或多种颜色，尤其在绘制装潢、美工等图纸时，这就要用到渐变色图案填充功能。利用该功能可以对封闭区域进行适当的渐变色填充，从而形成比较好的颜色修饰效果。根据填充效果的不同，可以分为以下两

图 2-80　忽略孤岛填充样式效果

种填充方式。

1. 单色填充

单色填充是指从较深着色到较浅色调平滑过渡的单色填充，用户可以通过设置角度和明暗数值来控制单色填充的效果。

在【特性】选项板的【图案填充类型】中选择【渐变色】选项，并指定【渐变色1】的颜色。然后单击【渐变色2】左侧的按钮，禁用渐变色2的填充。接着设置渐变色角度，设定单色渐变明暗的数值，并在【原点】选项板中单击【居中】按钮。此时选取相应的填充区域，即可完成单色居中填充，效果如图2-81所示。

> **提 示**
>
> 【居中】按钮用于指定对称的渐变配置。如果禁用该功能，渐变填充将朝左上方变化，创建的光源在对象左边的图案。

2. 双色填充

双色填充是指在两种颜色之间平滑过渡的双色渐变填充。创建双色填充，只需分别设置【渐变色1】和【渐变色2】的颜色类型，并设置填充参数，然后拾取填充区域内部的点即可。若启用【居中】功能，则渐变色1将向渐变色2居中显示渐变效果，效果如图2-82所示。

图 2-81　单色居中渐变色填充效果

图 2-82　双色渐变色填充效果

2.7.4　编辑填充图案

通过执行编辑填充图案操作，不仅可以修改已经创建的填充图案，而且可以指定一个新的图案替换以前生成的图案。其具体包括对图案的样式、比例（或间距）、颜色、关联性以及注释性等选项的操作。

1. 编辑填充参数

在【修改】选项板中单击【编辑图案填充】按钮，然后在绘图区中选择要修改的填充图案，即可打开【图案填充编辑】对话框，如图2-83所示。

在该对话框中不仅可以修改图案、比例、旋转角度和关联性等设置，还可以修改、删除及重新创建边界。另外在【渐变色】选项卡中与此编辑情况相同，这里不再赘述。

2. 编辑图案填充边界与可见性

图案填充边界除了可以由【图案填充编辑】对话框中的【边界】选项组和孤岛操作

编辑外，用户还可以单独地进行边界定义。

在【绘图】选项板中单击【边界】按钮，系统将打开【边界创建】对话框。然后在【对象类型】下拉列表中选择边界保留形式，并单击【拾取点】按钮，重新选取图案边界即可，效果如图 2-84 所示。

编辑填充图案样式

重定义填充边界

修改角度和比例

设置关联等附属功能

设置渐变色填充

图 2-83　【图案填充编辑】对话框

此外，图案填充的可见性是可以控制的。用户可以在命令行中输入 FILL 指令，将其设置为关闭填充显示，按回车键确认。然后在命令行中输入 REGEN 指令，对图形进行更新以查看关闭效果，如图 2-85 所示。

2. 单击该按钮

3. 在该区域内单击

边界以多段线形式定义

1. 设置边界保留形式

图 2-84　以多段线形式定义边界

输入 OFF 指令关闭填充显示

填充显示关闭效果

图 2-85　输入 FILL 指令控制可见性

2.8　课堂实例 2-1：绘制摇柄零件图

本例绘制一摇柄零件图，效果如图 2-86 所示。一般情况下，该摇柄零件与其他零件配合装配，起到定位和固定的作用。其中，摇柄的柄把儿具有指向性的作用。

绘制该摇柄零件图时，首先利用【圆】和【直线】工具，绘制出摇柄的大致轮廓线，然后利用【修剪】工具修剪该轮廓线即可。特别是【相切，相切，半径】工具的应用，是本例的一大亮点，要求读者认真掌握。

图 2-86　摇柄零件图效果

操作步骤：

1. 在【图层】选项板中单击【图层特性】按钮
   🖿，将打开【图形特性管理器】对话框。然
   后在该对话框中新建所需图层，效果如图
   2-87 所示。

图 2-87   新建图层

2. 切换【中心线】图层为当前图层，单击【直
   线】按钮 ✎，分别绘制一条水平线段和竖直
   线段作为图形中心线。然后单击【偏移】按
   钮 ⬄，将水平中心线向上下两侧分别偏移
   22，将竖直线向右偏移 18，效果如图 2-88
   所示。

图 2-88   绘制中心线并偏移

3. 切换【轮廓线】图层为当前图层，单击【圆】
   按钮 ⊙，选取点 A 为圆心绘制直径为 Φ20
   的圆。继续利用【圆】工具依次选取点 B、
   点 C 和点 D 为圆心，绘制直径分别为 Φ10、
   Φ26 和 Φ12 的圆轮廓，效果如图 2-89 所示。

图 2-89   绘制圆

4. 单击【相切，相切，半径】按钮 ⊙，绘制半
   径为 R80 的圆，使其与直径为 Φ26 的两个
   圆均相切。继续利用该工具，绘制半径为
   R10 的两个圆，使其与直径为 Φ20 和 Φ12
   的圆均相切，效果如图 2-90 所示。

图 2-90   绘制相切圆

5. 单击【修剪】按钮 ✂，选取直径为 Φ26 的
   两个圆轮廓为修剪边界，对上步绘制的半径
   为 R80 的圆进行修剪操作，效果如图 2-91
   所示。

图 2-91   修剪圆轮廓

6. 继续利用【修剪】工具，选取直径分别为 Φ12
   和 Φ20 的圆为修剪边界，对直径为 Φ20 的
   圆进行修剪操作。重复利用【修剪】工具，
   按照如图 2-92 所示修剪多余的线段。

图 2-92   修剪圆轮廓

7 利用【偏移】工具，将水平中心线向上下两侧分别偏移 10，再将竖直中心线 a 向右偏移 52，并将偏移后的中心线转换为【轮廓线】图层。然后利用【修剪】工具，按照如图 2-93 所示修剪多余的线段。

图 2-93 偏移中心线并修剪

8 利用【直线】工具，以点 E 为起点绘制一条直线，使该直线与直径为 Φ10 的圆轮廓相切。继续利用该方法绘制另一条切线，效果如图 2-94 所示。

图 2-94 绘制切线

9 利用【相切，相切，半径】工具，绘制半径为 R20 的圆轮廓，使该圆与直径为 Φ26 的圆和上步绘制的切线均相切。继续利用该方法，绘制另一个相切圆，效果如图 2-95 所示。

图 2-95 绘制相切圆

10 利用【修剪】工具，选取直径为 Φ26 的圆弧和切线为修剪边界，修剪上步绘制的半径为 R20 的圆轮廓，效果如图 2-96 所示。

图 2-96 修剪效果

11 继续利用【修剪】工具，选取上步修剪后的弧线为修剪边界，按照如图 2-97 所示修剪多余的线段和圆弧。

图 2-97 修剪效果

2.9 课堂实例 2-2：绘制支座

本实例将绘制简单支座的主视图，如图 2-98 所示。支座是工程设备中最常用的固定支撑零件，从该零件的结构特征来看，在底座的两侧加工 U 形孔是为安装定位螺栓，而在支座上方加工销孔，是为了使零件准确定位在该支座上。

　　该二维图形虽然复杂，可采用由外而内绘图方式获得，即首先使用【矩形】【直线】和【圆弧】工具绘制主要外轮廓线，然后使用部分编辑工具编辑图形，从而获得外轮廓线。接下来同样利用基本绘图工具配合编辑工具获得内部轮廓线，即可完成整个图形的绘制。

图 2-98　绘制支座主视图

操作步骤：

1 在【图层】选项板中单击【图层特性】按钮，将打开【图层特性管理器】对话框。然后在该对话框中新建所需图层，效果如图 2-99 所示。

图 2-99　新建图层

2 切换【粗实线】图层为当前层，并单击【绘图】选项板中的【矩形】按钮□，任意指定一点为矩形起始点，然后输入第二点坐标（@69，62），即可获得如图 2-100 所示的矩形。

图 2-100　绘制矩形

3 单击【修改】选项板中的【倒角】按钮△，并在命令行中输入字母 D。然后设置第一个倒角距离为 10，第二个倒角距离为 15。接着依次选取相应的边创建倒角特征，效果如图 2-101 所示。

图 2-101　创建倒角

4 启用状态栏中的【对象捕捉】功能□，打开【草图设置】对话框，启用【中点】复选框。然后单击【直线】按钮／，将鼠标移至矩形轮廓线的中间部位，将显示中点图标，捕捉矩形上下两边的中点绘制直线。采用相同的方法绘制另外一条直线，如图 2-102 所示。

图 2-102　绘制直线

5 选取直线端点，并拖动该端点使直线超出矩形边界。然后利用替换线型的方法将两直线转换为点划线线型，效果如图 2-103 所示。

拖动端点
修改直线

转换
线型

图 2-103 修改并转化直线线型

6 利用【直线】工具，并在命令行中输入 FROM 指令。然后指定矩形左下角的第一个角定点为起始参照点，在命令行输入（@0，10）为直线的第一点。接着启用状态栏中的【正交模式】功能，拖动光标右移输入距离参数为 12，便可获得如图 2-104 所示直线效果。

正交：15.6063＜0°

指定该点
为参照点

绘制
直线

图 2-104 绘制直线

7 选取上步绘制的直线，然后单击【修改】选项板中的【镜像】按钮，并指定水平中心线为镜像线，便可获得如图 2-105 所示的镜像效果。

2. 镜像
中心线

1. 镜像
像对象

镜像
效果

图 2-105 镜像直线

8 单击【修改】选项板中的【圆角】按钮，并依次选取如图 2-106 所示的两直线，系统将自动创建一圆角效果。

1. 选取
该直线

2. 选取
该直线

圆角
效果

图 2-106 添加圆角

9 单击【修改】选项板中的【修剪】按钮，然后依次选取两平行直线为修剪边界，选取如图 2-107 所示的直线为修剪对象，即可获得修剪效果。

1. 选取修
剪边界

2. 选取修
剪对象

修剪
效果

图 2-107 修剪直线

10 单击【修剪】选项板中的【偏移】按钮，并在命令行中输入偏移距离 2，然后选取如图 2-108 所示的直线为偏移对象，拖动光标下移将显示偏移直线。接着按照相同方法和偏移参数值偏移镜像直线和圆弧。

1. 选取偏
移对象

2. 偏移
效果

偏移其他对
象效果

图 2-108 绘制偏移线

11 利用【矩形】工具，并在命令行中输入字母
    C。然后指定第一个倒角距离为 3，第二个
    倒角距离为 3。接着输入 FROM 指令，并指
    定中心线交点为起始参照点，在命令行中输
    入（@5，15）指定矩形第一点，最后输入
    （@-10，-30），即可获得如图 2-109 所示
    的矩形绘制效果。

指定该点
为参照点

变点

绘制倒
角矩形

图 2-109   绘制倒角矩形

12 利用【直线】工具，并在命令行输入 FROM
    指令。然后选取两中心线交点为起始参照
    点，并输入（@-10.5，0）确定直线的第一
    点。接着拖动光标上移，输入直线距离值为
    26，即可获得如图 2-110 所示的直线效果。

绘制
直线

2. 确定直
线第一点

1. 指定该点
为参照点

图 2-110   绘制直线

13 选取竖直中心线，按照上述偏移方法，输入
    偏移距离 3，并将鼠标指定中心左侧一点，
    便可获得如图 2-111 所示的偏移效果。

选取偏移
对象

偏移
效果

图 2-111   偏移中心线

14 单击【圆弧】下拉菜单中的【起点，端点，
    半径】按钮，选取如图 2-112 所示的两
    点分别为圆弧的起点和端点，并输入半径值
    为 R9，即可获得圆弧绘制效果。

1. 选取该点
为圆弧起点

2. 选取该点
为圆弧端点

绘制
圆弧

图 2-112   绘制圆弧

15 选取偏移的中心线，并单击【修改】选项板
    中的【删除】按钮，将该中心线删除，效
    果如图 2-113 所示。

选取该
中心线

删除
效果

图 2-113   删除中心线

16 选取如图 2-114 所示的直线和曲线，按照
    上述的镜像方法，指定竖直中心线为镜像
    线，即可获得相应的镜像效果。然后利用【修
    剪】工具，修剪多余的轮廓线。

1. 选取镜
像对象

2. 指定镜
像中心线

镜像并修
剪效果

图 2-114   镜像并修剪轮廓线

17 继续利用【镜像】工具，并选取如图 2-115
所示的直线和曲线为镜像对象，指定水平中
心线为镜像线，即可获得右图所示的镜像
效果。

1. 选取镜像对象　2. 指定镜像中心线

镜像效果

图 2-115　镜像直线和曲线

一、填空题

1．在绘制复杂图形对象时，可以通过
_____和_____图层的操作来清理一些不必
要的图层，使图层列表窗口简洁明了。

2．在 AutoCAD 中，图层的特性包括
_____、_____和_____等内容。

3．当需要绘制单点时，可以在命令行中输
入_____指令，并按下回车键。然后在绘图区
中单击左键，即可绘制出单个点。

4．根据生成直线的方式，可以分为以下 3
种类型：_____、_____、_____。

5．利用【正多边形】工具可以快速绘制
_____边的正多边形，其中包括等边三角形、
正方形、五边形和六边形等。

6．绘制圆的五种方法是：_____、
_____、_____、_____、_____。

二、选择题

1．在____选项板中，可以直接设置和修改
对象的颜色、线型、图层和线宽，以及尺寸和位
置等。

　　A．特性　　　　　B．图层
　　C．匹配　　　　　D．线型管理器

2．在 AutoCAD 中，为设计者提供独立设置
对象的常用工具，其中不包括____项。

　　A．颜色　　　　　B．线宽
　　C．线型　　　　　D．图层管理

3．选择【直线】工具后，指定一点为起点，
然后在命令行中输入_____，并按下回车键结
束该操作，即可完成该类直线的绘制。

　　A．长度　　　　　B．@长度

　　C．角度　　　　　D．@长度<角度

4．绘制倒角矩形。在当前命令提示窗口中
输入字母____，然后按照系统提示输入第一个和
第二个倒角距离，明确第一个角点和另一个角点，
即可完成矩形的绘制。

　　A．C　　　　　　B．E
　　C．F　　　　　　D．T

三、简答题

1．简述如何创建图层？
2．简述绘制和编辑样条曲线的方法？

四、上机练习

1．绘制手轮

本练习绘制一个手轮，效果如图 2-116 所示。
手轮的主要作用是通过限制阀门来控制运动方向，
具有操作方便、灵活等优点。从该零件的结构来看，
其主要由圆环、加强圆柱以及手轮中间的方孔组
成。其中，方孔中间装配与之相配合的方形螺栓，
目的是为了更好的提高手轮机构的稳定性。

图 2-116　手轮平面图

本图形结构简单,易于绘制。在绘制图形时,利用到了简单的【直线】【圆】以及【修剪】等工具。同时,也用到了【阵列】和【旋转】工具。本实例的重点是应用并掌握【阵列】工具的使用,难点是【旋转】工具的使用。

2.绘制法兰轴

本练习绘制一法兰轴零件图,效果如图2-117所示。该法兰轴的主要作用是传递扭矩、支撑和固定轴上零件。该零件主要由通孔、半圆键槽和轴肩上的退刀槽构成。在轴的中心加工通孔起到减轻轴身重量的作用。该零件图主要是主视图,并对主视图进行了全剖。此外对模型中的细微结构,添加了必要的详细视图,进行放大观察。

首先利用【直线】【多段线】和【偏移】工具绘制主视图的主要轮廓。然后利用【打断】和【样条曲线】工具绘制断裂线,并利用【倒角】工具绘制退刀槽。接着利用【镜像】工具镜像图形,并利用【圆】和【修剪】工具绘制半圆键槽。最后利用【复制】和【缩放】工具绘制局部放大视图,并利用【图案填充】工具填充各视图即可。

图2-117 法兰轴零件图效果

第 3 章

编辑二维图形

在绘制二维草图的过程中，通常会由于作图需要或误操作产生多余的线条，此时就需要对图形进行必要的修改，使设计的图形达到实际要求。用户可以利用 AutoCAD 提供的相应编辑工具，对现有图形进行镜像、偏移、阵列、移动和修剪等操作，以减少重复的绘图操作，保证绘图的准确性，并极大地提高绘图效率。

本章主要介绍常用编辑工具的使用方法和操作技巧，以及夹点编辑的操作方法。

本章学习目的：

➢ 掌握图形的各种编辑操作方法
➢ 掌握利用夹点编辑对象的方法
➢ 掌握创建和编辑面域的方法

3.1 复制对象

在 AutoCAD 中，零件图上的轴类或盘类零件往往具有对称结构，且这些零件上的孔特征又常常是均匀分布，此时便可以利用相关的复制类工具，以现有图形对象为源对象，绘制出与源对象相同或相似的图形，从而简化绘制具有重复性，或近似性特点图形的绘图步骤，以达到提高绘图效率和绘图精度的目的。

●--3.1.1 复制图形

复制工具是 AutoCAD 绘图中的常用工具，其主要用于绘制具有两个或两个以上的重复性图形，且各重复图形的相对位置不存在一定的规律性。复制操作可以省去重复绘制相同图形的步骤，大大提高了绘图效率。

在【修改】选项板中单击【复制】按钮 ，选取需要复制的对象后指定复制基点，然后指定新的位置点即可完成复制操作，效果如图 3-1 所示。

　　此外还可以单击【复制】按钮，选取对象并指定复制基点后，在命令行中输入新位置点相对于移动基点的相对坐标值来确定复制目标点，效果如图 3-2 所示。

图 3-1　复制圆轮廓线

图 3-2　输入相对坐标复制对象

提 示

在 AutoCAD 中执行复制操作时，系统默认的复制模式是多次复制。此时根据命令行提示输入字母 O，即可将复制模式设置为单个。

3.1.2　镜像图形

　　该工具常用于绘制结构规则，且具有对称性特点的图形，如轴、轴承座和槽轮等零件图形。绘制这类对称图形时，只需绘制对象的一半或几分之一，然后将图形对象的其他部分对称复制即可。

图 3-3　镜像图形

　　在绘制该类图形时，可以先绘制出处于对称中心线一侧的图形轮廓线，然后单击【镜像】按钮，选取绘制的图形轮廓线为源对象后单击右键。接着指定对称中心线上的两点以确定镜像中心线，按下回车键即可完成镜像操作，效果如图 3-3 所示。

　　默认情况下，对图形执行镜像操作后，系统仍然保留源对象。如果对图形进行镜像操作后需要将源对象删除，只需在选取源对象并指定镜像中心线后，在命令行中输入字母 Y，然后按下回车键，即可完成删除源对象的镜像操作，效果如图 3-4 所示。

图 3-4　删除源对象镜像效果

第 3 章　编辑二维图形

79

3.1.3 偏移图形

利用该工具可以创建出与源对象成一定距离，且形状相同或相似的新对象。对于直线来说，可以绘制出与其平行的多个相同副本对象；对于圆、椭圆、矩形以及由多段线围成的图形来说，可以绘制出成一定偏移距离的同心圆或近似图形。

1．定距偏移

该偏移方式是系统默认的偏移类型。它是根据输入的偏移距离数值为偏移参照，指定的方向为偏移方向，偏移复制出源对象的副本对象。

单击【偏移】按钮🔲，根据命令行提示输入偏移距离，并按下回车键。然后选取图中的源对象，并在偏移侧单击左键，即可完成定距偏移操作，效果如图 3-5 所示。

图 3-5　定距偏移效果

2．通过点偏移

该偏移方式能够以图形中现有的端点、各节点和切点等定对象作为源对象的偏移参照，对图形执行偏移操作。

单击【偏移】按钮🔲，并在命令行中输入字母 T，然后选取图中的偏移源对象，并指定通过点，即可完成该偏移操作，效果如图 3-6 所示。

图 3-6　通过点偏移效果

3．删除源对象偏移

系统默认的偏移操作是在保留源对象的基础上偏移出新图形对象，但如果仅以源图形对象为偏移参照，偏移出新图形对象后需要将源对象删除，即可利用删除源对象偏移的方法。

单击【偏移】按钮🔲，在命令行中输入字母 E，并根据命令行提示输入字母 Y 后按下回车键。然后按上述偏移操作进行图形偏移时，即可将源对象删除，效果如图 3-7 所示。

图 3-7　删除源对象偏移效果

4．变图层偏移

默认情况下偏移图形对象时，偏移出新对象的图层与源对象的图层相同。通过变图层偏移操作，可以将偏移出的新对象图层转换为当前层，从而可以避免修改图层的重复性操作，大幅度地提高绘图速度。

先将所需图层置为当前层，然后单击【偏移】按钮 ，在命令行中输入字母 L，根据命令提示输入字母 C 并按下回车键。然后按上述

图 3-8　变图层偏移效果

偏移操作进行图形偏移时，偏移出的新对象图层即与当前图层相同，效果如图 3-8 所示。

> **提　示**
>
> 系统默认情况下，对对象进行偏移操作时，可以重复性地选取源图形对象进行图形的重复偏移。如果需要退出偏移操作，只需在命令行中输入字母 E，并单击回车键即可。

3.1.4　阵列图形

利用该工具可以按照矩形、路径或环形的方式，以定义的距离或角度复制出源对象的多个对象副本。在绘制孔板、法兰等具有均布特征的图形时，利用该工具可以大量减少重复性图形的绘图步骤，提高绘图效率和准确性。

1．矩形阵列

矩形阵列是以控制行数、列数，以及行和列之间的距离，或添加倾斜角度的方式，使选取的阵列对象成矩形的方式进行阵列复制，从而创建出源对象的多个副本对象。

在【修改】选项板中单击【矩形阵列】按钮 ，并在绘图区中选取源对象后按下回车键，系统将展开相应的【阵列创建】选项卡，如图 3-9 所示。

图 3-9　矩形阵列效果

此时，在该选项卡中依次设置矩形阵列的行数和列数，并设定行间距和列间距，即可完成矩形阵列特征的创建。

2. 路径阵列

在路径阵列中，阵列的对象将均匀地沿路径或部分路径排列。在该方式中，路径可以是直线、多段线、三维多段线、样条曲线、螺旋、圆弧、圆或椭圆等。

在【修改】选项板中单击【路径阵列】按钮 ，并依次选取绘图区中的源对象和路径曲线，系统将展开相应的【阵列创建】选项卡，如图 3-10 所示。

图 3-10   路径阵列效果

此时，在该选项卡中设置阵列项数，并指定沿路径的分布方式，即可生成相应的阵列特征。

3. 环形阵列

环形阵列能够以任一点为阵列中心点，将阵列源对象按圆周或扇形的方向，以指定的阵列填充角度，项目数目或项目之间夹角为阵列值，进行源图形的阵列复制。该阵列方法经常用于绘制具有圆周均布特征的图形。

在【修改】选项板中单击【环形阵列】按钮 ，然后在绘图区中依次选取要阵列的源对象和阵列中心点，系统将展开相应的【阵列创建】选项卡，如图 3-11 所示。

图 3-11   【阵列创建】选项卡

在该选项卡的【项目】选项板中，用户可以通过设置环形阵列的项目数、项目间的角度和填充角度三种参数中的任意两种来完成环形阵列的操作，且此时系统将自动完善其他参数的设置，效果如图 3-12 所示。

3.2   调整对象位置

移动和旋转工具都是在不改变被编辑图形具体形状的基础上，对图形的放置位置、角

图 3-12   环形阵列效果

度以及大小进行重新调整，以满足最终的设计要求。该类工具常用于在装配图或将图块插入图形的过程中，对单个零部件图形或块的位置和角度进行调整。

3.2.1 移动图形

移动是对象的重定位操作，是对图形对象的位置进行调整，而方向和大小不变。该操作可以在指定的方向上按指定距离移动对象，且在指定移动基点、目标点时，不仅可以在图中拾取现有点作为移动参照，还可以利用输入参数值的方法定义出参照点的具体位置。

单击【移动】按钮 ✛，选取要移动的对象并指定基点，然后根据命令行提示指定第二个点或输入位移参数来确定目标点，即可完成移动操作，效果如图 3-13 所示。

图 3-13　移动对象

提 示

在选取移动对象后单击右键，然后根据命令行提示输入字母 D，即可直接指定位移量进行图形的移动操作。

3.2.2 旋转图形

旋转同样是对象的重定位操作，其是对图形对象的方向进行调整，而位置和大小不改变。该操作可以将对象绕指定点旋转任意角度，从而以旋转点到旋转对象之间的距离和指定的旋转角度为参照，调整图形的放置方向和位置。在 AutoCAD 中，旋转操作主要有以下两种方式。

1．一般旋转

该方式在旋转图形对象时，原对象将按指定的旋转中心和旋转角度旋转至新位置，并且将不保留对象的原始副本。

单击【旋转】按钮 ○，选取旋转对象并指定旋转基点，然后根据命令行提示输入旋转角度，按下回车键，即可完成旋转对象操作，效果如图 3-14 所示。

图 3-14　旋转对象

2．复制旋转

使用该旋转方式进行对象的旋转时，不仅可以将对象的放置方向调整一定的角度，还可以在旋转出新对象的同时，保留原对象图形，可以说该方式集旋转和复制操作于一体。

单击【旋转】按钮◯，选取旋转对象并指定旋转基点，在命令行中输入字母 C。然后设定旋转角度，并按下回车键，即可完成复制旋转操作，效果如图 3-15 所示。

提　示

系统默认的情况下，输入角度为正时，对象的旋转方式为逆时针旋转；输入角度为负时，对象的旋转方式为顺时针旋转。

图 3-15　复制旋转

3.3　调整对象形状

在某些场合中需要将图形的形状和大小进行改变时，可执行延伸、比例缩放和拉伸等操作，调整现有对象相对于其他对象的形状和长度参数，以获得相应的设计效果。例如有时为了更清楚地表现零件中比较小的部分，经常用到比例缩放工具缩放局部视图。

3.3.1　缩放图形

利用该工具可以将图形对象以指定的缩放基点为缩放参照，放大或缩小一定比例，创建出与源对象成一定比例且形状相同的新图形对象。在 AutoCAD 中，比例缩放可以分为以下 3 种缩放类型。

1. 参数缩放

该缩放类型可以通过指定缩放比例因子的方式，对图形对象进行放大或缩小。且当输入的比例因子大于 1 时将放大对象，小于 1 时将缩小对象。

单击【缩放】按钮▢，选择缩放对象并指定缩放基点，然后在命令行中输入比例因子，并按下回车键即可，效果如图 3-16 所示。

图 3-16　设定参数缩放图形

2. 参照缩放

该缩放类型可以通过指定参照长度和新长度的方式，由系统计算两长度之间的比例数值，从而定义出图形的缩放因子来对图形进行缩放操作。当参照长度大于新长度时，图形将被缩小；反之将对图形执行放大操作。

单击【缩放】按钮▢，选择缩放对象并指定缩放基点，在命令行中输入字母 R，并按下回车键。然后根据命令行提示依次设定参照长度和新长度，按下回车键即可完成参照缩放操作，效果如图 3-17 所示。

图 3-17　设定参照缩放图形

3.复制缩放

该缩放类型可以在保留原图形对象不变的情况下，创建出满足缩放要求的新图形对象。单击【缩放】按钮，选择缩放对象并指定缩放基点，需要在命令行中输入字母 C，然后利用设置缩放参数或参照的方法定义图形的缩放因子，即可完成复制缩放操作，效果如图 3-18 所示。

图 3-18　复制缩放效果

3.3.2　拉伸图形

执行拉伸操作能够将图形中的一部分拉伸、移动或变形，而其余部分保持不变，是一种十分灵活的调整图形大小的工具。选取拉伸对象时，可以使用"交叉窗口"的方式选取对象，其中全部处于窗口中的图形不作变形而只作移动，与选择窗口边界相交的对象将按移动的方向进行拉伸变形。

单击【拉伸】按钮，命令行将提示选取对象，用户便可以使用上面介绍的方式选取对象，并按下回车键。此时命令行将显示"指定基点或[位移(D)]<位移>:"的提示信息，这两种拉伸方式现分别介绍如下。

1.指定基点拉伸对象

该拉伸方式是系统默认的拉伸方式。单击【拉伸】按钮，选取拉伸对象，并按下回车键。然后按照命令行提示指定一点为拉伸基点，命令行将显示"指定第二个点或<使用第一个点作为位移>:"的提示信息。此时在绘图区中指定第二点，系统将按照这两点间的距离执行拉伸操作，效果如图 3-19 所示。

图 3-19　指定基点拉伸对象

2.指定位移量拉伸对象

该拉伸方式是指将对象按照指定的位移量进行拉伸，而其余部分并不改变。单击【拉伸】按钮，选取拉伸对象后，输入字母 D，然后设定位移参数并按下回车键，系统即可按照指定的位移量进行拉伸操作，效果如图 3-20 所示。

图 3-20　输入位移量拉伸对象

3.3.3　拉长图形

在 AutoCAD 中，拉伸和拉长工具都可以改变对象的大小，所不同的是拉伸操作可以一次框选多个对象,不仅改变对象的大小,同时改变对象的形状;而拉长操作只改变对象的长度,且不受边界的局限。其中,可用以拉长的对象包括直线、弧线和样条曲线等。

单击【拉长】按钮✐,命令行将显示"选择对象或[增量(DE)/百分数(P)/全部(T)/动态(DY)]:"的提示信息。此时指定一种拉长方式,并选取要拉长的对象,即可以使用该方式进行相应的拉长操作。各种拉长方式的设置方法分别介绍如下。

1. 增量

该方式以指定的增量修改对象的长度,且该增量从距离选择点最近的端点处开始测量。单击【拉长】按钮✐,在命令行中输入字母 DE,命令行将显示"输入长度增量或[角度(A)]<0.0000>:"的提示信息。此时输入长度值,并选取对象,系统将以指定的增量修改对象的长度,效果如图 3-21 所示。此外,用户也可以输入字母A,并指定角度值来修改对象的长度。

图 3-21　增量拉长对象

2. 百分数

该方式以相对于原长度的百分比来修改直线或圆弧的长度。单击【拉长】按钮✐,在命令行中输入字母 P,命令行将显示"输入长度百分数<100.0000>:"的提示信息。此时如果输入的参数值小于 100 则缩短对象,大于 100 则拉长对象,效果如图 3-22 所示。

图 3-22　以百分数形式拉长对象

3. 全部

该方式通过指定从固定端点处测量的总长度的绝对值来设置选定对象的长度。单击【拉长】按钮✐,在命令行中输入字母 T,然后输入对象的总长度,并选取要修改的对象。此时,选取的对象将按照设置的总长度相应地缩短或拉长,效果如图3-23 所示。

图 3-23　按输入的总长度缩短对象

> **提　示**
>
> 在进行该方式操作时,选取修改对象的位置的不同将直接影响最终的拉长效果。

4. 动态

该方式允许动态地改变直线或圆弧的长度。用户可以通过拖动选定对象的端点之一来改变其长度，且其他端点保持不变。
单击【拉长】按钮 ，在命令行中输入
字母 DY，并选取对象，然后拖动光标，
对象即可随之拉长或缩短，效果如图
3-24 所示。

3.3.4 夹点应用

图 3-24　动态拉长线段

当选取一图形对象时，该对象周围出现的
蓝色方框即为夹点。在编辑零件图的过程中，
有时需要不启用某个命令，却获得和该命令一
样的编辑效果，此时就可以通过夹点的编辑功
能来快速地调整图形的形状，如拖动夹点调整
辅助线的长度，拖动孔对象的夹点进行快速复
制等，现分别介绍如下。

1. 使用夹点拉伸对象

在夹点编辑模式下，当选取的夹点是线条
的端点时，可以通过拖动拉伸或缩短对象。例
如，选取一中心线将显示其夹点，然后选取
顶部夹点，并打开正交功能，向上拖动即可
改变竖直中心线的长度，效果如图 3-25 所示。

图 3-25　拖动夹点拉伸中心线长度

2. 使用夹点移动和复制对象

在夹点编辑模式下，当选取的夹点是线条
的中点、圆或圆弧的圆心，或者块、文字、尺
寸数字等对象时，可以移动这些对象，以改变
其的放置位置，而不改变其大小和方向。且在
移动的过程中如按住 Ctrl 键，则可以复制对象。

例如选取一圆轮廓将显示其夹
点，然后选取圆心处的夹点，并按住
Ctrl 键拖动至合适位置单击，即可复制
一圆，效果如图 3-26 所示。

图 3-26　利用夹点编辑复制圆

3. 使用夹点旋转对象

在夹点编辑模式下指定基点后，
输入字母 RO 即可进入旋转模式。旋转
的角度可以通过输入角度值精确定
位，也可以通过指定点位置来实现。

例如框选一图形，并指定一基点，

图 3-27　利用夹点旋转视图

然后输入字母 RO 进入旋转模式，并输入旋转角度为 36°，即可旋转所选图形，效果如
图 3-27 所示。

4．使用夹点缩放对象

在夹点编辑模式下指定基点后，输入字母 SC 即可进入缩放模式。用户可以通过定义比例因子或缩放参照的方式缩放对象，且当比例因子大于 1 时放大对象，当比例因子大于 0 而小于 1 时缩小对象，效果如图 3-28 所示。

图 3-28　利用夹点缩放图形

5．使用夹点镜像对象

该夹点编辑方式可以通过指定两夹点的方式定义出镜像中心线来进行图形的镜像操作。利用夹点镜像图形时，镜像后既可以删除源对象，也可以保留源对象。

进入夹点编辑模式后指定一基点，并输入字母 MI，即可进入镜像模式。此时系统将会自动以刚选择的基点作为第一镜像点，然后输入字母 C，并指定第二镜像点。接着按下回车键，即可在保留源对象的情况下进行镜像复制操作，效果如图 3-29 所示。

图 3-29　利用夹点镜像图形

3.4　编辑对象形状

在完成对象的基本绘制后，往往需要对相关对象进行编辑修改的操作，使之达到预期的设计要求。用户可以通过修剪、延伸、创建倒角和圆角等常规操作来完成图形对象的编辑工作。

3.4.1　修剪和延伸图形

修剪和延伸工具的共同点都是以图形中现有的图形对象为参照，以两图形对象间的交点为切割点或延伸终点，对与其相交或成一定角度的对象进行去除或延长操作。

1．修剪图形

利用【修剪】工具可以以某些图元为边界，删除边界内的指定图元。利用该工具编辑图形对象时，首先需要选择用以定义修剪边界的对象，且可作为修剪边的对象包括直线、圆弧、圆、椭圆和多段线等。默认情况下，指定边界对象后，选取的待修剪对象上位于拾取点一侧的部分图形将被切除。

单击【修剪】按钮￼，选取相应的边界曲线并单击右键，然后选取图形中要去除的部分，即可将多余的图形对象去除，效果如图 3-30 所示。

2．延伸图形

延伸操作的成型原理同修剪正好相反。该操作是以现有的图形对象为边界，将其他对象延伸至该对象上。延伸对象时，如果按下 Shift 键的同时选取对象，则可以执行修剪操作。

单击【延伸】按钮，选取延伸边界后单击右键，然后选取需要延伸的对象，系统将自动将该对象延伸到所指定的边界上，效果如图 3-31 所示。

图 3-30 　修剪线段

图 3-31 　延伸线段

3.4.2　创建倒角

为了便于装配，且保护零件表面不受损伤，一般在轴端、孔口、抬肩和拐角处加工出倒角（即圆台面），这样可以去除零件的尖锐刺边，避免刮伤。在 AutoCAD 中利用【倒角】工具可以很方便地绘制倒角结构造型，且执行倒角操作的对象可以是直线、多段线、构造线、射线或三维实体。

单击【倒角】按钮，命令行将显示"选择第一条直线或[放弃(U)/多段线(P)/距离(D)/角度(A)/修剪(T)/方式(E)/多个(M)]:"的提示信息。现分别介绍常用倒角方式的设置方法。

1．多段线倒角

如果选择的对象是多段线，那么就可以方便地对整条多段线进行倒角。单击【倒角】按钮，在命令行中输入字母 P，然后选择多段线，系统将以当前设定的倒角参数对多段线进行倒角操作，效果如图 3-32 所示。

图 3-32 　多段线倒角

2．指定距离绘制倒角

该方式通过输入直线与倒角线之间的距离来定义倒角。且如果两个倒角距离都为零，那么倒角操作将修剪或延伸这两个对象，直到它们相接，但不创建倒角线。

单击【倒角】按钮，在命令行中输入字母 D，然后依次输入两倒角距离，并分别选取两倒角边，即可获得倒角效果。例如依次指定两倒角距离均为 6，然后选取两倒角边，即可显示相应的倒角，效果如图 3-33 所示。

图 3-33 　指定距离绘制倒角

3．指定角度绘制倒角

该方式通过指定倒角的长度以及它与第一条直线形成的角度来创建倒角。单击【倒角】按钮🔲，在命令行中输入字母 A，然后分别输入倒角的长度和角度，并依次选取两对象，即可获得倒角效果，如图 3-34 所示。

图 3-34 指定角度绘制倒角

4．指定是否修剪倒角

默认情况下，对象在倒角时需要修剪，但也可以设置为保持不修剪的状态。单击【倒角】按钮🔲，在命令行中输入字母 T 后，选择【不修剪】选项，然后按照上述方法设置倒角参数即可，效果如图 3-35 所示。

图 3-35 不修剪倒角

> **注　意**
>
> 如果正在倒角的两个对象都在同一图层上，则倒角线将位于该图层。如果在图形界限内没有交点，且图形界限检查处于打开状态，AutoCAD 将拒绝倒角。

3.4.3　创建圆角

为了便于铸件造型时拔模，防止铁水冲坏转角处，并防止冷却时产生缩孔和裂缝，一般将铸件或锻件的转角处制成圆角，即铸造或锻造圆角。在 AutoCAD 中，圆角是指通过一个指定半径的圆弧来光滑地连接两个对象的特征，其中可以执行倒角操作的对象有圆弧、圆、椭圆、椭圆弧、直线和射线等。

单击【圆角】按钮🔲，命令行将显示"选择第一个对象或[放弃(U)/多段线(P)/半径(R)/修剪(T)/多个(M)]:"的提示信息。现分别介绍常用圆角方式的设置方法。

1．指定半径绘制圆角

该方式是绘图中最常用的创建圆角的方式。选择【圆角】工具后，输入字母 R，并设置圆角半径值。然后依次选取两个操作对象，即可获得圆角效果，如图 3-36 所示。

2．不修剪圆角

图 3-36 指定半径绘制圆角

选择【圆角】工具后，输入字母 T 就可以选择相应的倒圆角类型，即设置倒圆角后是否保留源对象。用户可以选择【不修剪】选项，获得不修剪的圆角效果，如图 3-37 所示。

图 3-37 　不修剪倒圆角效果

3.5　编辑线段

除了以上章节中介绍的编辑工具以外，可以使用打断、打断于点工具使对象保持一定的间隔，或使用合并工具将对象合并为一个对象，还可以使用分解工具将完整的对象分解为独立的线条。

3.5.1　打断工具

在 AutoCAD 中，用户可以使用打断工具使对象保持一定的间隔，该类打断工具包括【打断】和【打断于点】两种类型。此类工具可以在一个对象上去除部分线段，以创建出间距效果，或者以指定分割点的方式将其分割为两部分。

1．打断

打断是删除部分对象或将对象分解成两部分，且对象之间可以有间隙，也可以没有间隙。其中，可以打断的对象包括直线、圆、圆弧、椭圆和参照线等。

单击【打断】按钮⚏，命令行将提示选取要打断的对象。此时在对象上单击时，系统将默认选取对象时所选点作为断点 1，然

图 3-38 　打断圆弧

后指定另一点作为断点 2，系统将删除这两点之间的对象，效果如图 3-38 所示。

此外，如果在命令行中输入字母 F，则可以重新定位第一点；在确定第二个打断点时，如果在命令行中输入@，则可以使第一个和第二个打断点重合，此时该操作将变为打断于点。

默认情况下，系统总是删除从第一个打断点到第二个打断点之间的部分，且在对圆和椭圆等封闭图形进行打断时，系统将按照逆时针方向删除从第一打断点到第二打断点之间的圆弧等对象。

2．打断于点

打断于点是打断命令的后续命令，它是将对象在一点处断开生成两个对象。一个对象在执行过打断于点命令后，从外观上并看不出什么差别。但当选取该对象时，可以发现该对象已经被打断为两部分。

单击【打断于点】按钮⚏，然后选取一对象，并在该对象上单击指定打断点的位置，即可将该对象分割为两个对象，效果如图 3-39 所示。

3.5.2 合并与分解

除了利用上面介绍的各类工具对图形进行编辑操作外，还可以对图形对象进行合并和分解，使其在总体形状不变的情况下，对局部进行编辑。

图 3-39 打断于点

1. 合并

合并是指将相似的对象合并为一个对象，其中可以执行合并操作的对象包括圆弧、椭圆弧、直线、多段线和样条曲线等。利用该工具可以将被打断为两部分的线段合并为一个整体，也可以利用该工具将圆弧或椭圆弧创建为完整的圆和椭圆。

单击【合并】按钮，然后按照命令行提示选取源对象。如果选取的对象是圆弧，命令行将显示"选择圆弧，以合并到源或进行[闭合(L)]:"的提示信息。此时选取需要合并的另一部分对象，按下回车键即可。如果在命令行中输入字母 L，系统将创建完整的对象，效果如图 3-40 所示。

图 3-40 合并圆弧

2. 分解

对于矩形、块、多边形和各类尺寸标注等特征，以及由多个图形对象组成的组合对象，如果需要对单个对象进行编辑操作，就需要先利用【分解】工具将这些对象拆分为单个的图形对象，然后再利用相应的编辑工具进行进一步地编辑。

单击【分解】按钮，然后选取要分解的对象特征，单击右键或者按下回车键，即可完成分解操作，效果如图 3-41 所示。

图 3-41 分解多段线效果

3.6 面域

当图形的边界比较复杂时，用户可以通过面域间的布尔运算高效地完成各种造型设计。此外，面域还可以作为三维建模的基础对象，直接参与渲染。在 AutoCAD 中，可以将封闭的二维图形直接创建为相应的面域特征。

3.6.1 创建面域

面域是具有一定边界的二维闭合区域，它是一个面对象，内部可以包含孔特征。虽然从外观来说，面域和一般的封闭线框没有区别，但实际上，面域就像是一张没有厚度的纸，除了包括边界外，还包括边界内的平面。创建面域的条件是必须保证二维平面内各个对象间首尾连接成封闭图形，否则无法创建为面域。

图 3-42　将封闭的二维图形转化为面域

在【绘图】选项板中单击【面域】按钮 ⬜，然后框选一个二维封闭图形并按下回车键，即可将该图形创建为面域。此时，用户可以将视觉样式切换为【概念】，查看创建的面域效果，如图 3-42 所示。

此外，在【绘图】选项板中单击【边界】按钮 ⬜，系统将打开【边界创建】对话框。在该对话框的【对象类型】下拉列表中选择【面域】选项，然后单击【拾取点】按钮 ⬛，并在绘图区中指定的封闭区域内单击，同样可以将该封闭区域转化为面域，效果如图 3-43 所示。

图 3-43　利用【边界】工具创建面域

3.6.2　面域的布尔运算

布尔运算是数学上的一种逻辑运算，执行该类命令可以对实体和共面的面域进行剪切、添加和获取交叉部分等操作。当绘制较为复杂的图形时，线条间的修剪、删除等操作比较繁琐，此时如果将封闭的线条创建为面域，进而通过面域间的布尔运算来绘制各种图形，将大大降低绘图的难度，提高绘图效率。

1. 并集运算

并集运算就是将所有参与运算的面域合并为一个新的面域，且运算后的面域与合并前的面域位置没有任何关系。

要执行该并集操作，可以首先将绘图区中的多边形和圆等图形对象分别创建为面域。然后在命令行中输入 UNION 指令，并分别选取这两个面域。接着按下回车键，即可获得并集运算效果，如图 3-44 所示。

图 3-44　并集运算效果

2. 差集运算

差集运算是从一个面域中减去一个或多个面域，从而获得一个新的面域。当所指定去除的面域和被去除的面域不同时，所获得的差集效果也会不同。

在命令行中输入 SUBTRACT 指令，然后选取多边形面域为源面域，并单击右键。接着选取圆面域为要去除的面域，并单击右键，即可获得面域求差效果，如图 3-45 所示。

1. 选取多边形面域为源面域
2. 选取圆面域为要去除的面域
差集效果

图 3-45 差集运算效果

3. 交集运算

通过交集运算可以获得各个相交面域的公共部分。要注意的是只有两个面域相交，两者间才会有公共部分，这样才能进行交集运算。

在命令行中输入 INTERSECT 指令，然后依次选取多边形面域和圆面域，并单击右键，即可获得面域求交效果，如图 3-46 所示。

依次选取这两个面域
交集效果

图 3-46 交集运算效果

3.7 课堂实例 3-1：绘制基板零件

本例绘制基板零件，效果如图 3-47 所示。该基板零件结构规则，在机械装配中常与其他零件共同使用，起到定位和支撑的作用。其上遍布的螺栓孔，使该基板零件与相连接的零件或地面之间的稳固性显著加强。

该基板零件图包括基板的主视图和俯视图两部分。

分析该基板零件，其主视图具有对称性的特点，可以利用【直线】工具绘制出图形轮廓的一半，然后利用【镜像】工具，进行镜像操作即可。接着根据视图的投影规律，并结合极轴的追踪功能，绘制出俯视图的中心线，然后利用相应的工具绘制该零件的俯视图的轮廓即可。

图 3-47 基板零件图

操作步骤：

1　在【图层】选项板中单击【图层特性】按钮，将打开【图层特性管理器】对话框。然后在该对话框中新建所需图层，如图 3-48 所示。

2　切换【中心线】为当前层，单击【直线】按钮，在绘图区中绘制两条正交的中心线。然后单击【偏移】按钮，将竖直中心线向左依次偏移 10、18.5、24、33 和 45，效果如图 3-49 所示。

图 3-48 　新建图层

图 3-49 　绘制并偏移中心线

3 利用【偏移】工具，将水平中心线向上分别
偏移 16 和 20。然后单击【修剪】按钮，
选取水平中心线为修剪边界，对竖直线段进
行修剪操作，效果如图 3-50 所示。

图 3-50 　偏移中心线并修剪

4 继续利用【修剪】工具，选取竖直中心线为
修剪边界，对水平线段进行修剪操作。然后
将相应的线段转换为【轮廓线】图层，效果
如图 3-51 所示。

5 利用【偏移】工具，将线段 a 向左右两侧分
别偏移 2。继续利用【偏移】工具，将线段
b 向左右两侧分别偏移 4，效果如图 3-52

所示。

图 3-51 　修剪线段并转换图层

图 3-52 　偏移线段

6 利用【修剪】工具，选取相应的水平线段为
修剪边界，对上步偏移后的竖直线段进行修
剪操作。然后将修剪后的线段转换为【轮廓
线】图层，效果如图 3-53 所示。

图 3-53 　修剪轮廓并转换图层

7 单击【镜像】按钮，选取如图 3-54 所示
图形为要镜像的对象，并指定竖直中心线
上的两个端点确定镜像中心线，进行镜像
操作。

8 单击【填充图案】按钮，指定填充图案为
ANSI31，并设置填充角度为 0°，填充比例

为 1。然后在剖视图上分别指定填充区域，进行图案填充，效果如图 3-55 所示。

图 3-54　镜像图形

图 3-55　图案填充

9　切换【中心线】为当前层，然后利用【直线】工具根据视图的投影规律，并结合极轴追踪功能，绘制俯视图的中心线，效果如图 3-56 所示。

图 3-56　绘制俯视图中心线

10　利用【偏移】工具，将竖直中心线向左右两侧分别偏移 33。然后单击【圆】按钮⊙，选取两中心线的交点为圆心，绘制直径分别为 Φ20、Φ48 和 Φ60 的圆，效果如图 3-57

所示。

图 3-57　偏移中心线并绘制圆

11　单击【多边形】按钮⬠，设置侧面数为 6。然后指定中心线的交点为正多边形中心，选择【外切于圆】选项，并设置圆的半径为 R16，创建正多边形。接着利用【圆】工具，以点 A 和点 B 为圆心，依次绘制如图 3-58 所示尺寸的圆。最后利用【直线】工具，绘制 4 条直线，使其与直径为 Φ24 的圆相切。

图 3-58　绘制正六边形和圆

12　利用【修剪】工具，选取上步绘制的切线为修剪边界，对直径为 Φ24 的圆进行修剪操作。然后利用【圆】工具，以点 C 为圆心，绘制直径为 Φ4 的圆，效果如图 3-59 所示。

图 3-59　修剪并绘制圆

13 单击【环形阵列】按钮 ✥，选取直径为 Φ4 的圆为阵列对象。然后指定两中心线的交点为阵列中心点，并设置阵列项目数为 6。接着指定填充角度为 360°，即可创建阵列特征，效果如图 3-60 所示。

1. 选取阵列对象

阵列效果

2. 指定阵列中心点

图 3-60   阵列圆

14 利用【圆】工具，分别选取如图 3-61 所示偏移尺寸的点 D 和点 E 为圆心，绘制直径为 Φ36 的圆。然后利用【直线】工具，绘制 4 条切线。

15 利用【修剪】工具，选取上步绘制的切线为修剪边界，对图形进行修剪操作，效果如图 3-62 所示。

绘制圆

绘制切线

D   E

图 3-61   绘制圆和切线

修剪圆

图 3-62   修剪轮廓线

3.8   课堂实例 3-2：绘制连接座零件图

　　本实例绘制如图 3-63 所示连接座的两视图，主视图和俯视图。该零件在机械设备中主要用于轴类零件的连接和固定。要绘制该零件，可采用三视图的基本原理，同时绘制主视图和俯视图。在绘制过程中主要用到的有【直线】【圆】【偏移】和【修剪】等绘图工具。

图 3-63   连接座零件图

操作步骤:

1 在【图层】选项板中单击【图层特性】按钮 ，将打开【图层特性管理器】对话框。然后在该对话框中新建所需图层，效果如图 3-64 所示。

新建图层

图 3-64 新建图层

2 切换【点划线】图层为当前层。然后打开正交模式，单击【直线】按钮 ，绘制正交直线作为中心线。接着，按照如图 3-65 所示的尺寸要求偏移两条中心线。

绘制中心线

偏移中心线

图 3-65 绘制中心线并偏移

3 切换【粗实线】图层为当前层，单击【绘图】工具栏中的【圆】按钮 ，分别以竖直中心线和它的偏移线段与水平中心线的交点为圆心，按照图 3-66 所示的尺寸要求绘制圆轮廓线，并利用【直线】工具绘制如右图所示长度适中的圆切线。

4 单击【偏移】按钮 ，选取竖直中心线 a 为偏移对象，向右偏移 100，效果如图 3-67 所示。

绘制圆轮廓线

绘制 8 条长度适中的切线

图 3-66 绘制圆轮廓线与切线

选取该直线为偏移对象

a

偏移效果

图 3-67 偏移线段

5 单击【修改】工具栏中的【修剪】按钮 ，按照如图 3-68 所示的效果修剪多余线段和曲线。然后选取图形的外轮廓线，将其转换为【粗实线】图层。

修剪多余线段和曲线

转换图层

图 3-68 修剪多余线段和曲线并转换图层

6 单击【圆角】按钮 ，绘制半径为 R10 的两个圆角。然后利用【直线】工具绘制辅助线，并利用【偏移】工具将绘制的水平辅助线向上偏移 15。接着切换【粗实线】图层为当前层，利用【直线】工具沿着偏移的线段绘制出底座轮廓线，效果如图 3-69 所示。

AutoCAD 2014 中文版标准教程

2. 绘制辅助线　3. 偏移效果　4. 绘制轮廓线

1. 绘制圆角

图 3-69　绘制倒圆角和辅助线

7　单击【删除】按钮✐，删除多余的辅助线和偏移线段。然后利用【偏移】工具，将水平辅助线 b 向上分别偏移 35 和 80。接着切换【点划线】图层为当前层，利用【直线】工具按照如图 3-70 所示从俯视图中向上绘制竖直辅助线。

绘制竖直辅助线

偏移辅助线 b 效果

b

图 3-70　偏移线段并绘制辅助线

8　切换【粗实线】图层为当前层。然后利用【直线】工具沿上步所绘的竖直辅助线绘制轮廓线，随后将相应的辅助线删除。接着在【点划线】模式下，继续从俯视图向主视图绘制其他辅助线，效果如图 3-71 所示。

绘制竖直辅助线　　绘制轮廓线

图 3-71　绘制轮廓线和辅助线

9　利用【修剪】工具修剪上步绘制的辅助线。然后选取相应的圆柱孔轮廓线投影，将其转换为【虚线】图层，效果如图 3-72 所示。

转换图层

修剪辅助线

图 3-72　修剪并切换图层

10　用十字光标选中线段 c，选中左边的夹点向左边拉长，同样的操作拉长竖直中心线 d。然后利用【偏移】工具将轮廓线 c 向下分别偏移 20 和 60，并将竖直中心线 d 向两侧分别偏移 10，效果如图 3-73 所示。

c

拉长线段效果

偏移效果

d

图 3-73　拉长并偏移线段

11　利用【修剪】工具，修剪主视图和俯视图中多余的线段。然后选取所需线段转换图层，效果如图 3-74 所示。

修剪线段

转换图层

图 3-74　修剪线段并转换图层

3.9 思考与练习

一、填空题

1. _____是 AutoCAD 绘图中的常用工具，其主要用于绘制具有两个或两个以上的重复性图形，且各重复图形的相对位置不存在一定的规律性。

2. 系统默认的情况下，输入角度为正时，对象的旋转方式为_____旋转；输入角度为负时，对象的旋转方式为_____旋转。

3. _____是删除部分对象或将对象分解成两部分，且对象之间可以有间隙，也可以没有间隙。

4. 在 AutoCAD 中，用户可以使用打断工具使对象保持一定的间隔，该类打断工具包括_____和_____两种类型。

二、选择题

1. 参照缩放是以指定____的方式，由系统自动计算出两长度之间的比例数值，从而定义出图形的缩放因子，对图形进行缩放操作。

　　A. 参照长度

　　B. 新长度

　　C. 参照长度和新长度

　　D. 数值

2. 利用【偏移】工具并在命令行中输入字母_____，然后选取图中的偏移源对象，并指定通过点，即可完成该偏移操作。

　　A. T

　　B. Y

　　C. C

　　D. E

3. 延伸对象时，如果按下____的同时选取对象，则可以执行修剪操作。

　　A. Enter 键

　　B. Ctrl 键

　　C. Shift 键

　　D. Delete 键

4. ____将相似的对象合并为一个对象，其中可以执行操作的对象包括圆弧、椭圆弧、直线、多段线和样条曲线等。

　　A. 修剪

　　B. 延伸

　　C. 合并

　　D. 分解

三、简答题

1. 简述阵列图形的几种不同方式？

2. 简述一下夹点在对象操作中的应用。

四、上机练习

1. 绘制轴承座

本练习绘制一轴承座的三视图，如图 3-75 所示。该轴承座主要用于固定轴承，支撑轴类零件。该三视图是由主视图、俯视图和左视图组成，如同此类的轴承座视图常出现在各类机械制图中，是一个比较典型的例子。因此通过该实例，着重介绍零件三视图的基本绘制方法。

图 3-75　轴承座零件三视图

观察轴承座的视图，该零件的主视图具有对称性的特点，在绘制过程中，可先绘制出图形轮廓的一半，再进行镜像操作。然后根据视图的投影规律，并结合极轴追踪功能，绘制出俯视图的中心线。俯视图也具有对称性的特点，可以采用相同的方法进行绘制。最后再根据视图的投影规律，利用相应的工具绘制出该零件的左视图即可。

2. 绘制固定底座

本练习绘制一个底座组合体视图，效果如图3-76所示。机械系统中的底座、支座属于同一类组合体，它们是整个机构中直接承受推力或压力的结构部位。固定底座的应用非常广泛，在机械系统中，一般起固定和支撑作用。

该固定底座分为三个视图，即主视图、俯视图和左视图。该固定底座的形状结构比较复杂，并且在三个视图当中都出现了较多的虚线。可首先利用【矩形】【分解】【偏移】【圆】【修剪】和【镜像】等工具绘制出主视图，然后根据上述介绍

绍的三视图投影规律，并结合相关的工具绘制俯视图和左视图即可。

图 3-76 固定底座三视图

第 4 章

块、设计中心与外部参照

在设计产品时，为避免重复绘制大量相同或相似的内容，用户可以将相同或相似的内容以块的形式直接插入，如机械制图中的标题栏和建筑图中的门窗等。此外，为了更有效地利用本机、本地或整个网络的图纸资源，也可以将这些内容转换为外部参照文件进行共享。这样不仅极大提高了绘图的速度和工作效率，而且提高了绘图的准确性，并节省了大量内存空间。用户还可以利用 Internet 网络平台发布、传递图形，进行技术交流或者信息资源共享等。

本章主要介绍常规块和动态块的创建方法，以及块和块属性的相关编辑技巧。此外，还详细介绍了使用外部参照和设计中心插入各种对象的方法。

本章学习目的：

➢ 掌握图块的创建和编辑方法
➢ 掌握块属性的创建和编辑方法
➢ 掌握动态图块的创建方法
➢ 学会使用设计中心查找内容和插入图形
➢ 熟悉外部参照的附着和剪裁方法

4.1 创建块

图块是由单个或多个对象组成的集合，这些对象包括文本、标题栏以及图形本身等类型。在 AutoCAD 中，用户可以将这些需要重复绘制的图形结构定义为一个整体，即图块。在绘制图形时将其插入到指定的位置，这样既可以使多张图纸标准统一，又可以缩短绘图时间，节省存储空间。

4.1.1 定义块

利用【块定义】对话框创建的图块又称为内部图块，即所创建的图块保存在该图块的图形中，且只能在当前图形中应用，而不能插入到其他图形中。

在【块】选项板中单击【创建】按钮，系统将打开【块定义】对话框，如图 4-1 所示。此时，在该对话框中输入新建块的名称，并设置块组成对象的保留方式。然后在【方式】选项组中定义块的显示方式。

完成上述设置后，单击【基点】选项组中的【拾取点】按钮，并在绘图区中选取基点。然后单击【对象】选项组中【选择对象】按钮，选取组成块的对象，并单击【确定】按钮，即可获得图块创建的效果，如图 4-2 所示。【块定义】对话框中各选项组中所包含选项的含义分别介绍如下。

图 4-1 【块定义】对话框

图 4-2 创建块

1．名称

在该文本框中可以输入要创建的内部图块的名称。该名称应尽量反映创建图块的特征，从而和定义的其他图块有所区别，同时也方便调用。

2．基点

该选项组用于确定块插入时所用的基准点，相当于移动、复制对象时所指定的基点。该基点关系到块插入操作的方便性，用户可以在其下方的 X、Y、Z 文本框中分别输入基点的坐标值，也可以单击【拾取点】按钮，在绘图区中选取一点作为图块的基点。

3．对象

该选项组用于选取组成块的几何图形对象。单击【选择对象】按钮，可以在绘图区中选取要定义为图块的对象。该选项组中所包含的 3 个单选按钮的含义如下所述。

❑ **保留** 选择该单选按钮，表示在定义好内部图块后，被定义为图块的源对象仍然保留在绘图区中，并且没有被转换为图块。

❑ **转换为块** 选择该单选按钮，表示定义好内部图块后，在绘图区中被定义为图块的源对象也被转换为图块。

❑ **删除** 选择该单选按钮，表示在定义好内部图块后，将删除绘图区中被定义为图块的源对象。

4．方式

在该选项组中可以设置图块的注释性、缩放，以及是否能够进行分解等参数选项。其所包含的 3 个复选框的含义如下所述。

- **注释性** 启用该复选框，可以使当前所创建的块具有注释性功能。同时若再启用【使块方向与布局匹配】复选框，则可以在插入块时，使其与布局方向相匹配。且即使布局视口中的视图被扭曲或者是非平面，这些对象的方向仍将与该布局方向相匹配。
- **按统一比例缩放** 启用该复选框，组成块的对象可以按比例统一进行缩放。
- **允许分解** 启用该复选框，系统将允许组成块的对象被分解。

5. 设置

当使用设计中心将块拖放到图形中时，可以指定块的缩放单位。

6. 说明

在该列表框中可以输入图块的说明文字。

4.1.2 存储块

存储块又称为创建外部图块，即将创建的图块作为独立文件保存。这样不仅可以将块插入到任何图形中去，而且可以对图块执行打开和编辑等操作。

在命令行中输入 WBLOCK 指令，并按下回车键，系统将打开【写块】对话框。此时在该对话框的【源】选项组中选择【块】单选按钮，表

图 4-3 利用【块】创建新图形文件

示新图形文件将由块创建，并在右侧下拉列表框中指定要保存的块。接着在【目标】选项组中输入文件名称，并指定其具体的保存路径即可，如图 4-3 所示。

在指定文件名时，只需输入文件名称而不用带扩展名，系统一般将扩展名定义为.dwg。此时如果在【目标】选项组中未指定文件名，系统将默认保存位置保存该文件。【源】选项组中另外两种存储块的方式如下所述。

- **整个图形** 选择该单选按钮，表示系统将使用当前的全部图形创建一个新的图形文件。此时只需单击【确定】按钮，即可将全部图形文件保存。
- **对象** 选择该单选按钮，系统将使用当前图形中的部分对象创建一个新图形。此时必须选择一个或多个对象，以输出到新的图形中。其操作方法同创建块的操作方法类似，这里不再赘述。

注 意

如果将其他图形文件作为一个块插入到当前文件中时，系统默认的是将坐标原点作为插入点，这样对于有些图形绘制来说，很难精确控制插入位置。因此在实际应用中，应先打开该文件，再通过输入 BASE 指令执行插入操作。

4.1.3 插入块

在 AutoCAD 中，定义和保存图块的目的都是为了重复使用图块，并将其放置到图形文件上指定的位置，这就需要调用图块。调用图块是通过【插入】命令实现的，利用该工具既可以调用内部块，也可以调用外部块。插入图块的方法主要有以下两种方式。

1．直接插入单个图块

直接插入单个图块的方法是工程绘图中最常用的调用方式，即利用【插入】工具指定内部或外部图块插入到当前图形之中。

在【块】选项板中单击【插入】按钮，系统将打开【插入】对话框，如图4-4所示。

该对话框中各主要参数选项的含义分别介绍如下。

1）名称

在该文本框中可以指定需要插入块的名称，或指定作为块插入的图形文件名。单击该文本框右侧的按钮，可以在打开的下拉列表中指定当前图形文件中可供用户选择的块名。而若单击【浏览】按钮，则可以选择作为块插入的图形文件名。

2）插入点

该选项组用于确定插入点的位置。一般情况下有两种方法：在屏幕上使用鼠标单击指定插入点或直接输入插入点的坐标来指定。例如

图4-4 【插入】对话框

图4-5 指定点插入图块

启用【在屏幕上指定】复选框，并单击【确定】按钮，即可在绘图区中指定相应的基点将图块插入当前图形中，如图4-5所示。

3）比例

该选项组用于设置块在X、Y和Z这3个方向上的比例。同样有两种方法决定块的缩放比例：在屏幕上使用鼠标单击指定或直接输入缩放比例因子。其中，启用【统一比例】复选框，表示在X、Y和Z这3个方向上的比例因子完全相同。

4）旋转

该选项组用于设置插入块时的旋转角度。同样也有两种方法确定块的旋转角度：在屏幕上指定块的旋转角度或直接输入块的旋转角度。

5）分解

该复选框用于控制图块插入后是否允许被分解。如果启用该复选框，则图块插入到当前图形时，组成图块的各个对象将自动分解成各自独立的状态。

2．阵列插入图块

在命令行中输入 MINSERT 指令即可阵列插入图块。该命令实际上是将阵列和块插入命令合二为一，当用户需要插入多个具有规律的图块时，即可输入 MINSERT 指令来进行相关操作。这样不仅能节省绘图时间，而且可以减少占用的磁盘空间。

输入 MINSERT 指令后，输入要插入的图块名称。然后指定插入点，并设置缩放比例因子和旋转角度。接着依次设置行数、列数、行间距和列间距参数，即可阵列插入所

选择的图块，效果如图 4-6 所示。

图 4-6 阵列插入图块

4.2 编辑块

在完成块的创建后，往往需要对块对象进行相应的编辑操作，才能使创建的图块满足实际要求，使用户在绘图过程中更加方便地插入所需的图块对象。块的编辑一般包括块的分解、在位编辑和删除块等操作。

4.2.1 块的分解

在图形中无论是插入内部图块还是外部图块，由于这些图块属于一个整体，无法进行必要的修改，给实际操作带来极大不便。这就需要将图块在插入后转化为定义前各自独立的状态，即分解图块。常用的分解方法有以下两种。

1. 插入时分解图块

插入图块时，在打开的【插入】对话框中启用【分解】复选框，插入图块后整个图块特征将被分解为单个的线条。若禁用该复选框，则插入后的图块仍以整体对象存在。

例如，启用【分解】复选框，并指定插入点将图块插入到当前图形中，则插入后的图块将转换为单独的线条，如图 4-7 所示。

图 4-7 分解图块

2. 插入后分解图块

插入图块后，可以利用【分解】工具执行分解图块的操作。该工具可以分解块参照、填充图案和关联性尺寸标注等对象，也可以将多段线或多段弧线分解为独立的直线和圆弧对象。

在【修改】选项板中单击【分解】按钮，然后选取要分解的图块对象，并按下回车键即可，效果如图 4-8 所示。

图 4-8 利用【分解】工具分解图块

注 意

在插入块时，如果 X 轴、Y 轴和 Z 轴方向设置的比例值相等，则块参照在被分解时，将分解为组成块参照时的原始对象。而当 X 轴、Y 轴和 Z 轴方向比例值不相等的块参照被分解时，则有可能会出现意想不到的效果。

4.2.2 在位编辑块

在绘图过程中，我们常常将已经绘制好的图块插入到当前图形中，但当插入的图块需要进行修改或所绘图形较为复杂时，如将图块分解后再删除或添加修改，很不方便，且容易发生人为的误操作。此时，可以利用块的在位编辑功能，使其他对象作为背景或参照，只允许对要编辑的图块进行相应的修改操作。

利用块的在位编辑功能可以修改当前图形中的外部参照，或者重新定义当前图形中的块定义。在该过程中，块和外部参照都被视为参照，使用该功能进行块的编辑时，提取的块对象以正常方式显示，而图形中的其他对象，包括当前图形和其他参照对象，都淡入显示，使需要编辑的块对象一目了然、清晰直观。在位编辑块功能一般用在对已有图块进行较小修改的情况下。

切换至【插入】选项卡，然后在绘图区中选取要编辑的块对象，并在【参照】选项板中单击【编辑参照】按钮，系统将打开【参照编辑】对话框。此时，在该对话框中单击【确定】按钮，即可对该块对象进行在位编辑，效果如图 4-9 所示。

图 4-9 在位编辑块

块的在位编辑功能使块的运用功能进一步升华，在保持块不被打散的情况下，像编辑其他普通对象一样，在原来块图形的位置直接进行编辑。且选取的块对象被在位编辑修改后，其他同名的块对象将自动同步更新。

注 意

此外，在绘图区中选取要编辑的块对象并单击鼠标右键，在打开的快捷菜单中选择【在位编辑块】选项，也可以进行相应的块的在位编辑操作。

4.2.3 删除块

在绘制图形的过程中，往往需要对创建的没有必要的图块进行删除操作，使块的下拉列表框更加清晰、一目了然。

在命令行中输入 PURGE 指令，并单击回车键，此时系统将打开【清理】对话框，该对话框显示了可以清理的命名对象的树状图，如图 4-10 所示。

如果要清理所有未参照的块对象，在该对话框中直接选择【块】选项即可；如果在当前图形中使用了要清理的块，需要将该块对象从图形中删除，才可以在该对话框中将相应的图块名称清理掉；如果要清理特定的图块，在【块】选项上双击，并在展开的块的树状图上选择相应的图块名称即可；如果清理的对象包含嵌套块，需在该对话框中启用【清理嵌套项目】复选框。

图 4-10　【清理】对话框

4.3　块属性

块属性是附属于块的非图形信息，是块的组成部分。它包含了组成该块的名称、对象特性以及各种注释等信息。如果某个图块带有属性，那么用户在插入该图块时可以根据具体情况，通过属性来为图块设置不同的文本信息。

4.3.1　创建带属性的块

插入图块时，通常需要附带一些文本类的非图形信息，例如表面粗糙度块中的粗糙度参数值。如果每次插入该类图块都进行分解修改操作，将极大地降低工作效率。这就需要在创建图块之前将这些文字赋予图块属性，从而增强图块的通用性。

1．块属性的特点

一般情况下，通过将定义的属性附加到块中，然后通过插入块操作，即可使块属性成为图形中的一部分。这样所创建的属性块将是由块标记、属性值、属性提示和默认值4 个部分组成，现分别介绍如下。

1）块标记

每一个属性定义都有一个标记，就像每一个图层或线型都有自己的名称一样。属性标记实际上是属性定义的标识符，显示在属性的插入位置处。一般情况下，该标记用来描述文本尺寸、文字样式和旋转角度。

另外，在属性标记中不能包含空格，且两个名称相同的属性标记不能出现在同一个块定义中。属性标记仅在块定义前出现，在块被插入后将不再显示该标记。但

图 4-11　块标记效果

是，如果当块参照被分解后，属性标记将重新显示，效果如图 4-11 所示。

2）属性值

属性值实际上就是一些显示的字符串文本。且在插入块参照时，该属性值都是直接附着于属性上的，并与块参照相关联。也正是这个属性值将来可被写入到数据库文件中。

如图 4-12 所示图形中即为粗糙度符号和基准符号的属性值。如果要多次插入这些图块，则可以将这些属性值定义给相应的图块。在插入图块的同时，即可为其指定相应的属性值，从而避免了为图块进行多次文字标注的操作。

图 4-12　块属性值

3）属性提示

属性提示是在插入带有可变的或预置的属性值的块参照时，系统显示的提示信息。在定义属性过程中，可以指定一个文本字符串，在插入块参照时该字符串将显示在提示行中，提示输入相应的属性值，效果如图 4-13 所示。

图 4-13　根据属性提示输入属性值

4）默认值

在定义属性时，用户还可以指定一个属性的默认值。在插入块参照时，该默认值将出现在提示后面的括号中。此时，如果按回车键，则该默认值会自动成为该提示的属性值。

2．创建带属性块

在 AutoCAD 中，为图块指定属性，并将属性与图块重新定义为一个新的图块后，该图块特征将成为属性块。只有这样才可以将定义好的带属性的块执行插入、修改以及编辑等操作。属性必须依赖于块而存在，没有块就没有属性，且通常属性必须预先定义而后选定。

创建图块后，在【块】选项板中单击【定义属性】按钮，系统将打开【属性定义】对话框，如图 4-14 所示。

图 4-14　【属性定义】对话框

该对话框中各选项组所包含的选项含义分别介绍如下。

1）模式

该选项组用于设置属性模式，如设置块属性值为一常量或者默认的数值。该选项组中各复选框的含义如下所述。

❑ **不可见**　启用该复选框，表示插入图块并输入图块的属性值后，该属性值将不在图形中显示出来。

❏ **固定** 启用该复选框，表示定义的属性值为一常量，在插入图块时，将保持不变。

❏ **验证** 启用该复选框，表示在插入图块时，系统将对用户输入的属性值再次给出校验提示，以确认输入的属性值是否正确。

❏ **预设** 启用该复选框，表示在插入图块时将直接以图块默认的属性值插入。

❏ **锁定位置** 启用该复选框，表示在插入图块时将锁定块参照中属性的位置。

❏ **多行** 启用该复选框，可以使用多段文字来标注块的属性值。

2）属性

该选项组用于设置属性参数，其中包括标记、提示和默认值。用户可以在【标记】文本框中设置属性的显示标记；在【提示】文本框中设置属性的提示信息，以提醒用户指定属性值；在【默认】文本框中设置图块默认的属性值。

3）插入点

该选项组用于指定图块属性的显示位置。启用【在屏幕上指定】复选框，可以用鼠标在图形上指定属性值的位置；若禁用该复选框，则可以在下面的坐标轴文本框中输入相应的坐标值来指定属性值在图块上的位置。

4）在上一个属性定义下对齐

启用该复选框，表示该属性将继承前一次定义的属性的部分参数，如插入点、对齐方式、字体、字高和旋转角度等。该复选框仅在当前图形文件中已有属性设置时有效。

5）文字设置

该选项组用于设置属性的对齐方式、文字样式、高度和旋转角度等参数。该选项组中各选项的含义如下所述。

❏ **对正** 在该下拉列表中可以选择属性值的对齐方式。

❏ **文字样式** 在该下拉列表中可以选择属性值所要采用的文字样式。

❏ **文字高度** 在该文本框中可以输入属性值的高度，也可以单击文本框右侧的按钮，在绘图区以选取两点的方式来指定属性值的高度。

❏ **旋转** 在该文本框中可以设置属性值的旋转角度，也可以单击文本框右侧的按钮，在绘图区以选取两点的方式来指定属性值的旋转角度。

在【属性定义】对话框中启用【锁定位置】复选框，然后分别定义块的属性和文字格式，如图4-15所示。

设置完成后单击【确定】按钮，然后在绘图区中依次选取文字对齐放置的两个端点，将属性标记文字插入到当前视图中。接着利用【移动】工具将插入的属性文字向上移动至合适位置，效果如图4-16所示。

图 4-15　设置块属性

图 4-16　放置属性文字

在【块】选项板中单击【创建】按钮 [icon]，并输入新建块的名称为"粗糙度"。然后框选组成块的对象，并单击【确定】按钮。接着在绘图区指定插入基点，并在打开的【编辑属性】对话框中接受默认的粗糙度数值，单击【确定】按钮，即可获得由新定义的文本信息替代原来文本的属性块，效果如图4-17所示。

4.3.2 编辑块属性

当图块中包含属性定义时，属性（如名称和数据）将作为一种特殊的文本对象也一同被插入。此时用户可以利用编辑单个块属性工具编辑之前定义的块属性设置，还可以利用管理属性工具将属性标记赋予新值，使之符合相似图形对象的设置要求。

图 4-18   编辑块属性值

1. 修改属性定义

在【块】选项板中单击【单个】按钮 [icon]，并选取一插入的带属性的块特征，系统将打开【增强属性编辑器】对话框。此时，在该对话框的【属性】选项卡中即可对当前的属性值进行相应的设置，效果如图4-18所示。

此外，在该对话框中切换至【文字选项】选项卡，可以设置块的属性文字特性；切换至【特性】选项卡，可以设置块所在图层的各种特性，如图4-19所示。

图 4-19   设置块属性的文字和图层特性

2. 块属性管理器

块属性管理器工具主要用于重新设置属性定义的构成、文字特性和图形特性等属性。在【块】选项板中单击【属性，块属性管理器】按钮 [icon]，系统将打开【块属性管理器】对话框，如图4-20所示。

图 4-20   【块属性管理器】对话框

此时，若在该对话框中单击【编辑】按钮，即可在打开的【编辑属性】对话框中

第 4 章 块、设计中心与外部参照

编辑块的不同属性；若单击【设置】按钮，即可在打开的【块属性设置】对话框中通过启用相应的复选框来设置【块属性管理器】对话框中显示的属性内容，如图 4-21所示。

图 4-21　编辑块属性和设置块属性显示内容

4.4　动态块

动态图块就是将一系列内容相同或相近的图形，通过块编辑器将图形创建为块，并设置该块具有参数化的动态特性，通过自定义夹点或自定义特性来操作动态块。设置该类图块相对于常规图块来说具有极大的灵活性和智能性，不仅提高了绘图效率，同时减小了图块库中的块数量。

4.4.1　创建动态块

在 AutoCAD 中，利用【块编辑器】工具可以创建相应的动态块特征。块编辑器是一个专门的编写区域，用于添加能够使块成为动态块的元素。用户可以利用该工具向当前图形存在的块定义中添加动态行为，或者编辑其中的动态行为，也可以利用该工具创建新的块。

要使用动态编辑器，在【块定义】选项板中单击【块编辑器】按钮，系统将打开【编辑块定义】对话框。该对话框中提供了可供创建动态块的现有多种图块，选择一种块类型，即可在右侧预览该块效果，如图 4-22 所示。

图 4-22　【编辑块定义】对话框

此时单击【确定】按钮，系统展开【块编辑器】选项卡，并将进入默认为灰色背景的绘图区域，该区域即为专门的动态块创建区域。其左侧将自动打开一个【块编写】选项板，该选项板包含参数、动作、参数集和约束 4 个选项卡。选择不同选项卡中的选项，即可为块添加所需的各种参数和对应的动作，如图 4-23 所示。

图 4-23 【块编辑器】选项卡

创建一完整的动态图块,必须包括一个或多个参数,以及该参数所对应的动作。当添加参数到指定的动态块后,夹点将添加到该参数的关键点。关键点是用于操作块参照的参数部分,如线性参数在其基点或端点具有关键点,拖动任一关键点即可操作参数的距离,如图4-24所示。

添加到动态块的参数类型决定了添加的夹点类型,且每种参数类型仅支持特定类型的动作。参数、夹点和动作的关系如表4-1所示。

图 4-24 线性参数与拉伸动作

表 4-1 参数与夹点类型、动作的关系

参数类型	夹点样式	夹点在图形中的操作方式	可与参数关联的动作
点	正方形	平面内任意方向	移动、拉伸
线性	三角形	按规定方向或沿某一条轴移动	移动、缩放、拉伸、阵列
极轴	正方形	按规定方向或沿某一条轴移动	移动、缩放、拉伸、极轴拉伸、阵列
XY	正方形	按规定方向或沿某一条轴移动	移动、缩放、拉伸、阵列
旋转	圆点	围绕某一条轴旋转	旋转
对齐	五边形	平面内任意方向;如果在某个对象上移动,可使块参照与该对象对齐	无
翻转	箭头	单击以翻转动态块	翻转
可见性	三角形	平面内任意方向	无
查寻	三角形	单击以显示项目列表	查寻
基点	圆圈	平面内任意方向	无

4.4.2 创建块参数

在 AutoCAD 中，创建一完整的动态图块常需要设置参数和动作这两种元素。其中，在块编辑器中，参数的外观类似于标注，且动态块的相关动作是完全依据参数进行的。

在图块中添加的参数可以指定几何图形在参照中的位置、距离和角度等特性，其通过定义块的特性来限制块的动作。此外，对于同一图块，可以为几何图形定义一个或多个子定义特性。各主要参数的含义现分别介绍如下。

1. 点参数

点参数可以为块参照定义两个自定义特性：相对于块参照基点的位置 X 和位置 Y。如果向动态块定义添加点参数，点参数将追踪 X 和 Y 的坐标值。

在添加点参数时，默认的方式是指定点参数位置。在【块编写】选项板中单击【点】按钮，并在图块中选取点的确定位置即可，其外观类似于坐标标注。然后对其添加移动动作测试效果，如图 4-25 所示。

图 4-25 添加点参数并移动图块

2. 线性参数

线性参数可以显示出两个固定点之间的距离，其外观类似于对齐标注。如果对其添加相应的拉伸、移动等动作，则约束夹点可以沿预置角度移动，效果如图 4-26 所示。

图 4-26 添加线性参数并移动图块

3. 极轴参数

极轴参数可以显示出两个固定点之间的距离并显示角度值，其外观类似于对齐标注。如果对其添加相应的拉伸、移动等动作，则约束夹点可沿预置角度移动，效果如图 4-27 所示。

图 4-27 添加极轴参数并移动图块

4. XY 参数

XY 参数显示出距参数基点的 X 距离和 Y 距离，其外观类似于水平和垂直两种标注方式。如果对其添加阵列动作，则可以将其进行阵列动态测试，效果如图 4-28 所示。

5．旋转参数 △

旋转参数可以定义块的旋转角度，它仅支持旋转动作。在块编辑窗口，它显示为一个圆。其一般操作步骤为：首先指定参数半径，然后指定旋转角度，最后指定标签位置。如果为其添加旋转动作，则动态旋转效果如图 4-29 所示。

图 4-28　添加 XY 参数并动态测试　　　　图 4-29　添加旋转参数并动态测试

6．对齐参数

对齐参数可以定义 X 和 Y 位置以及一个角度，其外观类似于对齐线，可以直接影响块参照的旋转特性。对齐参数允许块参照自动围绕一个点旋转，以便与图形中的另一对象对齐。它一般应用于整个块对象，并且无需与任何动作相关联。

要添加对齐参数，单击【对齐】按钮，并依据提示选取对齐的基点即可，保存该定义块，并通过夹点观察动态测试效果，如图 4-30 所示。

图 4-30　添加对齐参数并动态测试

7．翻转参数 ⫞

翻转参数可以定义块参照的自定义翻转特性，它仅支持翻转动作。在块编辑窗口，其显示为一条投影线，即系统围绕这条投影线翻转对象。例如单击投影线下方的箭头，即可将图块进行相应的翻转操作，如图 4-31 所示。

图 4-31　添加翻转参数并动态测试

8．可见性参数

可见性参数可以控制对象在块中的可见性，在块编辑窗口显示为带有关联夹点的文字。可见性参数总是应用于整个块，并且不需要与任何动作相关联。

完成该参数的添加后，在【可见性】选项板中单击【使不可见】按钮，并保存该块定义。此时图形中添加的块参照将被隐藏，效果如图 4-32 所示。

9. 查寻参数 🗐

查寻参数可以定义一个列表，列表中的值是用户自定义的特性，在块编辑窗口显示为带有关联夹点的文字，且查寻参数可以与单个查寻动作相关联。关闭块编辑窗口时，用户可以通过夹点显示可用值的列表，或者在【特性】选项面板中修改该参数自定义特性的值，效果如图 4-33 所示。

图 4-32　添加可见性参数

10. 基点参数 ✛

基点参数可以相对于该块中的几何图形定义一个基点，在块编辑窗口显示为带有十字光标的圆。该参数无法与任何动作相关联，但可以归属于某个动作的选择集。

图 4-33　添加查寻参数并查看特性列表

4.4.3　创建块动作

添加动作是根据在图形块中添加的参数而设置的相应动作，它用于在图形中自定义动态块的动作特性。此特性决定了动态块将在操作过程中做何种修改，且通常情况下，动态图块至少包含一个动作。

一般情况下，由于添加的块动作与参数上的关键点和几何图形相关联，所以在向动态块中添加动作前，必须先添加与该动作相对应的参数。其中，关键点是参数上的点，编辑参数时该点将会与动作相关联，而与动作相关联后的几何图形称为选择集。

1. 移动动作 ✛

移动动作与二维绘图中的移动操作类似。在动态块测试中，移动动作会使对象按定义的距离和角度进行移动。在编辑动态块时，移动动作可以与点参数、线性参数、极轴参数和 XY 轴参数相关联，效果如图4-34 所示。

2. 缩放动作 🗐

缩放动作与二维绘图中的缩放操作相似。它可以与线性参数、极轴参数和 XY 参数相关联，并且相关联的是整个参数，而不是参数上的关键点。在动态块测试中，通过移动夹点或使用【特性】选项面板编辑关联参数，缩放动作会使块的选择集进行缩放，效果如图 4-35 所示。

图 4-34　添加移动动作并测试

3. 拉伸动作

拉伸动作与二维绘图中的拉伸操作类似。在动态块拉伸测试中，拉伸动作将使对象按指定的距离和位置进行移动和拉伸。与拉伸动作相关联的有点参数、线性参数、极轴参数和 XY 轴参数。

将拉伸动作与某个参数相关联后，可以为该拉伸动作指定一个拉伸框，然后为拉伸动作的选择集选取对象即可。其中，拉伸框决定了框内部或与框相交的对象在块参照中的编辑方式，效果如图 4-36 所示。

4. 极轴拉伸动作

在动态块测试中，极轴拉伸动作与拉伸动作相似。极轴拉伸动作不仅可以按角度和距离移动和拉伸对象，还可以将对象旋转，但它一般只能与极轴参数相关联。

在定义该动态图块时，极轴拉伸动作拉伸部分的基点是关键点相对的参数点。关联后可以指定该动作的拉伸框，然后选取要拉伸的对象和要旋转的对象组成选择集即可，效果如图 4-37 所示。

5. 旋转动作

旋转动作与二维绘图中的旋转操作类似。在定义动态块时，旋转动作只能与旋转参数相关联。与旋转动作相关联的是整个参数，而不是参数上的关键点。例如拖动夹点进行旋转操作，测试旋转动作的效果，如图 4-38 所示。

6. 翻转动作

使用翻转动作可以围绕指定的轴（即投影线），翻转定义的动态块参照。它一般只能与翻转参数相关联，其效果相当于二维绘图中的镜像复制效果，如图 4-39 所示。

7. 阵列动作

在进行阵列动态块测试中，通过夹点或【特性】选项板可以使其关联对象进行复制，

图 4-35　添加缩放动作并测试

图 4-36　添加拉伸动作并测试

图 4-37　添加极轴拉伸动作并测试

图 4-38　添加旋转动作并测试

并按照矩形样式排列。在动态块定义中，阵列动作可以与线性参数、极轴参数和 XY 参数中任意一个相关联。

如果将阵列动作与线性参数相关联，则用户可以通过指定阵列对象的列偏移，即阵列对象之间的距离来测试阵列动作的效果，如图 4-40 所示。

图 4-39 添加翻转动作并测试

8. 查寻动作

要向动态定义块中添加查寻动作，必须和查寻参数相关联。在添加查寻动作时，其通过自定义的特性列表创建查寻参数，使用查寻表可以将自定义特性和值指定给动态块，如图 4-41 所示。

图 4-40 添加阵列动作并测试　　　　**图 4-41** 添加查寻动作并测试

4.5 AutoCAD 设计中心选项板

利用设计中心功能可以有效地管理图块、外部参照、光栅图像以及来自其他源文件或应用程序的内容，从而将本地计算机、局域网或因特网上的图块、图层和外部参照，以及用户自定义的图形等资源进行再利用和共享，提高了图形管理器和图形设计的效率。

4.5.1 使用设计中心

利用设计中心功能，不仅可以浏览、查找和管理 AutoCAD 图形等不同资源，而且只需要拖动鼠标，就能轻松地将一张设计图纸中的图层、图块、文字样式、标注样式、线框、布局及图形等复制到当前图形文件中。

在【视图】选项卡的【选项板】选项板中单击【设计中心】按钮，系统将打开【设计中心】选项板，如图 4-42 所示。

在该选项板中可以反复利用和共享图形，该选项板中各选项卡和按钮的含义分别介绍如下。

1. 选项卡操作

在 AutoCAD 设计中心中，可以在【文件夹】【打开的图形】和【历史记录】这 3 个选项卡之间进行任意的切换，各选项卡参数设置的方法如下所述。

1）文件夹

该选项卡用于显示设计中心的资源，包括显示计算机或网络驱动器中文件和文件夹的层次结构。要使用该选项卡调出图形文件，用户可以在【文件夹列表】框中指定文件路径，右侧将显示图形预览信息，效果如图 4-43 所示。

2）打开的图形

该选项卡用于显示当前已打开的所有图形，并在右方的列表框中列出了图形中包括的块、图层、线型、文字样式、标注样式和打印样式等。单击某个图形文件，并在其下的列表框中选择一个定义表，然后在右侧展开的列表框中双击所需的加载类型即可将其加载到当前图形中。例如选择【线型】选项后，双击 continuous 图标，即可将该线型加载到当前图形中，如图 4-44 所示。

3）历史记录

该选项卡用于显示最近在设计中心打开的文件列表，且双击列表中的某个图形文件，还可以在【文件夹】选项卡的树状视图中定位该图形文件，并在右侧的列表框中显示该图形的各个定义表，效果如图 4-45 所示。

2. 按钮操作

在【设计中心】选项板最上方一行排列有多个按钮图标，可以执行切换、搜索、浏览和说明等操作。这些按钮对应的功能如表 4-2 所示。

图 4-42　【设计中心】选项板

图 4-43　指定图形文件并预览

图 4-44　【打开的图形】选项卡

图 4-45 【历史记录】选项卡

表 4-2 设计中心窗口图标的功能

按 钮 名 称	功 能
加载	单击该按钮，系统将打开【加载】对话框，用户可以浏览本地、网络驱动器或 Web 上的文件，选择相应的文件加载到指定的内容区域
上一页	单击该按钮，返回到历史记录列表中最近一次的位置
下一页	单击该按钮，返回到历史记录列表中下一次的位置
上一级	单击该按钮，显示上一级内容
搜索	单击该按钮，系统将显示【搜索】对话框。用户可以从中指定搜索条件，以便在图形中查找图形、块和非图形对象
收藏夹	单击该按钮，在内容区中将显示【收藏夹】文件夹中的内容
主页	单击该按钮，设计中心将返回到默认文件夹。安装时，默认文件夹被设置为…\Sample\Design Center，可以使用树状图中的快捷菜单更改默认文件
树 状 图 切 换	单击该按钮，可以显示和隐藏树状视图
预览	单击该按钮，可以显示和隐藏内容区窗格中选定项目的预览。如果选定项目没有保存的预览图像，【预览】区域将为空
说明	单击该按钮，可以显示和隐藏内容区窗格中选定项目的文字说明。如果选定项目没有保存的说明，【说明】区域将为空
视图	单击该按钮，可以为加载到内容区中的内容提供不同的显示格式

4.5.2 插入设计中心图形

使用 AutoCAD 设计中心，最终的目的是在当前图形中调入块特征、引用图像和外部参照等内容，并且在图形之间复制块、图层、线型、文字样式、标注样式以及用户定义的内容等。根据插入内容类型的不同，对应插入设计中心图形的方法也不相同。

1. 插入块

通常在执行插入块操作时，可以根据设计需要选择在插入时确定插入点、插入比例和旋转角度，或者选择自动换算插入比例，现分别介绍如下。

1）常规插入块

选择该方法插入块时，选取要插入的图形文件并单击右键，在打开的快捷菜单中选择【插入块】选项，系统将打开【插入】对话框。然后在该对话框中可以设置块的插入点坐标、缩放比例和旋转角度等参数，如图 4-46 所示。

图 4-46 常规插入块

2）自动换算比例插入块

选择该方法插入块时，可以从设计中心窗口中选择要插入的块，并拖动到绘图窗口。且当移动到插入位置时释放鼠标，即可实现块的插入。这样系统将按照【选项】对话框的【用户系统配置】选项卡中确定的单位，自动转换插入比例。此外，如果插入属性块，系统将允许修改属性参数，效果如图 4-47 所示。

2．复制对象

复制对象可以将选定的块、图层、标注样式等内容复制到当前图形。只需选中某个块、图层或标注样式，并将其拖动到当前图形，即可获得复制对象效果。

例如，选择【图层】选项，并指定【中心线】图层，然后将其拖动到当前的绘图区中，释放鼠标即可将【中心线】图层复制到当前图形中，效果如图 4-48 所示。

3．以动态块形式插入图形文件

要以动态块形式在当前图形

图 4-47 自动换算比例插入块

图 4-48 将选定的图层复制到当前图形中

中插入外部图形文件，只需要通过右击快捷菜单，选择【块编辑器】选项即可。此时系统将打开【块编辑器】窗口，用户可以在该窗口中将选中的图形创建为动态图块。

4．引入外部参照

在【设计中心】对话框的【打开的图形】选项卡中选择相应的外部参照，并单击右键选择快捷菜单中的【附着外部参照】选项，即可按照插入块的方法指定插入点、插入比例和旋转角度插入该参照。

4.6 外部参照

图块主要针对小型的图形重复使用，而外部参照则提供了一种比图块更为灵活的图形引用方法，即使用【外部参照】功能可以将多个图形链接到当前图形中，并且包含外部参照的图形会随着原图形的修改而自动更新，这是一种重要的共享数据的方法。

4.6.1 附着外部参照

附着外部参照的目的是帮助用户用其他图形来补充当前图形，主要用在需要附着一个新的外部参照文件，或将一个已附着的外部参照文件的副本附着在文件中。执行附着外部参照操作，可以将以下 5 种主要格式的文件附着至当前图形。

图 4-49 指定附着文件

1．附着 DWG 文件

执行附着外部参照操作，其目的是帮助用户用其他图形来补充当前图形，主要用在需要附着一个新的外部参照文件，或将一个已附着的外部参照文件的副本附着文件。

切换至【插入】选项卡，在【参照】选项板中单击【附着】按钮，系统将打开【选择参照文件】对话框，如图 4-49 所示。

在该对话框的【文件类型】下拉列表中选择【图形】选项，并指定要附着的文件，单击【打开】按钮，系统将打开【附着外部参照】对话框。此时，在【附着外部参照】对话框中指定相应的参照类型和路径类型，然后单击【确定】按钮，该外部参照文件将显示在当前图形中。接着指定插入点，即可将该参照文件添加到该图形中，如图 4-50 所示。

从上图可以看出，在图形中插入外部参照的方法与插入块的方法相同，只是该对话框增加了两个选项组，现分别介绍如下。

1）参照类型

图 4-50   附着 DWG 文件

在该选项组中可以选择外部参照的类型。其中，选择【附着型】单选按钮，如果参照图形中仍包含外部参照，则在执行该操作后，都将附着在当前图形中，即显示嵌套参照中的嵌套内容；如果选择【覆盖型】单选按钮，系统将不显示嵌套参照中的嵌套内容，其对比效果如图4-51 所示。

图 4-51   两种参照类型的对比

2）路径类型

在指定相应的图形作为外部参照附着到当前主图形时，可以使用【路径类型】下拉列表中的 3 种方式附着该图形，具体含义如下所述。

① 完整路径

选择该选项，外部参照的精确位置将保存到该图形中。该选项的精确度最高，但灵活性最小。如果移动工程文件夹，AutoCAD 将无法融入任何使用完整路径附着的外部参照。

② 相对路径

选择该选项，附着外部参照将保存外部参照相对于当前图形的位置。该选项的灵活性最大。如果移动工程文件夹，AutoCAD 仍可以融入使用相对路径附着的外部参照，但要求该参照与当前图形位置不变。

③ 无路径

选择该选项可以直接查找外部参照，该操作适合外部参照和当前图形位于同一个文件夹的情况。

由于插入到当前图形中的外部参照文件为灰显状态，此时可以在【参照】选项板的【外部参照淡入】文本框中设置外部参照图形的淡入数值，或者直接拖动左侧的滑块调整参照图形的淡入度，效果如图4-52 所示。

2. 附着图像文件

利用参照选项板上的相关操作，用户还可以将图像文件附着到当前文件中，对当前图形进行辅助说明。

单击【附着】按钮，在打开对话框的【文件类型】下拉列表中选择【所有图像文件】选项，并指定附着的图像文件。然后单击【打开】按钮，系统将打开【附着图像】对话框。此时单击【确定】按钮，接着在当前图形中指定该文件的插入点和插入比例，即可将该文件附着在当前图形中，效果如图 4-53 所示。

图 4-52　调整参照图形的淡入度

图 4-53　附着图像文件

3. 附着 DWF 文件

DWF 格式文件是一种从 DWG 文件创建的高度压缩的文件格式。该文件易于在 Web 上发布和查看，并且支持实时平移和缩放，以及对图层显示和命名视图显示的控制。

单击【附着】按钮，在打开对话框的【文件类型】下拉列表中选择【DWF文件】选项，并指定附着的 DWF 文件。然后单击【打开】按钮，在打开的对话框中单击【确定】按钮，并指定该文件在当前图形的插入点和插入比例，即可将该文件附着在当前图形中，效果如图 4-54 所示。

图 4-54　附着 DWF 文件

4. 附着 DGN 文件

DGN 格式文件是 MicroStation 绘图软件生成的文件，该文件格式对精度、层数以及文件和单元的大小并不限制。另外该文件中的数据都是经过快速优化、检验并压缩的，有利于节省网络带宽和存储空间。

单击【附着】按钮，在打开对话框的【文件类型】下拉列表中选择【所有DGN 文件】选项，并指定附着的 DGN 文件。然后单击【打开】按钮，在打开的对话框中单击【确定】按钮，并指定该文件在当前图形的插入点和插入比例，即可将该文件附着在当前图形中，效果如图 4-55 所示。

图 4-55　附着 DGN 格式文件

5. 附着 PDF 文件

PDF 格式文件是一种非常通用的阅读格式，而且 PDF 文档的打印和普通的 Word 文档打印一样简单。正是由于 PDF 格式比较通用而且是安全的，所以图纸的存档和外发加工一般都使用 PDF 格式。

图 4-56　附着 PDF 格式文件

单击【附着】按钮，在打开对话框的【文件类型】下拉列表中选择【PDF 文件】选项，并指定附着的 PDF 文件。然后单击【打开】按钮，在打开的对话框中单击【确定】按钮，并指定该文件在当前图形的插入点和插入比例，即可将该文件附着在当前图形中，效果如图 4-56 所示。

4.6.2　编辑外部参照

当附着外部参照后，外部参照的参照类型（附着或覆盖）和名称等内容并非无法修改和编辑，利用【编辑参照】工具可以对各种外部参照执行编辑操作。

在【参照】选项板中单击【编辑参照】按钮，然后选取待编辑的外部参照，系统将打开【参照编辑】对话框，如图 4-57 所示。

该对话框中两个选项卡的含义分别介绍如下。

图 4-57　【参照编辑】对话框

1. 标识参照

该选项卡为标识要编辑的参照提供形象化的辅助工具，其不仅能够控制选择参照的方式，并且可以指定要编辑的参照。如果选择的对象是一个或多个嵌套参照的一部分，则该嵌套参照将显示在对话框中。

1) 自动选择所有嵌套的对象

选择该单选按钮，系统将原来外部参照包含的嵌套对象自动添加到参照编辑任务中。如果不选择该按钮，则只能将外部参照添加到编辑任务中。

2) 提示选择嵌套的对象

选择该单选按钮，系统将逐个选择包含在参照编辑任务中的嵌套对象。当关闭【参照编辑】对话框并进入参照编辑状态后，系统将提示用户在要编辑的参照中选择特定的对象。

2. 设置

切换至【设置】选项卡，该选项卡为编辑参照提供所需的选项，共包含 3 个复选框，如图 4-58 所示。

图 4-58　【设置】选项卡

各复选框的含义如下所述。

1) 创建唯一图层、样式和块名

控制从参照中提取的图层和其他命名对象是否是唯一可修改的。启用该复选框，外部参照中的命名对象将改变，与绑定外部参照时修改它们的方式类似。

禁用该复选框，图层和其他命名对象的名称与参照图形中的一致，未改变的命名对象将唯一继承当前宿主图形中有相同名称的对象的属性。

2) 显示属性定义以供编辑

控制编辑参照期间是否提取和显示块参照中所有可变的属性定义。启用该复选框，则属性（固定属性除外）变得不可见，同时属性定义可与选定的参照几何图形一起被编辑。

当修改被存回块参照时，原始参照的属性将保持不变。新的或改动过的属性定义只对后来插入的块有效，而现有块引用中的属性不受影响。值得提醒的是：启用该复选框对外部参照和没有定义的块参照不起作用。

3) 锁定不在工作集中的对象

锁定所有不在工作集中的对象，从而避免用户在参照编辑状态时意外地选择和编辑宿主图形中的对象。锁定对象的行为与锁定图层上的对象类似，如果试图编辑锁定的对象，则它们将从选择集中过滤。

4.6.3　剪裁外部参照

【参照】选项板中的【剪裁】工具可以剪裁多种对象，包括外部参照、块、图像或

DWF 文件格式等。通过这些剪裁操作，可以控制所需信息的显示。执行剪裁操作并非真正修改这些参照，而是将其隐藏显示，同时可以根据设计需要，定义前向剪裁平面或后向剪裁平面。

在【参照】选项板中单击【剪裁】按钮 ⬚，选取要剪裁的外部参照对象。此时命令行将显示"[开（ON）/关（OFF）/剪裁深度（C）/删除（D）/生成多段线（P）/新建边界（N）]<新建边界>:"的提示信息，选择不同的选项将获取不同的剪裁效果。

1. 新建剪裁边界

通常情况下，系统默认选择【新建边界】选项，命令行将继续显示"[选择多段线(S)/多边形(P)/矩形(R)/反向剪裁(I)]<矩形>:"的提示信息，各个选项的含义现分别介绍如下。

1）多段线

在命令行中输入字母 S，并选择指定的多段线边界即可。选择该方式前，应在需要剪裁的图像上利用【多段线】工具绘制出剪裁边界，然后在该方式下，选择相应的边界即可，效果如图 4-59 所示。

2）多边形

在命令行中输入字母 P，然后在要剪裁的图像中绘制出多边形的边界即可，效果如图 4-60 所示。

3）矩形

该方式同【多边形】方式相似，在命令行中输入字母 R，然后在要剪裁的图像中绘制出矩形边界即可，效果如图 4-61 所示。

4）反向剪裁

在命令行中输入字母 I，然后选择相应方式绘制剪裁边界，系统将显示该边界范围以外的图像，效果如图 4-62 所示。

2. 设置剪裁开或关

执行剪裁参照的系统变量取决于该边界是否关闭。如果将剪裁边界设置为关，则整

图 4-59 多段线方式剪裁图像

图 4-60 多边形方式剪裁图像

图 4-61 矩形方式剪裁图像

个外部参照都将显示；如果将剪裁边界设置为开，则只显示剪裁区域的外部参照。

图 4-62 反向剪裁方式剪裁图像

3．剪裁深度

该选项用于在一个外部参照上设置前向剪裁平面或后向剪裁平面，在定义的边界及指定的深度之外将不被显示。该操作主要用在三维模型参照的剪裁。

4．删除

该选项可以删除选定的外部参照或块参照的剪裁边界，暂时关闭剪裁边界可以选择【关】选项。其中【删除】选项将删除剪裁边界和剪裁深度，而使整个外部参照文件显示出来。

5．生成多段线

AutoCAD 在生成剪裁边界时，将创建一条与剪裁边界重合的多段线。该多段线具有当前图层、线型和颜色设置，并且当剪裁边界被删除后，AutoCAD 同时删除该多段线。如果要保留该多段线副本，可以选择【生成多段线】选项，AutoCAD 将生成一个剪裁边界的副本。

4.6.4　管理外部参照

在 AutoCAD 中，可以在【外部参照】选项板中对附着或剪裁的外部参照进行编辑和管理。

单击【参照】选项板右下角的箭头按钮，系统将打开【外部参照】选项板。在该选项板的【文件参照】列表框中显示了当前图形中各个外部参照文件名称、状态、大小和类型等内容，如图 4-63 所示。

此时，在列表框的文件上右击将打开快捷菜单，该菜单中各选项的含义介绍如下。

图 4-63 【外部参照】选项板

❏ **打开**　选择该选项，可以在新建的窗口中打开选定的外部参照进行编辑。

❏ **附着**　选择该选项，系统将根据所选择的文件对象打开相应的对话框。且在该对话框中可以选择需要插入到当前图形中的外部参照文件。

- ❑ **卸载**　选择该选项，可以从当前图形中移走不需要的外部参照文件，但移走的文件仍然保留该参照文件的路径。
- ❑ **重载**　对于已经卸载的外部参照文件，如果需要再次参照该文件时，可以选择【重载】选项将其更新到当前图形中。
- ❑ **拆离**　选择该选项，可以从当前图形中移去不再需要的外部参照文件。
- ❑ **绑定**　该选项对于具有绑定功能的参照文件有可操作性。选择该选项，可以将外部参照文件转换为一个正常的块。
- ❑ **路径**　在该选项的子菜单中可以把相应文件的参照路径类型改为"相对路径"或"无路径"。

在过去版本中，一旦外部参照插入好以后，参照的路径类型就被固定下来难以再进行修改。且之后如果项目文件的路径结构发生变化，或者项目文件被移动，就很可能会出现外部参照文件无法找到的问题。而在 AutoCAD 2014 中，用户可以轻松地改变外部参照的路径类型，其可以将"相对路径"或"无路径"的参照的保存位置进行修改，使其路径类型变为"绝对路径"，如图 4-64 所示。

图 4-64　改变参照路径

4.7　课堂实例 4-1：绘制导向器

本实例绘制一个料滴导向器，效果如图 4-65 所示。该导向器多用于玻璃制品的生产当中，例如显示器和玻锥等。在玻璃料滴流入模具之前，经过该装置是为了调整料滴的形状，从而使产品符合工艺参数。

分析其外形结构，该视图是一般的全剖视图，具有对称性的特点。在绘图过程中可以先绘制出图形的一半，再进行镜像操作，最后利用【图案填充】工具绘制剖面线即可。另外，在标注过程中，通过【创建】和【插入】工具标注粗糙度符号，使读者了解添加块的相关操作。

图 4-65　导向器全剖视图效果

操作步骤：

1. 在【图层】选项板中单击【图层特性】按钮，将打开【图层特性管理器】对话框。然后在该对话框中新建所需图层，效果如图 4-66 所示。

2. 切换【中心线】图层为当前层，单击【直线】按钮，绘制互相垂直的两条中心线。然后切换【粗实线】为当前层，利用【直线】工具绘制如图 4-67 所示尺寸的轮廓线。

3. 单击【偏移】按钮，分别选取左端和上部的轮廓线为偏移基准，按照如图 4-68 所示尺寸依次进行偏移操作。

图 4-66　新建图层

图 4-67　绘制中心线和轮廓线

图 4-68　偏移线段

4　切换【粗实线】为当前层。单击【圆弧】按
钮，利用三点绘制圆弧法依次选取点 A、
点 B 和点 C 绘制连接圆弧，效果如图 4-69
所示。

5　单击【修剪】按钮，修剪图中多余的直线，
效果如图 4-70 所示。完成操作后，按 Esc
键退出该操作。

6　单击【镜像】按钮，选取水平中心线上部
整个图形为镜像对象，然后依次选取水平中

心线上的两点，并在命令行中输入 N，按
Enter 键结束操作，效果如图 4-71 所示。

图 4-69　绘制连接圆弧

图 4-70　修剪轮廓线

图 4-71　镜像对象

7　单击【倒角】按钮，依次选取倒角的棱边，
绘制如图 4-72 所示尺寸倒角。然后利用【直
线】工具，在各轴肩处绘制连接线段。

8　切换【剖面线】为当前图层，单击【图案填
充】按钮，在【图案填充创建】选项卡中
设置填充角度为 0°，填充比例为 1。然后
选取填充区域即可，效果如图 4-73 所示。

AutoCAD 2014 中文版标准教程

130

图 4-72　绘制倒角

图 4-73　绘制剖面线

9　切换【标注线】为当前图层。然后单击【线性】按钮，依次选取尺寸边线进行线性标注，效果如图 4-74 所示。

图 4-74　标注线性尺寸

10　单击【标注样式】按钮，在打开的对话框中单击【替代】按钮，并在打开的对话框中切换至【主单位】选项卡。然后在【前缀】文本框中输入直径代号"%%C"，单击【确定】按钮。接着利用【线性标注】工具标注线性尺寸时将自动带有直径前缀符号，效果如图 4-75 所示。

图 4-75　标注带直径符号的线性尺寸

11　单击【引线】按钮，在倒角处标注引线，并在打开的文本框中输入相应文本，单击鼠标左键结束操作，效果如图 4-76 所示。

图 4-76　标注倒角

12　利用【直线】和【修剪】工具绘制粗糙度符号图形。然后单击【定义属性】按钮，在打开的对话框中启用【锁定位置】复选框，并定义粗糙度块的属性和文字格式，如图 4-77 所示。

图 4-77　绘制粗糙度符号图形并设置块属性

13　设置完成后单击【确定】按钮，依次选取文字对齐放置的两个端点，将属性标记文字插入到当前视图中。然后单击【移动】按钮✛，将插入的属性文字向上移动至合适位置，效果如图4-78所示。

图 4-78　放置属性文字

14 单击【创建】按钮▭，在对话框中输入新建块的名称为"粗糙度"。然后指定基点，并框选组成块的对象，单击【确定】按钮。接着在【编辑属性】对话框中接受默认的粗糙度数值，单击【确定】按钮，效果如图4-79所示。

15 单击【插入】按钮▭，指定如图4-80所示点为插入点，并默认粗糙度值，插入粗糙

图块。

图 4-79　创建带属性的粗糙度图块

图 4-80　插入粗糙度图块

4.8　课堂实例4-2：利用动态图块绘制支座零件图

本实例绘制一个支座零件图，效果如图4-81所示。该支座是机床支撑架的一部分，它平均分担了机床本体的重量，以减少与其他零件的接触，一定程度上保护并延长了零件的使用寿命。

在绘制该零件图时，除了利用传统的二维绘图工具绘制图形外，还可以结合动态图块创建，并执行相关的动作测试完成视图绘制。绘图过程中将需要通过【块编辑器】将图形编辑为动态块，例如线性参数、阵列动作和缩放动作等。通过调节动态块的夹点，方便快捷地在图中运用。

操作步骤：

1 在【图层】选项板中单击【图层特性】按钮▤，将打开【图层特性管理器】对话框。然后在该对话框中新建所需图层，效果如图4-82所示。

图 4-81　支座零件图

2 切换至【粗实线】图层，单击【矩形】按钮▭，绘制一个长140、宽180的矩形。然后单击【分解】按钮▭，将该矩形分解成直线组合，效果如图4-83所示。

图 4-82　新建图层

图 4-83　绘制并分解矩形

3　单击【偏移】按钮🔲，分别选取分解后的 4 条轮廓线为偏移基准，按照如图 4-84 所示尺寸进行偏移操作，并将偏移后的直线转换为【中心线】图层。

图 4-84　偏移直线并转换图层

4　单击【圆角】按钮🔲，选取相应的轮廓线，依次绘制 4 个半径均为 R5 的圆角。然后单击【圆】按钮⊘，在中心线的交点处分别绘制直径为 Φ26 和 Φ17.5 的圆，效果如图 4-85 所示。

图 4-85　绘制圆角和圆

5　单击【创建】按钮🔲，输入新建块的名称为"孔"，并指定圆心为基点。然后选取两个圆为组成块的对象，创建孔图块，效果如图 4-86 所示。

图 4-86　创建孔图块

6　在【块】选项板中单击【块编辑器】按钮🔲，在打开的【编辑块定义】对话框中选择【孔】图块，可在右侧预览该块，效果如图 4-87 所示。

图 4-87　指定要编辑的块

7　单击【确定】按钮，系统进入默认为灰色背景的绘图区域，该区域即为专门的动态块创建区域。此时在左侧将打开一个【块编写选项板】，效果如图 4-88 所示。

图 4-88　块编辑器

8 在【参数】选项卡中单击【XY】按钮。然后指定圆心为基点，将光标向右上方拖动至合适位置单击，添加 XY 参数，效果如图 4-89 所示。

1. 单击该按钮
3. 至该位置单击
Y 距离1
X 距离1
2. 指定基点

图 4-89　添加 XY 参数

9 切换至【动作】选项卡，并单击【阵列】按钮。然后依次选取上步添加的 XY 参数和孔图块图形，按下回车键。接着依次输入行间距为 140，列间距为 90，并按下回车键，效果如图 4-90 所示。

1. 单击该按钮
3. 选取对象
2. 选取参数
Y 距离1
X 距离1
添加图标

图 4-90　添加阵列动作

10 单击【关闭块编辑器】按钮，完成动态块的创建。然后在绘图区选择孔图块对象，将出现 4 个夹点。此时选取右上角的夹点，并沿右上方拖动至合适位置后单击，视图上将出现四个阵列效果的孔图块图形，效果如图 4-91 所示。

拖动至该位置
选取该点

图 4-91　插入孔图块

11 利用【矩形】工具按照图 4-92 所示绘制长 118、宽 86 的矩形，并使该矩形关于中心线对称。然后利用【分解】工具分解该矩形。

绘制矩形
分解矩形

图 4-92　绘制矩形并分解

12 利用【偏移】工具按照如图 4-93 所示尺寸偏移分解后的直线。然后单击【修剪】按钮，修剪多余轮廓线选取直线。

偏移效果
修剪效果

图 4-93　偏移直线并修剪

13 在向视图左侧合适位置利用【矩形】工具，
按照图 4-94 所示尺寸绘制两个矩形，并使
矩形关于竖直中心线对称。然后利用【分解】
工具，分解这两个矩形。

图 4-94　绘制矩形并分解

14 利用【偏移】工具，分别选取竖直中心线和
轮廓线为偏移基准，按照如图 4-95 所示尺
寸，进行偏移操作。

图 4-95　偏移中心线和轮廓线

15 利用【修剪】工具，修剪多余的直线。然后
选取相应的直线转换为【粗实线】图层，效
果如图 4-96 所示。

图 4-96　修剪直线并转换图层

16 单击【镜像】按钮，选取如图 4-97 所示

的沉头孔图形为要镜像的对象，并指定竖直
中心线为镜像线，进行镜像操作。

图 4-97　镜像图形

17 利用【创建】工具指定盖板右下角点为基点，
并选取盖板图形创建为【盖板】图块。然后
利用【块编辑器】工具，为该图块对象添加
旋转参数和旋转动作，效果如图 4-98 所示。

图 4-98　创建盖板动态图块

18 选取该盖板动态图块并右击，选择【特性】
选项，将打开【特性】选项板。在该选项板
的【自定义】选项组中，设置角度参数值为
343°，即可将盖板图块顺时针旋转 17°，
效果如图 4-99 所示。

图 4-99　旋转盖板图块

19 单击【延伸】按钮 ⊣/，选取盖板图块的底边轮廓线为延伸边界，将下方两竖直轮廓线进行延伸操作。然后删除多余的轮廓线，效果如图 4-100 所示。

图 4-100　延长直线

20 切换至【剖面线】图层。然后单击【图案填充】按钮 ▦，选择 ANSI31 样式，并选取区

域填充图案。接着单击【倒角】按钮 ◻，选取相应的边线，绘制 5×45° 的倒角，效果如图 4-101 所示。

图 4-101　填充图案并绘制倒角

4.9　思考与练习

一、填空题

1. 图块是由单个或多个对象组成的集合，这些对象包括_____、_____以及_____等类型。

2. 通常在执行插入块操作时，可以根据设计需要选择在插入时确定插入_____、插入_____和_____，或者选择自动换算插入比例。

3. 直接插入单个图块的方法是工程绘图中最常用的调用方式，即利用_____工具指定内部或外部图块插入到当前图形之中。

4. _____就是将一系列内容相同或相近的图形，通过块编辑器将图形创建为块，并设置该块具有参数化的动态特性。

5. 在命令行中输入_____指令，并单击回车键，此时，系统将打开【清理】对话框，该对话框显示了可以清理的命名对象的树状图。

6. 利用设计中心功能，不仅可以浏览、查找和管理 AutoCAD 图形等不同资源，而且只需要拖动鼠标，就能轻松地将一张设计图纸中的

_____、_____、_____、_____、_____、_____ 及_____等复制到当前图形文件中。

7. 在 AutoCAD 中，可以在【外部参照】选项板中对附着或剪裁的外部参照进行_____和_____。

二、选择题

1. 插入图块的方法主要有____种方式。
   A. 2 种
   B. 3 种
   C. 4 种
   D. 5 种

2. 属性和块的关系____。
   A. 属性和块是平等关系
   B. 属性必须包含在块中
   C. 属性是块中非图形信息的载体
   D. 块中可以只有属性而无图形对象

3. 下列关于设计中心说法正确的是____。
   A. 利用设计中心功能可以有效地管理图块、外部参照、光栅图像以及来

AutoCAD 2014 中文版标准教程

自其他源文件或应用程序的内容。

B．利用设计中心功能，不仅可以浏览、查找和管理AutoCAD图形等不同资源。

C．使用 AutoCAD 设计中心，最终的目的是在当前图形中调入块特征、引用图像和外部参照等内容，并且在图形之间复制块、图层、线型、文字样式、标注样式以及用户定义的内容等。

D．以上说法都正确。

4．执行附着外部参照操作，可以将_____种主要格式的文件附着至当前图形。

A．2

B．3

C．4

D．5

三、简答题

1．简述内部块与外部块的异同点。

2．简述设计中心的作用是什么？

四、上机练习

1．绘制阶梯轴

本练习绘制一阶梯轴零件图，效果如图4-102 所示。阶梯轴通常用于联接轴与轴上的旋转零件，起到周向固定作用，以传递旋转运动成扭矩。

图 4-102　阶梯轴

通过该零件的结构分析,可首先利用【直线】工具绘制主视图的中心线，然后利用【偏移】和【修剪】等工具绘制轴的一半图形，并利用【镜像】工具完成该轴主体轮廓的绘制。接着利用【圆】【倒角】和【样条曲线】等工具绘制轴的其他部分，最后利用相应的尺寸标注工具标注出零件尺寸，即可完成该图形的绘制。

2．绘制长轴

本练习绘制一长轴零件图，效果如图 4-103 所示。该长轴的主要作用是支承转动件，传递动力。该零件主要由轴体、螺栓孔和键槽构成。在轴的中心加工螺栓孔起到固定轴与零件的作用。该零件图主要是主视图和移出断面图，并对安装孔进行了局部剖。该零件图上标注的内容主要包括线性尺寸、基准符号和粗糙度符号等。

图 4-103　长轴零件图效果

绘制该长轴零件图时，首先绘制主视图的一半轮廓，并利用【镜像】工具镜像图形。然后利用【打断】和【样条曲线】工具绘制断裂线，并利用【圆】和【修剪】工具绘制键槽。接着利用【图案填充】工具填充各视图。标注该图形时，可利用【线性】工具标注线性尺寸。然后通过【创建】和【插入】工具标注基准和粗糙度符号即可。

第 5 章

尺寸标注

图形只能用来表达物体的形状，而尺寸标注则用来确定物体的大小和各部分之间的相对位置。尺寸标注是产品设计过程中最重要的环节。完整的尺寸标注、技术要求和明细表等注释元素，不仅能够为施工或生产人员提供足够的图形尺寸信息和使用依据，而且可以表达图形不易表达的信息，从而增加图形的易懂性。

本章主要介绍尺寸标注的相关设置和操作方法，其中重点是各类图形尺寸的标注和编辑方法。此外，还详细介绍了查询图形数据信息的相关方法。

本章学习目的：

➢ 掌握尺寸标注样式的设置方法
➢ 掌握各类尺寸的标注方法
➢ 掌握尺寸标注的编辑方法
➢ 了解查询图形信息的方法

5.1 尺寸标注样式

图形只能用来表达物体的形状，而尺寸标注则用来确定物体的大小和各部分之间的相对位置。尺寸标注是一个复合体，它以块的形式存储在图形中。其组成部分包括尺寸线、尺寸界线、标注文字和箭头等，且所有组成部分的格式均由尺寸标注样式来控制。在 AutoCAD 中，尺寸标注样式是尺寸变量的集合，这些变量决定了尺寸标注中各元素的外观。调整样式中的这些变量，可以获得各种各样的尺寸外观。

5.1.1 新建标注样式

由于尺寸标注的外观都是由当前尺寸样式控制的，且在向图形中添加尺寸标注时，单一的标注样式往往不能满足各类尺寸标注的要求。因此在标注尺寸前，一般都要创建新的尺寸样式，否则系统将以缺省尺寸样式 ISO-25 为当前样式进行标注。

在【注释】选项板中单击【标注样式】按钮，即可在打开的【标注样式管理器】对话框中创建新的尺寸标注样式或修改尺寸样式中的尺寸变量，如图 5-1 所示。

图 5-1　【标注样式管理器】对话框

在该对话框中单击【新建】按钮，然后在打开的对话框中输入新样式的名称，并在【基础样式】下拉列表中指定某个尺寸样式作为新样式的基础样式，则新样式将包含基础样式的所有设置。此外，用户还可以在【用于】下拉列表中设置新样式控制的尺寸类型，且默认情况下该下拉列表中所选择的选项为【所有标注】，表明新样式将控制所有类型尺寸，如图 5-2 所示。

完成上述设置后，单击【继续】按钮，即可在打开的【新建标注样式】对话框中

图 5-2　创建新标注样式

对新样式的各个变量，如直线、符号、箭头和文字等参数进行详细的设置。

5.1.2　编辑标注样式

当标注的尺寸界线、文字和箭头与当前图形文件中的几何对象重叠，或者标注位置不符合设计要求时，可以对其进行适当的位置调整，其中包括调整尺寸界线、位置和间距等编辑操作，以及编辑标注的外观等，从而使图纸更加清晰、美观，增强可读性。

1. 控制尺寸线和尺寸界线

在【标注样式管理器】对话框中选择一标注样式，并单击【修改】按钮，

图 5-3　【线】选项卡

然后在打开的对话框中切换至【线】选项卡，即可对尺寸线和尺寸界线的样式进行设置，如图 5-3 所示。

该选项卡中各常用选项的含义介绍如下。

❑ **基线间距**　该文本框用于设置平行尺寸线间的距离。如利用【基线】标注工具标注尺寸时，相邻尺寸线间的距离由该选项参数控制，效果如图 5-4 所示。

❑ **隐藏尺寸线**　在该选项组中可以控制第一尺寸线或第二尺寸线的显示状态。例如启用【尺寸线2】复选框，则系统将隐藏第二尺寸线，如图 5-5 所示。

❑ **超出尺寸线**　该文本框用于控制尺寸界线超出尺寸线的距离。国标规定尺寸界线一般超出尺寸线 2-3mm。如果准备 1：1 比例出图，则超出距离应设置为 2 或 3mm，效果如图 5-6 所示。

❑ **起点偏移量**　该文本框用于控制尺寸界线起点和标注对象端点间的距离，效果如图 5-7 所示。

图 5-4　设置基线间距

图 5-5　隐藏第二尺寸线

图 5-6　设置超出尺寸线的距离

图 5-7　设置起点偏移量

通常应使尺寸界线与标注对象间不发生接触，这样才能很容易地区分尺寸标注和被标注的对象。

2．控制尺寸箭头和圆心标记

在【修改标注样式】对话框中切换至【符号和箭头】选项卡，即可对尺寸箭头和圆心标记的样式进行设置，如图 5-8 所示。

该选项卡中各常用选项的含义介绍如下。

❑ **箭头**　在该选项组中可以设置尺寸线两

图 5-8　【符号和箭头】选项卡

端箭头的样式。系统提供了 19 种箭头类型，用户可以为每个箭头选择所需类型。此外，在【引线】下拉列表中可以设置引线标注的箭头样式，而在【箭头大小】文本框中可以设置箭头的大小。

❑ **圆心标记**　在该选项组中可以设置当标注圆或圆弧时，是否显示圆心标记，以及圆心标记的显示类型。此外，用户还可以在右侧的文本框中设置圆心标记的大小。圆心标记的两种类型如下所述。

➤ **标记**　选择该单选按钮，系统在圆或圆弧圆心位置创建以小十字线表示的圆心标记。在【注释】选项卡的【标注】选项板中单击【圆心标记】按钮⊕，则选取现有圆时，将显示十字型的圆心标记，效果如图 5-9 所示。

图 5-9　标记圆心

➤ **直线**　选择该单选按钮，系统将创建过圆心并延伸至圆周的水平和竖直中心线。例如，在【注释】选项卡的【标注】选项板中单击【圆心标记】按钮⊕，则选取现有圆时，将显示水平和竖直的中心线，如图 5-10 所示。

图 5-10　标记中心线

3. 控制尺寸文本外观和位置

在【修改标注样式】对话框中切换至【文字】选项卡，即可调整文本的外观，并控制文本的位置，如图 5-11 所示。

该选项卡中各常用选项的含义介绍如下。

❑ **文字样式**　在该下拉列表中可以选择文字样式，用户也可以单击右侧的【文字样式】按钮…，在打开的对话框中创建新的文字样式。

❑ **文字高度**　在该文本框中可以设置文字的高度。如果在文本样式中已经设定了文字高度，则该文本框中所设置的文本高度将是无效的。

图 5-11　【文字】选项卡

❑ **绘制文字边框**　启用该复选框，系统将为标注文本添加一矩形边框，效果如图 5-12 所示。

❑ **垂直**　在该下拉列表中可以设置标注文本垂直方向上的对齐方式，包括 5 种对齐类型。一般情况下，对于国标标注应选择【上】选项，效果如图 5-13 所示。

图 5-12　带边框的尺寸标注文字

图 5-13　文字垂直方向上的对齐效果

❑ **水平**　在该下拉列表中可以设置标注文本水平方向上的对齐方式，包括 5 种对齐
类型。一般情况下，对于国标标注
应选择【居中】选项，效果如图 5-14
所示。

❑ **从尺寸线偏移**　在该文本框中可
以设置标注文字与尺寸线间的距
离，效果如图 5-15 所示。

如果标注文本在尺寸线的中间，则该
值表示断开处尺寸线端点与尺寸文字的间
距。此外，该值也可以用来控制文本边框
与其中文本的距离。

图 5-14　文字水平方向上的对齐效果

❑ **文字对齐**　设置文字相对于尺寸线的放置位置。其中，选择【水平】单选按钮，
系统将使所有的标注文本水平放置；选择【与尺寸线对齐】单选按钮，系统将使
文本与尺寸线对齐，这也是国标标注的标准；选择【ISO 标准】单选按钮，当文
本在两条尺寸界线的内部时，文本将与尺寸线对齐，否则标注文本将水平放置，
效果如图 5-16 所示。

图 5-15　设置文字从尺寸线偏移的距离　　　图 5-16　文字对齐方式

4．调整箭头、标注文字和尺寸界线间的位置关系

在【修改标注样式】对话框中切换至【调整】选项卡，即可调整标注文字、尺寸箭

头和尺寸界线间的位置关系, 如图 5-17 所示。

标注时如果两条尺寸界线之间有足够的空间, 系统将自动将箭头、标注文字放在尺寸界线之间; 如果两条尺寸界线之间没有足够的空间, 便可以在该选项卡中调整箭头或文字的位置。

❏ **文字或箭头**　选择该单选按钮, 系统将对标注文本和箭头进行综合考虑, 自动选择其中之一放在尺寸界线外侧, 以获得最佳标注效果。

❏ **箭头**　选择该单选按钮, 系统将尽量使文　**图 5-17**　【调整】选项卡
字放在尺寸界线内, 效果如图 5-18 所示。

❏ **文字**　选择该单选按钮, 系统尽量将箭头放在尺寸界线内, 效果如图 5-19 所示。

图 5-18　优先移出箭头而放置文字　　**图 5-19**　优先移出文字而放置箭头

❏ **文字和箭头**　选择该单选按钮, 当尺寸界线间不能同时放下文字和箭头时, 就将文字和箭头都放在尺寸界线外, 效果如图 5-20 所示。

❏ **文字始终保持在尺寸界线之间**　选择该单选按钮, 系统总是把文字和箭头都放在尺寸界线内。

❏ **使用全局比例**　在该文本框中输入全局比例数值, 将影响标注的所有组成元素大小, 效果如图 5-21 所示。

图 5-20　将文字和箭头同时移出

❏ **在尺寸界线之间绘制尺寸线**　当启用该复选框时, 系统总是在尺寸界线之间绘制尺寸线; 禁用该复选框时, 当将尺寸箭头移至尺寸界线外侧时, 系统将不添加尺寸线, 效果如图 5-22 所示。

图 5-21　全局比例对尺寸标注的影响

5. 设置线性尺寸精度

在【修改标注样式】对话框中切换至【主单位】选项卡，即可设置线性尺寸的单位格式和精度，并能为标注文本添加前缀或后缀，如图 5-23 所示。

图 5-22　控制是否绘制尺寸线

图 5-23　【主单位】选项卡

该选项卡中各主要选项的含义介绍如下。

❑ **单位格式**　在该下拉列表中可以选择所需长度单位的类型。

❑ **精度**　在该下拉列表中可以设置长度型尺寸数字的精度，小数点后显示的位数即为精度效果。

❑ **小数分隔符**　如果单位类型为十进制，即可在该下拉列表中选择分隔符的形式，包括句点、逗点和空格3 种分隔符类型。

❑ **舍入**　该文本框用于设置标注数值的近似效果。如果在该文本框中输入 0.06，则标注数字的小数部分近似到最接近 0.06 的整数倍。

❑ **前缀**　在该文本框中可以输入标注文本的前缀。例如输入文本前缀为"%%c"，则使用该标注样式标注的线性尺寸文本将均带有直径符号 Ø，如图 5-24 所示。

❑ **后缀**　在该文本框中可以设置标注文本的后缀。

❑ **比例因子**　在该文本框中可以输入尺寸数字的缩放比例因子。当标注尺寸时，系统将以该比例因子乘以真实的测量数值，并将结

图 5-24　设置标注文本的前缀

图 5-25　设置比例因子标注局部放大图尺寸

果作为标注数值。该参数选项常用于标注局部放大视图的尺寸，效果如图 5-25 所示。

□ **消零** 该选项组用于隐藏长度型尺寸数字前面或后面的0。当启用【前导】复选框，系统将隐藏尺寸数字前面的零；当启用【后续】复选框，系统将隐藏尺寸数字后面的零，效果如图 5-26 所示。

> **提 示**
>
> 标注局部放大视图的尺寸时，由于图形对象已被放大，相应的标注出的尺寸也会成倍变大，但这并不符合图形的实际尺寸。此时可以在【主单位】选项卡中设置测量单位的【比例因子】数值，使尺寸标注数值成倍地缩小。如图形放大 2 倍，测量单位比例因子则应设置为 0.5，以使标注的数值缩小 2 倍。

图 5-26 尺寸文字消零效果

6．设置换算单位参数

在【修改标注样式】对话框中切换至【换算单位】选项卡，即可控制是否显示经过换算后标注文字的值、指定主单位和换算单位之间的换算因子，以及控制换算单位相对于主单位的位置，如图 5-27 所示。

该选项卡中各选项组的含义介绍如下。

1）显示换算单位

该复选框用于控制是否显示经过换算后标

图 5-27 【换算单位】选项卡

注文字的值。如果启用该复选框，在标注文字中将同时显示以两种单位标识的测量值。

2）换算单位

该选项组用于控制经过换算后的值，与【主单位】选项卡对应参数项相似。所不同的是增加【换算单位倍数】列表项，它是指主单位和换算单位之间的换算因子，即通过线性距离与换算因子相乘确定出换算单位的数值。

3）位置

该选项组用于控制换算单位相对于主单位的位置。如果选择【主值后】单选按钮，则换算单位将位于主单位之后；如果选择【主值下】单选按钮，则换算单位将位于主单位之下，对比效果如图 5-28 所示。

图 5-28 设置换算单位效果

7．设置尺寸公差

在【修改标注样式】对话框中切换至【公差】选项卡，即可设置公差格式，并输入相应的公差值，如图 5-29 所示。

该选项卡中各主要选项的含义介绍如下。

❑ **方式** 在该下拉列表中提供了公差的 5 种格式。使用这 5 种不同的公差格式标注一孔直径所获得的不同效果，如图 5-30 所示。

图 5-29 【公差】选项卡

图 5-30 5 种不同的公差格式

这 5 种公差格式的含义如下所述。

➢ **无** 选择该选项，系统将只显示基本尺寸。

➢ **对称** 选择该选项，则只能在【上偏差】文本框中输入数值。此时标注尺寸时，系统自动添加符号"±"。

➢ **极限偏差** 选择该选项后，可以在【上偏差】和【下偏差】文本框中分别输入尺寸的上下偏差值。缺省情况下系统自动在上偏差前添加符号"+"，在下偏差前添加符号"-"。如果在输入偏差值时输入了"+"号或"-"号，则最终显示的符号将是缺省符号与输入符号相乘的结果。例如输入正、负号与标注效果的对比关系，如图 5-31 所示。

图 5-31 极限偏差的各种标注效果

➢ **极限尺寸** 选择该选项，系统将同时显示最大极限尺寸和最小极限尺寸。

➢ **基本尺寸** 选择该选项，系统将尺寸标注数值放置在一个长方形的框中。

❑ **精度** 在该下拉列表中可以设置上下偏差值的精度，即小数点后的位数。

❑ **高度比例** 在该文本框中可以设置偏差值文本相对于尺寸文本的高度。缺省值为 1，此时偏差文本与尺寸文本高度相同。一般情况下，国标设置为 0.7，但如果公差格式为【对称】，则高度比例仍设置为 1。

❑ **垂直位置** 在该下拉列表中可以指定偏差文字相对于基本尺寸的位置关系，包括上、中和下三种类型，效果如图 5-32 所示。

图 5-32 偏差文字与基本尺寸的位置关系

5.2 添加尺寸标注

虽然零件的形状多种多样，但是利用 AutoCAD 提供的线性尺寸标注、径向尺寸标注和角度尺寸标注等工具，可以满足大多数零件的定形或定位标注要求。

5.2.1 线性尺寸标注

线性尺寸是指在图形中标注两点之间的水平、竖直或具有一定旋转角度的尺寸，该类标注是进行图纸标注时应用最为频繁的标注方法之一，常用的有以下 6 种线性标注方式。

1．线性标注

利用【线性】工具可以为图形中的水平或竖直对象添加尺寸标注，或根据命令行提示，添加两点之间具有一定旋转角度的尺寸。

单击【注释】选项板中的【线性】按钮，然后选取一现有图形的端点为第一条尺寸界线的原点，并选取现有图形的另一端点为第二条尺寸界线的原点。此时，拖动光标至适当位置单击，即可将尺寸线放置，效果如图 5-33 所示。

图 5-33 线性标注

当指定好两点时，拖动光标的方向将决定创建何种类型的尺寸标注。如果上下拖动光标将标注水平尺寸；如果左右拖动光标将标注竖直尺寸，效果如图 5-34 所示。

此外指定尺寸端点后，还可以选择多种方式定义尺寸显示样式，包括角度、文字、水平和旋转等参数的设置。如在指定第二点后输入字母 A，并输入标注文字的旋转角度为 45°，然后拖动光标至适当位置单击，即可显示指定角度后的尺寸标注效果，如图 5-35 所示。

图 5-34 拖动光标标注不同方向尺寸

2．对齐标注

要标注倾斜对象的真实长度可以利用【对齐】工具。利用该工具添加的尺寸标注，其尺寸线与用于指定尺寸界限两点之间的连线平行。使用该工具可以方便快捷地对斜线、斜面等具有倾斜特征的线性尺寸进行标注。

图 5-35 标注文本旋转效果

单击【注释】选项板中的【对齐】按钮，然后选取一点确定第一条尺寸界线原点，并选取另一点确定第二条尺寸界线原点。接着拖动光标至适当位置单击放置尺寸线即可，效果如图 5-36 所示。

图 5-36　指定两点标注对齐尺寸

注　意

对齐标注与线性旋转标注不同之处在于：对齐标注的尺寸线的倾斜度是通过指定的两点来确定的，而旋转标注是根据指定的角度值来确定尺寸线的倾斜度。

3. 角度标注

利用【角度】工具经常标注一些倾斜图形，如肋板的角度尺寸。利用该工具标注角度时，可以通过选取两条边线、3 个点或一段圆弧来创建角度尺寸。

单击【注释】选项板中的【角度】按钮，然后依次选取角的第一条边和第二条边，并拖动光标放置尺寸线，即可完成角度的标注。其中，如果拖动光标在两条边中间单击，则标注的为夹角角度；而如果拖动光标在两条边外侧单击，则标注的为该夹角的补角角度，效果如图 5-37 所示。

图 5-37　选取两条边标注角度尺寸

此外，当选择【角度】工具后，直接按下回车键，还可以通过指定 3 个点来标注角度尺寸。其中指定的第一个点为角顶点，另外两个点为角的端点。且指定的角顶点不同，标注的角度也会不同，效果如图 5-38 所示。

4. 使用角度子样式标注角度

对于某种类型的尺寸，其标注外观有时需要作一些调整。如创建角度尺寸时，需要文本放置在水平位置；标注直径时，需要创建圆的中心线等，此时便可以通过创建尺寸标注的子样式来对某些特定类型的尺寸进行控制。

图 5-38　指定 3 个点标注角度尺寸

在【标注样式管理器】对话框中单击【新建】按钮，在打开对话框的【基础样式】下拉列表中指定新标注样式基于的父尺寸样式。而如果要创建控制某种具体类型尺寸的子样式，便可以在【用于】下拉列表中选择一尺寸类型。例如父样式为【ISO-25】样式，新样式用来控制角度尺寸标注，因此在【用于】下拉列表中选择【角度标注】选项，如图 5-39 所示。

此时单击【继续】按钮，便可以在打开
的对话框内修改子样式中的某些尺寸变量，
以形成特殊的标注形式。例如，修改子样式
中文字的位置为【水平】，然后单击【确定】
按钮返回到【标注样式管理器】对话框，可
以发现新创建的子样式以树状节点的形式
显示在【ISO-25】样式下方，如图 5-40 所示。

当再次启用【角度】命令标注角度时，
标注的角度文本均将水平放置，即当前【机
械标注】样式下的角度尺寸文本外观均由修
改变量后新创建的子样式所控制，效果如图 5-41 所示。

图 5-39 创建新标注样式

图 5-40 设置角度标注的变量

图 5-41 新的角度标注效果

5. 基线标注

基线标注是指所有尺寸都从同一点开始标注，即所有标注公用一条尺寸界线。该标
注类型常用于一些盘类零件的尺寸标注。

创建该类型标注时，应首先创建一个尺
寸标注，以便以该标注为基准，创建其他尺
寸标注。例如首先创建一线性标注，然后在
【注释】选项卡的【标注】选项板中单击【基
线】按钮，并依次选取其他端点。此时系
统将以刚创建的尺寸标注的第一条尺寸界
线为基准线，创建相应的基线型尺寸，如图
5-42 所示。

如果不想在前一个尺寸的基础上创建

图 5-42 创建基线型尺寸标注

基线型尺寸，则可以在启用【基线】命令后直接按下回车键，此时便可以选取某条尺寸
界线作为创建新尺寸的基准线，效果如图 5-43 所示。

6. 连续标注

连续标注是指一系列首尾相连的标注形式，该标注类型常用于一些轴类零件的尺寸标注。创建该类型标注时，同样应首先创建一个尺寸标注，以便以该标注为基准创建其他标注。

例如首先创建一线性标注，然后在【注释】选项卡的【标注】选项板中单击【连续】按钮，并依次选取其他端点。此时系统将以刚创建的尺寸标注的第一条尺寸界线为基准线，创建相应的连续型尺寸，如图 5-44 所示。

图 5-43　选取尺寸界线创建基线型标注

如果不想在前一个尺寸的基础上创建连续型尺寸，可以在启用【连续】命令后直接按下回车键，此时便可以选取某条尺寸界线作为创建新尺寸的基准线，效果如图 5-45 所示。

图 5-44　创建连续型尺寸标注　　　　图 5-45　选取尺寸界线创建连续型标注

5.2.2　曲线尺寸标注

为准确标注曲线类对象的尺寸，AutoCAD 提供了弧长、直径和半径等多种标注工具来标识这些曲线对象，各种曲线标注工具的具体操作方法介绍如下。

1. 弧长标注

弧长标注用于测量圆弧或多段线弧线段的距离。该标注方式常用于测量围绕凸轮的距离或标注电缆的长度。为区别于角度标注，弧长标注将显示一个圆弧符号，而角度标注显示度数符号。

在【注释】选项板中单击【弧长】按钮，然后根据命令行提示选取圆弧，并拖动标注线至合适位置单击，确定弧长标注的位置即可，效果如图 5-46 所示。

弧长标注中的弧长符号既可以在文本的侧方，也可以在文本的上方。要控制弧长符号的位置，可以在【修改标注样式】对话框中切换至【符号和箭头】选项板，然后在【弧长符号】选项组中即可设置弧长符号相对于文字的位置效果，如图 5-47 所示。

图 5-46 选取圆弧标注弧长

2. 直径标注

直径标注用于圆或圆弧的直径尺寸标注。在【注释】选项板中单击【直径】按钮◎，然后选取图中的圆弧，并移动光标使直径尺寸文字位于合适位置，单击左键即可标注直径，效果如图 5-48 所示。

图 5-47 设置弧长符号相对于文字的位置　　**图 5-48** 标注直径

3. 半径标注

半径标注用于圆或圆弧的半径尺寸标注。单击【半径】按钮◎，然后选取绘图区中的圆弧，并移动光标使半径尺寸文字位于合适位置，单击左键即可标注半径，效果如图 5-49 所示。

图 5-49 标注半径

5.3　创建标记

在 AutoCAD 中可以通过创建各种样式的标记和标注方式，来满足不同的设计要求，使工程图或产品效果更加清晰，使用户一目了然。标记样式一般包括引线标注和公差标注等。

5.3.1　引线标注

利用【多重引线】工具可以绘制一条引线来标注对象，且在引线的末端可以输入文字或者添加块等。该工具经常用于标注孔、倒角和创建装配图的零件编号等。

1. 多重引线样式

不管利用【多重引线】工具标注何种注释尺寸，首先需要设置多重引线的样式，如引线的形式、箭头的外观和注释文字的大小等，这样才能更好地完成引线标注。

在【注释】选项板中单击【多重引线样式】按钮，并在打开的对话框中单击【新建】按钮，系统将打开【创建新多重引线样式】对话框。此时，在该对话框中输入新样式名称，并单击【继续】按钮，即可在打开的【修改多重引线样式】对话框中对多重引线的格式、结构和文本内容进行详细设置，如图 5-50 所示。

图 5-50 【修改多重引线样式】对话框

该对话框中各选项卡的选项含义分别介绍如下。

1）引线格式

在该选项卡中可以设置引线和箭头的外观效果。其中在【类型】下拉列表中可指定引线形式为【直线】【样条曲线】或【无】；在【符号】下拉列表中可以设置箭头的各种形式，当然也可以设置为无箭头样式。例如，设置多重引线箭头为【点】类型，标注装配图零件序号的效果，如图 5-51 所示。

图 5-51 设置多重引线箭头为点

2）引线结构

在该选项卡中可以设置引线端点的最大数量、是否包括基线，以及基线的默认距离，如图 5-52 所示。

该选项卡中各选项的含义如下所述。

① 约束

在该选项组中启用【最大引线点数】复选框，可以在其后的文本框中设置引线端点的最大数量。而当禁用该复选框时，引线可以无限制地折弯。此外启用【第一段角度】和【第二段角度】复选框，可以分别设置引线第一段和第二段的倾斜角度，效果如图 5-53 所示。

图 5-52 【引线结构】选项卡

② 自动包含基线

启用该复选框，则绘制的多重引线将自动包含引线的基线。如果禁用该复选框，并设置【最大引线点数】为2，则可以绘制零件图中常用的剖切符号，效果如图 5-54 所示。

③ 设置基线距离

该复选框只有在启用【自动包含基线】复选框时才会被激活，激活后可以设置基线距离的默认值。例如，设置默认基线距离为2，引线点数为3。此时在指定两点后单击右键，则基线距离为默认值；如果在指定两点后继续向正右方拖动光标并单击，则基线距离为默认值与拖动的距离之和，如图 5-55 所示。

图 5-54 不包含基线绘制剖切符号　　**图 5-55** 设置基线距离

3）内容

在该选项卡的【多重引线类型】下拉列表中，可以设置多重引线的注释文本类型为【多行文字】【块】或【无】；在【文字选项】选项组中可以设置引线的文本样式；在【引线连接】选项组中，可以设置多行文字在引线左边或右边时相对于引线末端的位置，如图 5-56 所示。

其中，当多重引线类型为【多行文字】，且多行文字位于引线右边时，在【连接位置－左】下拉列表中依次选择各选项，所获得的多行文字与引线末端位置的对比效果如图 5-57 所示。

图 5-56 【内容】选项卡

2. 创建多重引线标注

要使用多重引线标注图形对象，可在【注释】选项板中单击【引线】按钮，然后依次在图中指定引线的箭头位置、基线位置并添加标注文字，即可完成多重引线的创建，效果如图 5-58 所示。

图 5-57 多行文字相对于引线末端的位置对比效果   图 5-58 创建多重引线

3. 添加与删除引线

如果需要将引线添加至现有的多重
引线对象，只需在【注释】选项板中单
击【添加引线】按钮，然后依次选取需
添加引线的多重引线和需要引出标注的
图形对象，按下回车键，即可完成多重
引线的添加，效果如图 5-59 所示。

如果创建的多重引线不符合设计的
需要，还可以将该引线删除。只需在【注释】
选项板中单击【删除引线】按钮，然后在
图中选取需要删除的多重引线，并按下回车
键，即可完成删除操作，效果如图 5-60 所示。

图 5-59 添加多重引线

5.3.2 形位公差标注

形位公差是指形状和位置公差。在标注
机械零件图时，为满足使用要求，必须正确

图 5-60 删除多重引线

合理地规定零件几何要素的形状和位置公差，以及限制实际要素的形状和位置误差，这
是图形设计的一项重要内容。通过标注形位公差，可以显示图形的形状、轮廓、方向位
置和跳动的偏差等。在零件图中添加形位公差的步骤如下所述。

1. 绘制公差指引线

通常在标注形位公差之前，应首先利用【引线】工具在图形上的合适位置绘制公差
标注的箭头指引线，为后续形位公差的放置提供依据和参照。

单击【引线】按钮，选取指定的尺寸线上一点作为第一点，然后向上竖直拖动至
合适位置单击指定第二点，并向右拖动至合适位置单击指定第三点。此时，系统将打开

文字编辑器，在空白区域单击左键退出文字输入状态，即可完成公差指引线的绘制，如图 5-61 所示。

图 5-61　绘制公差指引线

2．指定形位公差符号

在 AutoCAD 中利用【公差】工具进行形位公差标注，主要对公差框格中的内容进行定义，如设置形位公差符号、公差值和包容条件等。

在【注释】选项卡的【标注】选项板中单击【公差】按钮，并在打开的【形位公差】对话框中单击【符号】色块，即可在打开的【特征符号】对话框中选择相应的公差符号，如图 5-62 所示。

在【特征符号】对话框中，系统给出了国家规定的 14 种形位公差符号，各种公差符号的具体含义如表 5-1 所示。

图 5-62　指定形位公差符号

表 5-1　形位公差符号含义

符号	含　义	符号	含　义
⊕	位置度	▱	平面度
◎	同轴度	○	圆度
⸗	对称度	—	直线度
∥	平行度	⌒	面轮廓度
⊥	垂直度	⌒	线轮廓度
∠	倾斜度	↗	圆跳度
⌿	圆柱度	↗↗	全跳度

3．指定公差值、包容条件和基准

指定完形位公差符号后，在【公差 1】文本框中输入公差数值。且此时如果单击该文本框左侧的黑色小方格，可以在该公差值前面添加直径符号；如果单击该文本框右侧的黑色小方格，可以在打开的【附加符号】对话框中选择该公差值后面所添加的包容条件。最后在【基准 1】文本框中输入相应的公差基准代号即可，效果如图 5-63 所示。

【附加符号】对话框中各符号的含义如表 5-2 所示。

图 5-63　指定形位公差的内容

表 5-2 附加符号

符号	含　义
Ⓜ	材料的一般中等状况
Ⓛ	材料的最大状况
Ⓢ	材料的最小状况

4．放置形位公差框格

设置好要标注的形位公差内容后，单击【确定】按钮，返回到绘图窗口。然后选取前面绘制的指引线末端点放置公差框格，即可完成形位公差标注，效果如图 5-64 所示。

图 5-64 放置形位公差框格

5.3.3 尺寸公差标注

尺寸公差是指零件尺寸所允许的变动量，该变动量的大小直接决定了零件的机械性能和零件是否具有互换性。利用 AutoCAD 提供的【堆叠】工具，可以方便地标注尺寸的公差或一些分数形式的公差配合代号。

单击【线性】按钮，然后依次指定第一界线和第二界线的端点后，将出现系统测量的线性尺寸数值。此时在命令行中输入字母 M，在打开的文字编辑器中输入线性尺寸数值，并输入公差数值 "+0^-0.02"，效果如图 5-65 所示。

然后选取后面的公差部分 "+0^-0.02"，单击右键，在打开的快捷菜单中选择【堆叠】选项，并在空白区域单击。接着在合适位置单击鼠标左键放置尺寸线，即可完成尺寸公差的标注，效果如图 5-66 所示。

图 5-65 输入尺寸公差

图 5-66 通过堆叠标注尺寸公差

5.4 编辑尺寸标注

当标注的尺寸界线、文字和箭头与当前图形中的几何对象重叠，或者标注位置不符合设计要求时，可以对其进行适当地编辑，从而使图纸更加清晰美观，增强可读性。

5.4.1 替代标注样式

当修改一标注样式时，系统将改变所有
与该样式相关联的尺寸标注。但有时绘制零
件图需要创建个别特殊形式的尺寸标注，如
标注公差或是给标注数值添加前缀和后缀
等。此时用户不能直接修改当前尺寸样式，
但也不必再去创建新的标注样式，只需采用
当前样式的覆盖方式进行标注即可。

例如，当前标注样式为 ISO-25，使用该
样式连续标注多个线性尺寸。此时想要标注
带有直径前缀的尺寸，可以单击【替代】按
钮，系统将打开【替代当前样式】对话框，
如图 5-67 所示。

在【替代当前样式】对话框中切换至
【主单位】选项卡，并在【前缀】文本框中
输入"%%c"。然后单击【确定】按钮，返
回到【标注样式管理器】对话框后，单击
【关闭】按钮。此时标注尺寸，系统将暂时
使用新的尺寸变量控制尺寸外观，标注的
尺寸数值前将添加直径符号，如图 5-68
所示。

如果要恢复原来的尺寸样式，可以再
次打开【标注样式管理器】对话框。在该
对话框中选择原来的标注样式 ISO-25，并
单击【置为当前】按钮。此时在打开的提
示对话框中单击【确定】按钮，再次进行
标注时，可以发现标注样式已返回原来状
态，效果如图 5-69 所示。

5.4.2 关联标注样式

在 AutoCAD 中对图形对象进行标注
时，如果标注的尺寸值是按自动测量值标

图 5-67 标注线性尺寸

图 5-68 样式替代标注效果

图 5-69 返回到原来标注样式

注的，且标注模式是尺寸关联模式，那么标注的尺寸和标注对象之间将具有关联性。此
时，如果标注对象被修改，与之对应的尺寸标注将自动调整其位置、方向和测量值；反
之，当两者之间不具有关联性时，尺寸标注不随标注对象的修改而改变。

在【注释】选项卡的【标注】选项板中单击【重新关联】按钮，然后依次指定标

注的尺寸和与其相关联的位置点或关联对象，即可将无关联标注改为关联标注。例如，将圆的直径标注与该圆建立关联性，当向外拖动该圆的夹点时，直径尺寸标注值将随之产生变化，如图 5-70 所示。

图 5-70　关联性标注

5.4.3　更新标注样式

利用【更新】工具可以以当前的标注样式来更新所选的现有标注尺寸效果，如通过尺寸样式的覆盖方式调整样式后，可以利用该工具更新选取的图中尺寸标注。

在【标注样式管理器】对话框中单击【替代】按钮，系统将打开【替代当前样式】对话框。在该对话框中切换至【主单位】选项卡，并在【前缀】文本框中输入直径代号"%%c"。然后在【注释】选项卡的【标注】选项板中单击【更新】按钮，选取指定的尺寸 35，并按下回车键，即可发现该线性尺寸已添加直径符号前缀，如图 5-71 所示。

图 5-71　通过标注更新修改尺寸外观

5.4.4　其他编辑方法

当标注的尺寸界线、文字和箭头与当前图形中的几何对象重叠，或者标注位置不符合设计要求时，可以对其进行适当地位置调整，如调整文本角度和标注间距等操作，从而使图纸更加清晰美观，增强可读性。

1．编辑文本角度

利用【文字角度】工具可以调整标注文本的角度。在【注释】选项卡的【标注】选项板中单击【文字角度】按钮，并选取一现有尺寸标注，然后输入标注文本的角度为 45°，按下回车键，即可将标注文本按角度旋转，效果如图 5-72 所示。

图 5-72　编辑标注文本的角度

2．调整标注间距

标注零件图时，同一方向上有时会标注多个尺寸。这多个尺寸间如果间距参差不齐，则整个图形注释会显得很乱，而手动调整各尺寸线间的距离至相等又不太现实。为此

AutoCAD 提供了【调整间距】工具，利用
该工具可以使平行尺寸线按用户指定的数
值等间距分布。

　　在【注释】选项卡的【标注】选项板
中单击【调整间距】按钮，然后选取指
定的尺寸为基准尺寸，并选取另外两个尺
寸为要产生间距的尺寸，按下回车键。此
时系统要求设置间距，用户可以按下回车
键，由系统自动调整各尺寸的间距，也可

图 5-73　调整平行尺寸线间距

以输入数值后再按下回车键，各尺寸将按照所输入间距数值进行分布，如图 5-73 所示。

5.5　信息查询

　　图形信息是间接表达图形组成的一种方式。它不仅可以反映图形的组成元素，也可
以直接反映各图形元素的尺寸参数、图形元素之间的位置关系，以及由图形元素围成的
区域的面积、周长等特性。利用【查询】工具获取三维零件的这些图形信息，便可以按
所获尺寸，指导用户轻松完成零件设计。

5.5.1　查询距离

　　通过视图选项卡中的【工具栏】功能
调出【查询】工具栏。在该工具栏中单击
【距离】按钮，或直接输入快捷命令 DIST，
然后依次选取三维模型的两个端点 A 和 B，
在打开的提示框中将显示这两点的距离信
息，效果如图 5-74 所示。

图 5-74　指定两点查询距离

5.5.2　查询半径

　　要获取二维图形中圆或圆弧，三维模型
中圆柱体、孔和倒圆角对象的尺寸，可以利
用【半径】工具进行查询。此时系统将显示
所选对象的半径和直径尺寸。

　　在【查询】工具栏中单击【半径】按钮
，然后选取相应的弧形对象，则在打开的
提示框中将显示该对象的半径和直径数值，
效果如图 5-75 所示。

图 5-75　选取弧形对象获取尺寸信息

5.5.3　查询角度

　　要获取二维图形中两图元间的夹角角度，三维模型中楔体、连接板这些倾斜件的角

度尺寸，可以利用【角度】工具进行查询。在【查询】工具栏中单击【角度】按钮，然后分别选取楔体的两条边，则在打开的提示框中将显示楔体的角度，效果如图5-76所示。

5.5.4　查询面积

在【查询】工具栏中单击【面积】按钮，或直接输入快捷命令 AREA，然后依次指定实体面的端点 C、D、E 和 F。接着按下回车键，在打开的提示框中将显示由这些点所围成的封闭区域的面积和周长，效果如图 5-77 所示。

图 5-77　获取面积和周长信息

5.5.5　面域和质量特性查询

面域对象除了具有一般图形对象的属性外，还具有平面体所特有的属性，如质量特性、质心、惯性矩和惯性积等。在AutoCAD 中，利用【面域/质量特性】工具可以一次性获得实体的整体信息，从而指导用户完成零件设计。

在【查询】工具栏中单击【面域/质量特性】按钮，然后选取要提取数据的面域对象。此时系统将打开【AutoCAD 文本窗口】对话框，显示所选面域对象的特性数据信息，效果如图 5-78 所示。

图 5-78　提取面域的特性数据信息

5.5.6　显示图形时间和状态

在设计过程中如有必要，可以将当前图形状态和修改时间以文本的形式显示，这两种查询方式同样显示在 AutoCAD 文本窗口中，分别介绍如下。

1．显示时间

显示时间用于显示绘制图形的日期和时间统计信息。利用该功能不仅可以查看图形文件的创建日期，还可以查看该文件创建所消耗的总时间。

在命令行中输入 TIME 指令，并按下回车键，系统将打开相应的文本窗口，如图 5-79 所示。

该文本窗口中将显示当前时间、创建时间和上次更新时间等信息。在窗口列表中显示的各时间或日期的功能如下所述。

- ❑ **当前时间** 表示当前的日期和时间。
- ❑ **创建时间** 表示创建当前图形文件的日期和时间。
- ❑ **上次更新时间** 最近一次更新当前图形的日期和时间。
- ❑ **累计编辑时间** 自图形建立时间起，编辑当前图形所用的总时间。
- ❑ **消耗时间计时器** 在用户进行图形编辑时运行，该计时器可由用户任意开、关或复位清零。
- ❑ **下次自动保存时间** 表示下一次图形自动存储时的时间。

图 5-79 显示文件时间和日期

提 示

在窗口的最下方命令行中如果输入 D，则重复显示上述时间信息，并更新时间内容；如果输入 ON（或 OFF），则打开（或关闭）消耗时间计时器；如果输入 R，则使消耗时间计时器复位清零。

---

2. 显示当前图形状态

状态显示主要用于显示图形的统计信息、模式和范围等内容。利用该功能可以详细查看图形组成元素的一些基本属性，例如线宽、线型及图层状态等。

在命令行中输入 STATUS 指令，并按下回车键，系统即可在打开的【AutoCAD 文本窗口】对话框中显示相应的状态信息，如图 5-80 所示。

图 5-80 显示图形状态信息

5.6 课堂实例5-1：标注法兰套零件

法兰套是一种标准件，主要用于管道工程。一般情况下，该零件与法兰配套使用，起着连接紧固的作用。本实例绘制法兰套的全剖视图，效果如图5-81 所示。该零件图上标注的内容主要包括线性尺寸、圆弧尺寸、尺寸公差和粗糙度符号等。

图 5-81 法兰套的全剖视图效果

标注该零件图，可首先利用【线性】工具标注一些常规尺寸，并通过标注样式的覆盖方式标注带有直径前缀的线性尺寸。然后利用编辑标注工具标注尺寸公差，并利用【引线】工具标注相关孔特征的尺寸。最后添加粗糙度符号即可。

操作步骤：

1　单击【标注样式】按钮，在打开的对话框中单击【修改】按钮。然后在打开的【修改标注样式】对话框中对当前标注样式的各种尺寸变量进行设置，如箭头类型、箭头大小、文字高度、文字距尺寸线的偏移量、尺寸文本的精度等，效果如图 5-82 所示。

图 5-82　设置当前标注样式的各个尺寸变量

2　单击【线性】按钮，标注图形的第一个线性尺寸。然后依次标注其他线性尺寸，效果如图 5-83 所示。

选项卡，在【垂直位置】下拉列表中选择【中】选项，效果如图 5-85 所示。

图 5-83　标注线性尺寸

图 5-84　标注带直径符号的线性尺寸

3　单击【标注样式】按钮，在打开的对话框中单击【替代】按钮，并在打开的对话框中切换至【主单位】选项卡。然后在【前缀】文本框中输入直径代号"%%c"，单击【确定】按钮。接着利用【线性】工具标注线性尺寸时将自动带有直径前缀符号，效果如图 5-84 所示。

4　在【标注样式管理器】对话框中将原来的标注样式设置为当前样式，并放弃样式替代。然后选取当前标注样式，并单击【修改】按钮。接着在打开的对话框中切换至【公差】

图 5-85　设置公差相对于标注文本的位置

5　双击要添加公差的标注尺寸，并在打开的文字编辑器中输入如图 5-86 所示的公差尺寸。然后选取该公差文字部分，并单击右键，在打开的快捷菜单中选择【堆叠】选项。接着在空白区域单击，并将该添加尺寸移动至合适位置，即可完成尺寸公差的标注。

图 5-86 利用堆叠文字输入尺寸公差

6 利用相同的方法，选取要添加公差尺寸的其他标注尺寸，依次添加相应的公差尺寸，效果如图 5-87 所示。

图 5-87 添加其他公差尺寸

提 示

按照国家机械制图标准规定，尺寸文本后面公差文字部分的高度，通常是尺寸文本高度的 0.7 倍。

7 单击【多重引线样式】按钮，在打开的对话框中按照如图 5-88 所示设置多重引线样式：引线类型为直线、箭头大小为 4、引线最大端点数量为 3、禁用【自动包含基线】复选框、文字高度为 4、文字与引线末端的位置关系为【第一行加下划线】和【第一行中间】。

8 单击【引线】按钮，选取如图 5-89 所示通孔中心线上一点为基点，沿右上方向拖动并单击，确定第一段引线。然后沿水平方向

向右拖动至合适位置并单击，确定第二段引线。此时在打开的文字编辑器中输入 4×φ3，并在空白处单击即可。利用相同方法添加另一孔特征尺寸。

图 5-88 设置多重引线样式

图 5-89 添加孔特征尺寸

9 利用【创建】和【定义属性】工具创建带属性的粗糙度符号图块。然后利用【插入】工具将粗糙度符号图块插入到如图 5-90 所示位置。

图 5-90 插入带属性的粗糙度符号图块

本例标注轴套零件图，效果如图 5-91 所示。轴套主要用来防止轴和孔之间的磨损，它在一些转速较低，径向载荷较高且间隙要求较高的地方可用来替代滚动轴承，它的材料要求硬度低且耐磨性较好。该零件图上标注的内容主要包括线性尺寸、圆弧尺寸、尺寸公差和粗糙度符号等。

图 5-91 轴套全剖视图

标注该零件时，可首先设置【标注样式】，利用【线性】工具标注一些常规尺寸，并通过标注样式的覆盖方式标注带有直径前缀的线性尺寸。然后利用编辑标注工具标注尺寸公差，并利用【引线】工具标注相关孔特征的尺寸。最后添加粗糙度符号即可。

操作步骤：

1 单击【标注样式】按钮，在打开的对话框中单击【修改】按钮。然后在打开的【修改标注样式】对话框中对当前标注样式的各种尺寸变量进行设置，如箭头类型、箭头大小、文字高度、文字距尺寸线的偏移量、尺寸文本的精度等，效果如图 5-92 所示。

图 5-92 设置当前标注样式的各个尺寸变量

2 单击【线性】按钮，标注图形的第一个尺寸。然后依次标注其他线型尺寸，效果如图 5-93 所示。

3 单击【标注样式】按钮，在打开的对话框中单击【替代】按钮，并在打开的对话框中切换至【主单位】选项卡。然后在【前缀】文本框中输入直径代号"%%c"，单击【确定】按钮。接着利用【线性】工具标注线性尺寸时将自动带有直径前缀符号，效果如图 5-94 所示。

图 5-93 标注线性尺寸

输入前缀符号 标注效果

图 5-94 标注带直径符号的线性尺寸

4 在【标注样式管理器】对话框中将原来的标注样式设置为当前样式,并放弃样式替代。然后选取当前标注样式,并单击【修改】按钮。接着在打开的对话框中切换至【公差】选项卡,在【垂直位置】下拉列表中选择【中】选项,效果如图 5-95 所示。

设置尺寸公差与尺寸文本的位置关系

图 5-95 设置公差相对于标注文本的位置

5 双击要添加公差的标注尺寸,并在打开的文字编辑器中输入如图 5-96 所示的公差尺寸。然后选取该公差文字部分,并单击右键,在打开的快捷菜单中选择【堆叠】选项。接着在空白区域单击,并将该添加尺寸移动至合适位置,即可完成尺寸公差的标注。

1. 双击该标注尺寸
2. 输入公差尺寸
3. 选取该公差尺寸
4. 选择该选项
尺寸公差效果

图 5-96 利用堆叠文字输入尺寸公差

6 利用相同的方法,选取要添加公差尺寸的其他标注尺寸,依次添加相应的公差尺寸,效果如图 5-97 所示。

添加其他公差尺寸

图 5-97 添加其他公差

7 单击【多重引线样式】按钮,在打开的对话框中按照如图 5-98 所示设置多重引线样式:引线类型为直线、箭头大小为 5、引线最大端点数量为 3、禁用【自动包含基线】复选框、文字高度为 6、文字与引线末端的位置关系为【第一行加下划线】和【第一行中间】。

1. 设置引线端点的最大数量
2. 禁用该复选框
3. 设置文字高度
4. 设置引线末端与文字的位置关系

图 5-98 设置多重引线样式

8 单击【引线】按钮,选取如图 5-99 所示通孔中心线上一点为基点,沿右下方向拖动并单击,确定第一段引线。然后沿水平方向向右拖动至合适位置并单击,确定第二段引线。此时在打开的文字编辑器中输入 4×Φ7,并在空白处单击即可。

9 利用【线性】工具分别指定销孔的两端点,并在命令行中输入字母 M。然后按下回车键,在打开的文字编辑器中输入如图 5-100

所示文字，并在空白区域单击，退出文字编辑器。此时系统提示指定一点放置尺寸线，在合适位置单击放置尺寸线。

图 5-100 添加孔特征尺寸

图 5-99 添加孔特征尺寸

10 利用【创建】和【定义属性】工具创建带属性的粗糙度符号图块。然后利用【插入】工具将粗糙度符号图块插入到如图 5-101 所示位置。

图 5-101 插入带属性的粗糙度符号图块

5.8 思考与练习

一、填空题

1．尺寸标注是一个复合体，它以块的形式存储在图形中。其组成部分包括_____、_____、_____和_____等，且所有组成部分的格式均由尺寸标注样式来控制。

2．线性尺寸是指在图形中标注两点之间的水平、竖直或具有一定旋转角度的尺寸，常用的有以下 6 种线性标注方式，即_____、_____、_____、_____、_____、_____。

3．在【注释】选项卡的【标注】选项板中单击_____按钮，并选取一现有尺寸标注，然后输入标注文本的角度为 45°，按下回车键，即可将标注文本按角度旋转。

4．对于三维零件的空间两点距离，利用【线性】工具比较繁琐，此时可以利用_____工具快速获得空间两点之间的距离信息。

二、选择题

1．国标规定尺寸界线一般超出尺寸线____。

A. 1-2mm

B. 2-3mm

C. 3-4mm

D. 4-5mm

2．下列说法错误的是____。

A. 利用【线性】工具可以为图形中的水平或竖直对象添加尺寸标注

B. 要标注倾斜对象的真实长度可以利用【对齐】工具，不可以为图形中的水平或竖直对象添加尺寸标注

C. 利用【角度】工具经常标注一些倾斜图形，如肋板的角度尺寸

D. 连续标注是指一系列首尾相连的标注形式，该标注类型常用于一些轴类零件的尺寸标注

3．下列表示角度符号的是____。

A．%%C

B．%%D

C．%%P

D．%%U

三、简答题

1．简述如何标注图形？

2．简述信息查询的过程。

四、上机练习

1．标注端盖

本练习标注一端盖零件图，效果如图 5-102 所示。端盖是安装在电机等机壳后面的后盖。其主要作用是确定转子轴的空间位置。该端盖零件主要由盖体、轴承孔和定位通孔组成，其零件图包括主视图、俯视图、左视图和局部放大视图，其中主视图采用了全剖。该零件图上标注的内容主要包括线性尺寸、圆弧尺寸、尺寸公差、形位公差、基准和粗糙度符号等。

图 5-102 端盖零件图效果

标注该零件图，可首先利用【线性】工具标注一些常规尺寸，并利用编辑标注工具标注尺寸公差。然后通过标注样式的覆盖方式标注带有直径前缀的线性尺寸，并利用【多重引线】工具绘制形位公差指引线和剖切符号。接着利用【公差】工具添加形位公差，利用【直径】和【半径】工具标注相应圆和圆角的尺寸。最后利用【多行文字】工具添加相应文字即可。

2．绘制支撑块零件图

本练习绘制支撑块零件图，效果如图 5-103 所示。该支撑块零件广泛应用在机械设备装配过程，起到支撑和固定与之配合零件的作用。该支撑块上部和底部的螺栓孔起定位作用，支撑块本身的 L 型结构则起支撑作用。

图 5-103 支撑块零件图

绘制该零件图时，首先利用【多段线】【直线】和【倒角】工具按照该支撑块的尺寸要求，绘制该支撑块零件的主视图轮廓线。然后利用【矩形】和【圆】工具绘制该零件的俯视图和左视图的轮廓，并利用【镜像】工具进行镜像操作。最后按照本章中介绍的标注方法，利用相应的标注工具在图中相应的位置标注该零件的尺寸大小即可。

第 6 章

约束、文字和表格

文本注释和表格是产品设计过程中的重要环节，能够直接反映装配零件之间的位置关系，以及其他重要的非图形信息。完整的尺寸标注、技术要求和明细表等注释元素，不仅能够为施工或生产人员提供足够的图形尺寸信息和使用依据，而且可以表达图形不易表达的信息，从而增加图形的易懂性。

本章主要介绍文字和表格的添加和编辑方法，并详细介绍了如何添加几何约束和尺寸约束等相关内容。

本章学习目的：

➤ 掌握约束工具的使用方法
➤ 掌握文字样式的设置方法
➤ 掌握单行和多行文本的创建和编辑方法
➤ 掌握表格的创建和编辑方法

6.1 对象约束

传统的对象捕捉是暂时的，为图形对象间添加约束，可以更加精确地实现设计意图。在 AutoCAD 中，利用系统提供的对象约束工具将使绘图变得更加智能化。对象约束包括几何约束和尺寸约束，其中几何约束能够在对象或关键点之间建立关联，而添加尺寸约束则可以利用尺寸参数驱动图形形体的变化。

6.1.1 几何约束

几何约束用于确定二维对象间或对象上各点之间的几何关系，例如可以添加平行约束使两条线段平行，添加重合约束使两端点重合，添加垂直约束使两线段垂直，添加同心约束使两弧形图形同心等。

1. 添加几何约束

在【参数化】选项卡的【几何】选项板中，单击要添加的几何约束类型按钮，然后在绘图区中依次选取要添加该约束的对象即可，如图 6-1 所示。

另外要注意的是：在添加约束时，选择两对象的先后顺序将决定对象如何更新。通常情况下，所选的第二个对象会根据第一个对象进行相应的调整。如上例所示，如在添加相切约束时，将选取对象的先后顺序进行调换，最终添加的约束效果将发生相应的改变，如图 6-2 所示。

图 6-1　添加相切约束　　　　图 6-2　调换约束对象顺序

【几何】选项板中各几何约束的含义如表 6-1 所示。

表 6-1　几何约束的类型和功能

几何约束类型	功　　能
重合 ⌐	使两个点或一个点与一条直线重合
共线 ⟋	使两条直线位于同一条无限长的直线上
同心 ◎	使选取的圆、圆弧或椭圆保持同一中心点
固定 🔒	使一个点或一条曲线固定到相对于世界坐标系（WCS）的指定位置和方向上
平行 //	使两条直线保持相互平行
垂直 ⋁	使两条直线或多段线的夹角保持 90°
水平 ═	使一条直线或一对点与当前 UCS 的 X 轴保持平行
竖直 ∦	使一条直线或一对点与当前 UCS 的 Y 轴保持平行
相切 ♂	使两条曲线保持相切或其延长线保持相切
平滑 ⌣	使一条样条曲线与其他样条曲线、直线、圆弧或多段线保持几何连续性
对称 ⊏⊐	使两条直线或两个点关于选定的直线对称
相等 =	使两条直线或多段线具有相同的长度，或使圆弧具有相同的半径值

2. 几何约束图标

为对象添加一几何约束后，对象上将显示相应的几何约束图标，该图标即代表了所添加的几何约束。用户可以将这些图标拖动至屏幕上的任何位置，也可以显示或隐藏这些图标。

在【几何】选项板中，单击【显示/隐藏几何约束】按钮 ▥，可以显示或隐藏指定对象已应用的几何约束图标；单击【显示所有几何约束】按钮🔲，可以显示图形中所有已应用的几何约束图标；单击【隐藏所有几何约束】按钮🔲，可以隐藏图形中所有已应用的几何约束图标，如图 6-3 所示。

此外，若在【几何】选项板中单击【自动约束】按钮🔲，系统将根据选取的对象自动添加相应的几何约束。用户可以单击该选项板右下角的箭头按钮，在打开的【约束设置】对话框中切换至【自动约束】选项卡，然后指定系统自动添加的约束类型，以及各自动约束间的优先级别，如图 6-4 所示。

图 6-3　显示或隐藏所有几何约束

图 6-4　【自动约束】选项卡

6.1.2　尺寸约束

尺寸约束控制着二维图形的大小、角度和两点间的距离等参数。该类约束可以是数值，也可以是变量或方程式。改变尺寸约束，则约束将驱动对象发生相应的变化。如两个孔需始终保持一定的间距，就可以利用尺寸约束强制保持该距离，而几何体其他部分发生任何变化都不会对其产生影响。

1. 添加尺寸约束

在【参数化】选项卡的【标注】选项板中，可以利用相关工具为已添加几何约束的图形对象进一步地添加各种尺寸约束，效果如图 6-5 所示。

【标注】选项板中各尺寸约束按钮的功能如表 6-2 所示。

图 6-5　添加尺寸约束

表 6-2　尺寸约束的类型和功能

尺寸约束类型	功　　能
线性🔲	约束两点之间的水平或竖直距离
对齐🔲	约束两点、点与直线、直线与直线之间的距离

尺寸约束类型	功　　能
半径	约束圆或者圆弧的半径
直径	约束圆或者圆弧的直径
角度	约束直线之间的夹角、圆弧的圆心角或 3 个点构成的角度

2．尺寸约束模式

尺寸约束分为【动态约束模式】和【注释性约束模式】两种。其中，前者的标注外观由固定的预定义标注样式决定，不能修改，且不能被打印，在缩放过程中保持相同大小；后者的标注外观由当前标注样式决定，可以修改，也可以被打印，在缩放过程中大小将发生变化，并且可把注释性约束放置在同一图层上，此外还可以设置颜色或改变可见性，效果如图 6-6 所示。

在【参数化】选项卡的【标注】选项板中单击【动态约束模式】按钮，则标注的尺寸约束均为动态约束；单击【注释性约束模式】按钮，则标注的尺寸约束均为注释性约束。另外，这两类尺寸约束可以相互转换，只需选择相应的尺寸约束，并单击鼠标右键选择【特性】选项，然后在打开的【特性】面板的【约束形式】下拉列表中指定所需的模式即可，效果如图 6-7 所示。

图 6-6　动态约束与注释性约束　　　　图 6-7　两种尺寸约束模式的转换

3．用户变量和方程式

尺寸约束通常是数值形式，但也可以采用自定义变量或数学表达式。在【管理】选项板中单击【参数管理器】按钮 fx，系统将打开【参数管理器】选项板。在该选项板的列表框中列出了所有的尺寸约束。此时单击上方的【创建新的用户参数】按钮，创建一用户变量参数，如图 6-8 所示。

图 6-8　创建用户变量参数

然后双击相应的单元格修改约束名称，并为尺寸约束和用户变量输入指定的表达式，以表达式来约束图形。例如原来图形面积为

360，当修改为 180 时图形的变化效果，如图 6-9 所示。

6.2 文字

图样中一般都含有文字注释，它们表达了许多重要的非图形信息，如图形对象注释、标题栏信息和规格说明等。为图形添加完备且布局适当的文字说明，不仅可

图 6-9 创建用户变量表达式约束图形

以使图样能更好地表达出设计思想，同时也可以使图纸本身显得清晰整洁。

6.2.1 文字样式

在向图形中添加文字之前，需要预先定义使用的文字样式，即定义其中文字的字体、字高和文字倾斜角度等参数。如果在创建文字之前未对文字样式进行相关定义，则键入
的所有文字都将使用当前文字样式，不便于调整和管理文字。

1. 创建文字样式

与设置尺寸标注样式一样，在添加文字说明或注释过程中，不同的文字说明需要使用的文字样式各不相同，可以根据具体要求新建多个文字样式。

在【注释】选项板中单击【文字样式】按钮，系统将打开【文字样式】对话框，如图 6-10 所示。

图 6-10 【文字样式】对话框

此时单击该对话框中的【新建】按钮，并输入新样式名称，然后设置相应的文字参数选项，即可创建新的文字样式。该对话框中各主要选项的含义分别介绍如下。

❑ **置为当前** 【样式】列表框中显示了图样中所有文字样式的名称，用户可以从中选择一个，并单击该按钮，使其成为当前样式。

❑ **字体名** 该下拉列表列出了所

图 6-11 字体类型

有的字体类型。其中带有双"T"标志的字体是 Windows 系统提供的"TrueType"字体，其他字体是 AutoCAD 提供的字体（*.shx）。而"gbenor.shx"和"gbeitc.shx"（斜体西文）字体是符合国标的工程字体，如图 6-11 所示。

- **字体样式**　如果用户指定的字体支持不同的样式，如粗体或斜体等，该选项将被激活以供用户选择。

- **使用大字体**　大字体是指专为亚洲国家设计的文字字体。该复选框只有在【字体名】列表框中选择 shx 字体时才处于激活状态。当启用该复选框时，可在右侧的【大字体】下拉列表中选择所需字体，如图 6-12 所示。

图 6-12　使用大字体

- **高度**　在该文本框中可以键入数值以设置文字的高度。如果对文字高度不进行设置，其默认值为 0，且每次使用该样式时，命令行都将提示指定文字高度，反之将不会出现提示信息。另外，该选项不能决定单行文字的高度。

- **注释性**　启用该复选框，在注释性文字对象添加到视图文件之前，将注释比例与显示这些对象的视口比例设置为相同的数值，即可使注释对象以正确的大小在图纸上打印或显示。

- **效果**　在该选项组中可以通过启用 3 个复选框来设置输入文字的效果。其中，启用【颠倒】复选框，文字将上下颠倒显示，且其只影响单行文字；启用【反向】复选框，文字将首尾反向显示，其也仅影响单行文字；启用【垂直】复选框，文字将垂直排列，效果如图 6-13 所示。

- **宽度因子**　缺省的宽度因子为 1。若输入小于 1 的数值，文本将变窄；反之将变宽，效果如图 6-14 所示。

图 6-13　文字的各种效果　　　　**图 6-14**　设置文字的宽度因子

□ **倾斜角度** 该文本框用于设置文本的倾斜角度。输入的角度为正时，向右倾斜；输入的角度为负时，向左倾斜，效果如图 6-15 所示。

2．编辑文字样式

文字样式的修改也是在【文字样式】对话框中进行设置的。当一文本样式进行修改后，与该文本样式相关联的图形中的文本将进行自动更新。如果文本显示不出来，则是由于文本样式所连接的字体不合适所引起的。文本样式的修改要注意以下几点。

图 6-15　设置文字的倾斜角度

□ 修改完成后，单击【应用】按钮，修改才会生效。且此时 AutoCAD 将立即更新图样中与该文字样式相关联的文字。

□ 当修改文字样式连接的字体文件时，AutoCAD 将改变所有文字外观。

□ 当修改文字的"颠倒""反向"和"垂直"特性时，AutoCAD 将改变单行文字外观。而修改文字高度、宽度因子和倾斜角度时，则不会引起已有单行文字外观的改变，但将影响此后创建的文字对象。

□ 对于多行文字，只有设定"垂直""宽度因子"和"倾斜角度"选项，才会影响已有多行文字的外观。

6.2.2　单行文本

利用【单行文字】工具创建的文字注释，其每一行就是一个文字对象。用户利用该工具不仅可以一次性地在图纸中任意位置添加所需的文本内容，而且可以对每一行文字进行单独地编辑修改。

图 6-16　输入单行文字

1．创建单行文字

单行文字适用于标注一些不需要多种字体样式的简短内容，如标签、规格说明等内容。利用【单行文字】工具不仅可以设定文本的对齐方式和文本的倾斜角度，而且还可以在不同的地方单击以定位文本的放置位置。

在【注释】选项板中单击【单行文字】按钮 A，并在绘图区中任意单击一点指定文字起点。然后设定文本的高度，并指定文字的旋转角度为 0°，即可在文本框中输入文字内容。完成文本的输入后，在空白区域单击，并按下 Esc 键，即可退出文字输入状态，效果如图 6-16 所示。

> **提 示**
>
> 在输入文字时，屏幕上将显示所输入的文字内容，这一屏幕预演功能使用户可以很容易地发现文本输入的错误，以便及时进行修改。

2．单行文字的对正方式

启用【单行文字】命令后，系统提示输入文本的起点。该起点和实际字符的位置关系由对正方式所决定。默认情况下文本是左对齐的，即指定的起点是文字的左基点。如果要改变单行文字的对正方式，可以输入字母 J，并按下回车键，系统将打开对正快捷菜单，如图 6-17 所示。

该菜单中各主要对正方式的含义分别介绍如下。

- ❏ **对齐** 选择该选项，系统将提示选择文字基线的第一个端点和第二个端点。当用户指定两个端点并输入文本后，系统将把文字压缩或扩展，使其充满指定的宽度范围，而文字高度则按适当的比例变化以使文本不至于被扭曲。

图 6-17 文字左对齐效果

- ❏ **布满** 选择该选项，系统也将压缩或扩展文字，使其充满指定的宽度范围，但保持文字的高度等于所输入的高度值，效果如图 6-18 所示。

- ❏ **其他对正方式** 在【对正】快捷菜单中还可以通过另外的 12 种主要类型来设置文字起点的对正方式，这 12 种类型对应的起点效果如图 6-19 所示。

3．单行文字中输入特殊符号

图 6-18 对齐和布满的对比效果

零件图中常用到的许多符号并不能通过标准键盘直接输入，如文字的下划线和直径代号等。当用户利用【单行文字】工具来创建文字注释时，必须输入特殊的代码来产生特定的字符，如图 6-20 所示。

图 6-19 设置起点位置　　　　**图 6-20** 输入直径符号

这些代码及对应的特殊符号如表 6-3 所示。

表 6-3　特殊字符所对应的代码

代　码	字　符
%%o	文字的上划线
%%u	文字的下划线
%%d	角度符号
%%p	表示"±"
%%c	直径符号

提　示

利用【单行文字】工具也可以输入多行文字，只需按下回车键进行行的切换即可。虽然用户不能控制各行的间距，但其优点是文字对象的每一行都是一个单独的实体，对每一行都可以很容易地进行定位和编辑。

6.2.3　多行文本

多行文字又称为段落文字，是一种更易于管理的文字对象，可以由两行以上的文字组成，而且各行文字都是作为一个整体处理。利用【多行文字】工具可以指定文本分布的宽度，且沿竖直方向可以无限延伸。此外，用户还可以设置多行文字中的单个字符或某一部分文字的字体、宽度因子和倾斜角度等属性。

在【注释】选项板中单击【多行文字】按钮 A，并在绘图区中任意位置单击一点确定文本框的第一个角点，然后拖动光标指定矩形分布区域的另一个角点。该矩形边框即确定了段落文字的左右边界，且此时系统将打开【文字编辑器】选项卡和文字输入窗口，如图 6-21 所示。

标尺

文字输入
矩形区域

图 6-21　【文字编辑器】选项卡和文字输入窗口

1. 多行文字编辑器

在该选项卡的各选项板中可以设置所输入字体的各种样式，如字体、大小写、特殊符号和背景遮蔽效果等。该选项卡中各主要选项的含义介绍如下。

❑ **样式**　在【样式】选项板的列表框中可以指定多行文字的文字样式，而在右侧的【文字高度】文本框中可以选择或输入文字的高度。且多行文字对象中可以包含不同高度的字符。

- ❏ **格式** 在该选项板的【字体】下拉列表中可以选择所需的字体，且多行文字对象中可以包含不同字体的字符。如果所选字体支持粗体，单击【粗体】按钮 **B**，文本将修改为粗体形式；如果所选字体支持斜体，单击【斜体】按钮 *I*，文本将修改为斜体形式；而单击【上划线】按钮 U 或【下划线】按钮 O，系统将为文本添加上划线或下划线，效果如图 6-22 所示。
- ❏ **大小写** 在【格式】选项板中单击【大写】按钮 或【小写】按钮，可以控制所输入的英文字母的大小写，效果如图 6-23 所示。

图 6-22 以倾斜方式显示文字　　　　图 6-23 控制字母的大小写

- ❏ **背景遮罩** 通常输入文字的矩形文本框是透明的。若要关闭其透明性，可以在【格式】选项板中单击【背景遮罩】按钮，此时在打开的对话框中启用【使用背景遮罩】复选框，并在【填充颜色】下拉列表中选择背景的颜色即可。此外，在【边界偏移因子】文本框中还可以设置遮蔽区域边界相对于矩形文本框边界的位置，如图 6-24 所示。
- ❏ **段落** 单击该选项板中的各功能按钮，或者在【对正】下拉列表中选择对应的对齐选项，即可设置文字的对齐方式，如图 6-25 所示。

图 6-24 设置背景遮蔽　　　　图 6-25 设置正中对齐

- ❏ **插入** 在该选项板中单击【符号】按钮 @，可以在其下拉列表中选择各种要插入的特殊符号，如图 6-26 所示。
- ❏ **工具** 在该选项板中单击【查找和替换】按钮，可以利用打开的对话框查找文本并进行替换，如图 6-27 所示。

图 6-26 插入度数符号 　　　　　　　**图 6-27** 查找并替换文本

此外，如在该选项板中选择【自动大写】选项，则所输入的英文字母均为大写状态。

2. 创建多行文字

输入多行文字时，用户可以随时选择不同字体和指定不同字高，并可以输入任何特殊字符，以及一些公差类文字。接下来以输入一零件图的技术要求为例，介绍多行文字的具体操作过程。

例如指定两个对角点确定矩形文本区域，并指定文字样式和字体类型，以及字体高度。此时输入第一行标题后，按下回车键即可输入第二行文字。然后在【插入】选项卡中单击【符号】按钮@，并在其下拉列表中选择角度符号，如图 6-28 所示。

接着输入锥形角的符号。同样在【插入】选项卡中单击【符号】按钮@，并在其下拉列表中选择【其他】选项。然后在打开的【字符映射表】对话框的【字体】下拉列表中选择字体样式为"Symbol"，选择所需字符 α，并单击【选择】按钮，再单击【复制】按钮。接着返回至多行文字编辑器窗口，在需要插入 α 符号的位置单击右键，在打开的快捷菜单中选择【粘贴】即可，效果如图 6-29 所示。

图 6-28 输入倒角角度符号

图 6-29 输入锥形角符号

接下来输入公差形式文字。选取所输入的公差文字"+0.2^-0.1"，然后单击右键，在打开的快捷菜单中选择【堆叠】选项，即可转换为符合国标的公差形式，如图 6-30 所示。

选取第一行文字修改其高度。然后拖动标尺右侧的按钮调整多行文字的宽度，拖动矩形框下方的按钮调整多行文字段落的高度，效果如图6-31所示。

此外，拖动标尺左侧第一行的缩进滑块，可以改变所选段落第一行的缩进位置；拖动标尺左侧第二行的缩进滑块，可以改变所选段落其余行的缩进位置，效果如图6-32所示。

图 6-30　输入公差文字

图 6-31　调整文字输入区域的大小　　　　图 6-32　调整文字段落的缩进

6.3　创建表格

表格主要用来展示与图形相关的标准、数据信息、材料和装配信息等内容。由于图形类型的不同，使用的表格以及该表格表现的数据信息也不同。这就需要设置符合产品设计的表格样式，并利用表格功能快速、清晰和醒目地反映出设计思想及创意。

6.3.1　设置表格样式

根据制图标准的不同，对应表格表现的数据信息也有不同的情况，仅仅使用系统默认的表格样式远远不能达到制图的需求，这就需要定制单个或多个表格，使其符合当前产品的设计要求。

表格对象的外观由表格样式控制，缺省情况下表格样式是 Standard，用户可以根据需要创建新的表格样式。在【注释】选项板中单击【表格样式】按钮，即可在打开的【表格样式】对话框中新建、修改和删除相应的表格样式，如图 6-33 所示。

图 6-33　【表格样式】对话框

在该对话框中单击【新建】按钮，在打开的对话框中输入新样式名称，并在【基础样式】下拉列表中选择新样式的原始样式。然后单击【继续】按钮，即可在打开的【新建表格样式】对话框中对新表格样式进行详细地设置，如图6-34所示。

【新建表格样式】对话框中各主要选项的含义介绍如下。

图 6-34 创建新表格样式

❑ **表格方向** 在该下拉列表中可以指定表格的方向：选择【向下】选项将创建从上到下的表对象，标题行和列标题行位于表的顶部；选择【向上】选项将创建从下到上的表对象，标题行和列标题行位于表的底部，效果如图6-35所示。

❑ **常规** 在该选项卡的【填充颜色】下拉列表中可以指定表格单元的背景颜色，默认为【无】；在【对齐】下拉列表中可以设置表格单元中文字的对齐方式，效果如图6-36所示。

❑ **页边距** 该选项组用于控制单元边界和单元内容之间的间距：【水平】选项用于设置单元文字与左右单元边界之间的距离；【垂直】选项用于设置单元文字与上下单元边界之间的距离，效果如图6-37所示。

图 6-35 设置表格方向

图 6-36 设置标题单元格的特性   图 6-37 设置页边距

❑ **文字** 在该选项卡的【文字样式】下拉列表中可以指定文字的样式，若单击【文字样式】按钮，还可在打开的【文字样式】对话框中创建新的文字样式；在【文字高度】文本框中可以输入文字的高度；在【文字颜色】下拉列表中可以设置文字的颜色，效果如图6-38所示。

❑ **边框** 该选项卡用于控制数据单元、列标题单元和标题单元的边框特性。其中【线宽】列表框用于指定表格单元的边界线宽；【线型】列表框用于控制表格单元的边界线类型；【颜色】列表框用于指定表格单元的边界颜色，如图 6-39 所示。

图 6-38 设置标题文字的高度　　　　**图 6-39** 设置边框的宽度

此外单击下方的一排按钮，可以将设置的特性应用到指定的边框。各个功能按钮的含义如表 6-4 所示。

表 6-4 边框各按钮的含义

按　　钮	含　　义
所有边框	将边界特性设置应用于所有单元
外边框	将边界特性设置应用于单元的外部边界
内边框	将边界特性设置应用于单元的内部边界
底部边框	将边界特性设置应用于单元的底边界
左边框	将边界特性设置应用于单元的左边界
上边框	将边界特性设置应用于单元的顶边界
右边框	将边界特性设置应用于单元的右边界
无边框	隐藏单元的边框

6.3.2　添加表格

表格是在行和列中包含数据的对象，在完成表格样式的设置后，便可以从空表格或表格样式开始创建表格对象。且当表格创建完成后，还可以单击该表格上的任意网格线以选中该表格，通过使用【特性】选项板或夹点来修改该表格。

1. 插入表格

在【注释】选项板中单击【表格】按钮，系统将打开【插入表格】对话框，如图 6-40 所示。

该对话框中各主要选项的含义介绍如下。

图 6-40 【插入表格】对话框

1）表格样式

用户可以在【表格样式】下拉列表中选择相应的表格样式，也可以单击【启动"表格样式"对话框】按钮，重新创建一个新的表格样式应用于当前的对话框。

2）插入选项

该选项组中包含 3 个单选按钮。其中，选择【从空表格开始】单选按钮，可以创建一个空的表格；选择【自数据链接】单选按钮，可以从外部导入数据来创建表格；选择【自图形中的对象数据（数据提取）】单选按钮，可以用于从可输出到表格或外部文件的图形中提取数据来创建表格。

3）插入方式

该选项组中包括两个单选按钮。其中，选择【指定插入点】单选按钮，可以在绘图窗口中的某点插入固定大小的表格；选择【指定窗口】单选按钮，可以在绘图窗口中通过指定表格两对角点来创建任意大小的表格。

4）列和行设置

在该选项组中可以通过改变【列数】【列宽】【数据行数】和【行高】文本框中的数值来调整表格的外观大小。

5）设置单元样式

在该选项组中可以设置各行的单元格样式。

一般情况下，系统均以"从空表格开始"插入表格，分别设置好列数和列宽、行数和行宽后，单击【确定】按钮。然后在绘图区中指定相应的插入点，即可在当前位置插入一个表格。接着在该表格中添加相应的文本信息，即可完成表格的创建。

图 6-41　设置表格参数

2．添加表格注释

单击【表格】按钮，并在打开的对话框中选择已设定好的表格样式。然后分别设置列数、列的宽度数值、数据行数、行的高度数值，效果如图 6-41 所示。

单击【确定】按钮，然后在绘图区中指定一点以放置表格。且此时标题单元格将处于自动激活状态，并打开【文字编辑器】选项卡。接着在该单元格中输入相应的文字，效果如图 6-42 所示。

完成标题栏文字的输入后，在该表格的其他指定位置依次双击相应的单元格，

图 6-42　输入标题栏文字

使其处于激活状态，然后输入要添加的文字，即可完成零件图明细表的创建，效果如图 6-43 所示。

6.3.3 编辑表格

在对所插入的表格进行编辑时，不仅可以对表格进行整体编辑，还可以对表格中的各单元进行单独地编辑。

图 6-43 输入其他单元格文字

1．通过夹点编辑表格单元

单击需要编辑的表格单元，此时该表格单元的边框将加粗亮显，并在表格单元周围出现夹点。拖动表格单元上的夹点，可以改变该表格单元及其所在列或行的宽度或高度，效果如图 6-44 所示。

如果要选取多个单元格，可以在欲选取的单元格上单击并拖动。例如在一单元格上单击并向下拖动，即可选取整列。然后向右拖动该列的夹点可以调整整列的宽度。此外也可以按住 Shift 键在欲选取的两个单元格内分别单击，可以同时选取这两个单元格以及它们之间的所有单元格，如图 6-45 所示。

图 6-44 拖动夹点调整单元格大小

2．通过菜单编辑表格单元

选取表格单元或单元区域并右击，在打开的快捷菜单中选择【特性】选项，即可在打开的【特性】面板中修改单元格的宽度和高度，效果如图 6-46 所示。

图 6-45 拖动夹点调整整列单元格的大小　　**图 6-46** 通过菜单修改单元格特性

3．通过工具编辑表格单元

选取一单元格，系统将打开【表格单元】选项卡，如图 6-47 所示。

在该选项卡的【行】和【列】选项板中，可以通过各个工具按钮来对行或列进行添加或删除操作。此外通过【合并】选项板中的工具按钮还可以对多个单元格进行合并操作，具体操作介绍如下。

图 6-47 【表格单元】选项卡

❏ **插入行**

框选表格中一整行，在【行】选项板中单击【从上方插入】按钮，系统将在该行正上方插入新的空白行；单击【从下方插入】按钮，系统将在该行正下方插入新的空白行，效果如图 6-48 所示。

❏ **插入列**

框选表格中一整列，在【列】选项板中单击【从左侧插入】按钮，系统将在该列左侧插入新的空白列；而单击【从右侧插入】按钮，系统将在该列右侧插入新的空白列，效果如图 6-49 所示。

❏ **合并行或列**

在【合并】选项板中单击【按列合并】按钮，可以将所选列的多个单元格合并为一个；单击【按行合并】按钮，可以将所选行的多个单元格合并为一个；单击【合并全部】按钮，可以将所选行和列合并为一个，效果如图 6-50 所示。

❏ **取消合并**

如果要取消合并操作，可以选取合并后的单元格，在【合并】选项板中单击【取消合并单元】按钮，即可恢复原状，效果如图 6-51 所示。

图 6-48 从上方插入行

图 6-49 从左侧插入列

图 6-50 按列合并单元格　　　**图 6-51** 取消单元格合并

❑ **编辑表指示器**

表指示器的作用是标识所选表格的列标题和行号，在 AutoCAD 中可以对表指示器进行以下两种类型的编辑。

❑ **显示/隐藏操作**

默认情况下，选定表格单元进行编辑时，表指示器将显示列标题和行号。为了便于编辑表格，可以使用 TABLEINDICATOR 系统变量指定打开和关闭该显示。

当在命令行中输入该命令后，将显示"输入 TABLEINDICATOR 的新值<1>:"的提示信息。如果直接按回车键，系统将使用默认设置，显示列标题和行号；如果在命令行中输入 0，则系统将关闭列标题和行号的显示，效果如图 6-52 所示。

❑ **设置表格单元背景色**

默认状态下，当在表格中显示列标题和行号时，表指示器均有一个背景色区别于其他表格单元，并且这个背景色也是可以编辑的。

要设置新的背景色，可以选中整个表格并单击右键，在打开的快捷菜单中选择【表指示器颜色】选项，然后在打开的对话框中指定所需的背景色即可，效果如图 6-53 所示。

图 6-52 控制表指示器的显示

图 6-53 设置表指示器背景色

6.4 课堂实例 6-1：标注缸体零件图

本例标注缸体的全剖主视图，如图 6-54 所示。该零件图采用 A4 图纸，其上标注的内容主要包括线性尺寸、圆弧尺寸、尺寸公差和粗糙度符号等，以及标题栏和技术要求等。

标注该零件图时，可首先设置【标注样式】，然后利用【线性】工具标注一些常规尺寸，并通过标注样式的覆盖方式标注带有直径前缀的线性尺寸。然后利用编辑标注工具标注尺寸公差，并利用【引线】工具标注相关孔特征的尺寸。接着添加粗糙度符号，利用【矩形】工具绘制图纸边框，并利用【表格】工具插入表格。最后输入文字效果即可。

图 6-54 缸体零件图

操作步骤：

1 单击【标注样式】按钮，在打开的对话框中单击【修改】按钮。然后在打开的【修改

标注样式】对话框中对当前标注样式的各种尺寸变量进行设置，如箭头类型、箭头大小、

文字高度、文字距尺寸线的偏移量、尺寸文 | 本的精度等，效果如图 6-55 所示。

图 6-55 设置当前标注样式的各个尺寸变量

2 单击【线性】按钮 |一|，标注图形中的第一个
线性尺寸，然后依次标注其他线性尺寸，效
果如图 6-56 所示。

图 6-56 标注线性尺寸

3 利用【线性】工具分别指定螺纹孔的两端点，
并在命令行中输入字母 M。然后按下回车
键，在打开的文本编辑器中输入如图 6-57
所示文字，并在空白区域单击，退出文本编
辑器。此时系统提示指定一点放置尺寸线，
在合适位置单击放置尺寸线。

4 按照上步的方法，继续利用【线性】工具标
注其他孔的线性尺寸，效果如图 6-58 所示。

5 单击【标注样式】按钮 |，在打开的对话框
中单击【替代】按钮，并在打开的对话框中
切换至【主单位】选项卡。然后在【前缀】
文本框中输入直径代号"%%c"，单击【确
定】按钮。接着利用【线性】工具标注线性
尺寸时将自动带有直径前缀符号，效果如图
6-59 所示。

图 6-57 输入文字并放置尺寸文本

图 6-58 标注其他线性尺寸

6 在【标注样式管理器】对话框中将原来的标

注样式设置为当前样式，并放弃样式替代。然后选取当前标注样式，并单击【修改】按钮。接着在打开的对话框中切换至【公差】选项卡，在【垂直位置】下拉列表中选择【中】选项，效果如图 6-60 所示。

图 6-59　标注带有直径符号的线性尺寸

图 6-60　设置公差相对于文本的标注样式

7 双击要添加公差的标注尺寸，并在打开的文本编辑器中输入如图 6-61 所示的公差尺寸。然后选取该公差文字部分，并单击右键，在打开的快捷菜单中选择【堆叠】选项。接着在空白区域单击，并将该添加尺寸移动至合适位置，即可完成尺寸公差的标注。

8 利用【创建】和【定义属性】工具创建带属性的基准符号图块。然后利用【插入】工具将基准符号图块分别插入到图中，如图 6-62 所示。

9 单击【多重引线样式】按钮 ，新建一多重引线样式。然后在打开的对话框中按照如图 6-63 所示设置多重引线样式，并将该样式置为当前。

10 利用【引线】工具选取如图 6-64 所示尺寸界线为第一点，沿竖直方向拖动并单击确定一段引线。此时在打开的文本编辑器中单击，退出文字输入状态，即可完成形位公差

指引线的绘制。然后采用相同的方法绘制另一条形位公差指引线。

图 6-61　利用堆叠文字输入尺寸公差

图 6-62　插入带属性的基准符号图块

图 6-63　设置多重引线样式

11 单击【公差】按钮 ，在打开的对话框中分别设置形位公差符号、公差数值和基准代号。然后指定引线的末端点为公差插入点，

插入形位公差。接着利用【旋转】工具指定框格的左边中点为旋转基点，将该形位公差旋转 90°，效果如图 6-65 所示。

图 6-64 绘制公差指引线

图 6-65 插入并旋转形位公差

12 继续利用【公差】工具，在打开的对话框中按照如图 6-66 所示分别设置形位公差符号、公差数值和基准代号，并插入该形位公差。

图 6-66 标注形位公差

13 利用【创建】和【定义属性】工具创建带属性的粗糙度符号图块，并利用【插入】工具将粗糙度符号图块分别插入到如图 6-67 所示的不同位置。

图 6-67 插入带属性的粗糙度符号图块

14 绘制尺寸为 297×210 的矩形轮廓。继续利用【矩形】工具在命令行中输入 From 指令，选取该矩形的左下角点 A 为基点，输入偏移坐标（@25，5）确定第一对角点。然后输入相对坐标（@267，200）确定第二对角点。接着利用【移动】工具将这两个矩形移至如图 6-68 所示位置。

图 6-68 绘制图纸边框

15 单击【表格样式】按钮，在打开的对话框中单击【修改】按钮。然后按照如图 6-69 所示对当前表格样式的各个变量进行设置。

图 6-69 设置表格样式

16 单击【表格】按钮，在打开的对话框中设置列数为 7、列宽为 20、行数为 2、行高为 1。然后设置每个单元行的样式均为数据行，效果如图 6-70 所示。

图 6-70 设置插入表格的属性

17 单击【确定】按钮，在绘图区任意指定一点
为插入点，插入表格。然后选取如图 6-71
所示的两个单元格，在【合并】选项板中单击
【按行合并】按钮，将这两个单元格合并。

图 6-71 合并单元格

18 选取如图 6-72 所示的两个单元格，在【合
并】选项板中单击【按列合并】按钮，将
这两个单元格合并。

图 6-72 合并单元格

19 按照上两步的方法，选取表格中相应的其他
单元格，按行按列合并单元格，效果如图
6-73 所示。

20 双击如图 6-74 所示单元格，在打开的文本
编辑器中输入第一个单元格的文字内容。然
后依次选取其他单元格输入相应的文字，并

编辑各文字的高度。

图 6-73 合并单元格

图 6-74 编辑文字

21 利用【移动】工具选取标题栏的右下角点为
基点，并选取图纸图框的内右下端点为目标
点，移动标题栏，效果如图 6-75 所示。

图 6-75 移动标题栏效果

22 单击【多行文字】按钮 A，指定两个对角点后，
将打开文本编辑器。然后输入如图 6-76 所示
的技术要求文字。至此该零件图标注完成。

图 6-76 添加技术要求

第 6 章 约束、文字和表格

189

本实例标注一个中间轴零件图，如图 6-77 所示。该零件轴身带有齿轮装置，主要用于机械传动设备的动力头部分，因此对于齿轮部分采用主视图上的局部剖形式表达出来。该零件图上标注的内容主要包括线性尺寸、尺寸公差、形位公差、基准和粗糙度符号，以及标题栏和技术要求等。

图 6-77 中间轴零件视图布局

标注该零件图，可首先利用【线性】工具标注一些常规尺寸，并利用编辑标注工具标注尺寸公差。然后利用【引线】工具绘制形位公差指引线和剖切符号，并利用【公差】工具添加形位公差。接着利用【矩形】工具绘制图纸图框，并利用【表格】工具创建图纸的标题栏和明细表。最后利用【多行文字】工具添加技术要求文字即可。

操作步骤：

1　单击【标注样式】按钮，在打开的对话框中单击【修改】按钮。然后在打开的【修改标注样式】对话框中对当前标注样式的各种尺寸变量进行设置，如箭头类型、箭头大小、文字高度、文字距尺寸线的偏移量、尺寸文本的精度等，效果如图 6-78 所示。

图 6-78 设置当前标注样式的各个尺寸变量

2 单击【线性】按钮┠┨，依次标注图形中的线
性尺寸，效果如图 6-79 所示。

标注线
性尺寸

图 6-79   标注线性尺寸

3 双击如图 6-80 所示尺寸，并在打开的文字
编辑器中输入图示文字。然后在空白区域单
击，退出文字编辑器，即可完成对相应尺寸
的编辑操作。

双击该
尺寸

编辑
效果

图 6-80   编辑尺寸

4 单击【标注样式】按钮┠┨，在打开的对话框
中单击【替代】按钮，并在打开的对话框中
切换至【主单位】选项卡。然后在【前缀】
文本框中输入直径代号"％％c"，单击【确
定】按钮。接着利用【线性标注】工具标注
线性尺寸时将自动带有直径前缀符号，效果
如图 6-81 所示。

5 在【标注样式管理器】对话框中将原来的标
注样式设置为当前样式，并放弃样式替代。
然后选取当前标注样式，并单击【修改】按
钮。接着在打开的对话框中切换至【公差】
选项卡，在【垂直位置】下拉列表中选择【中】
选项，效果如图 6-82 所示。

标注带直径符
号的线性尺寸

图 6-81   标注带直径符号的线性尺寸

设置尺寸公差与尺寸
文本的位置关系

图 6-82   设置公差相对于标注文本的位置

6 利用上例介绍的堆叠文字添加公差尺寸的
方法，选取要添加公差尺寸的标注尺寸，依
次添加相应的公差尺寸，效果如图 6-83
所示。

添加公差
尺寸

图 6-83   添加公差尺寸

提　示

按照国家机械制图标准规定，尺寸文本后面公
差文字部分的高度，通常是尺寸文本高度的
0.7 倍。

7 利用【创建】和【定义属性】工具创建带属
性的基准符号图块。然后利用【插入】工具，
将基准符号图块分别插入到如图 6-84 所示
位置。

图 6-84　插入带属性的基准符号图块

提　示

在插入基准符号图块时，其插入点并不在直线、圆弧、尺寸标注线等图元上，而是位于这些图元的外部某个位置。此时可以打开对象捕捉追踪功能，来辅助捕捉块的插入点。

8　单击【多重引线样式】按钮 📐，在打开的对话框中按照如图 6-85 所示设置多重引线样式：引线类型为直线、箭头大小为 4、引线最大端点数量为 3、禁用【自动包含基线】复选框、文字高度为 4、文字与引线末端的位置关系为【第一行中间】和【第一行中间】。

图 6-85　设置多重引线样式

9　利用【引线】工具选取如图 6-86 所示尺寸界线上一点，沿竖直方向向上拖动并单击确定第一段引线。然后沿水平方向向右拖动并单击，确定第二段引线。此时在打开的文字编辑器外单击，退出文字输入状态，即可完成形位公差指引线的绘制。采用相同的方法绘制其他形位公差指引线。

10　单击【公差】按钮 ⊞，在打开的对话框中分别设置形位公差符号、公差数值和基准代

号。然后将各个形位公差插入到图中相应的位置，效果如图 6-87 所示。

图 6-86　绘制形位公差指引线

图 6-87　标注形位公差

11　利用【创建】和【定义属性】工具创建带属性的粗糙度符号图块，并利用【插入】工具分别将粗糙度符号图块插入到如图 6-88 所示不同位置。

图 6-88　插入带属性的粗糙度符号图块

12　利用【引线】【分解】和【直线】工具绘制剖切符号，并在与剖视图上下对齐的剖切位置进行标注，效果如图 6-89 所示。

AutoCAD 2014 中文版标准教程

图 6-89　绘制剖切符号

13 绘制尺寸为 594×420 的矩形。继续利用【矩形】工具在命令行中输入命令 From，选取该矩形的左下角点 A 为基点，输入偏移坐标（@25，10）确定第一对角点。然后输入相对坐标（@559，400）确定第二对角点。接着利用【移动】工具将这两个矩形移至如图 6-90 所示位置。

图 6-90　绘制图纸边框

14 单击【表格样式】按钮，在打开的对话框中单击【修改】按钮。然后按照如图 6-91 所示对当前表格样式的各个变量进行设置。

图 6-91　设置当前表格样式

15 单击【表格】按钮，在打开的对话框中设置列数为 12、列宽为 20、行数为 6、行高为 1 行。然后设置每个单元行的样式均为【数据】行，效果如图 6-92 所示。

图 6-92　设置插入表格的属性

提　示

在该步中实际上可以任意设置行数、列数、行高和列宽等参数。因为这些表格参数在绘图区创建表格后，可以根据需要任意进行编辑修改。

16 单击【确定】按钮，指定图纸边框的右下角为插入点，插入表格。然后利用【合并】选项板中的【按行合并】和【按列合并】工具，选取表格中相应的单元格，进行表格编辑操作，效果如图 6-93 所示。

图 6-93　合并单元格

17 双击标题栏中的各个单元格，在打开的文字编辑器中输入相应的文字内容。然后依次选取各个单元格的相应文字，编辑各文字的高度，效果如图 6-94 所示。

18 利用相同的方法，在图纸边框的左下角添加明细表表格，并添加相应的文本内容，效果如图 6-95 所示。

字高4.5　字高7　字高8

输入文本内容　字高6

图 6-94 编辑文字

法向模数	m_n	2.5
齿数	z	33
齿形角	α	20°
齿顶高系数	h_a^*	1
螺旋角	β	13°55′50″
全齿高	h	5.625
径向变位系数	×	0
螺旋方向		左旋
精度等级		7-FK
齿轮副中心距及其极限偏差	$α±f_a$	255±0.0405
配对齿轮	齿数	165
公差组	检验项目	公差数值
I	f_p	0.063
II	$±f_{pt}$	±0.014
II	f_f	0.011
III	$f_β$	0.016

添加明细表内容

图 6-95 添加明细表

提 示

绘制的这张图纸，可以删除图形只保留图框和标题栏。然后将其另存为.dwt格式的文件，即作为以后的图纸模板，方便调用。

19 单击【多行文字】按钮 **A**，指定两个对角点后，将打开文字编辑器。然后输入如图 6-96 所示的技术要求文字。至此该零件图标注完成。

输入技术要求文字

技术要求文字效果

图 6-96 添加技术要求

6.6　思考与练习

一、填空题

1. 在向图形中添加文字之前，需要预先定义使用的文字样式,即定义其中文字的_____、_____和_____等参数。

2. 在【注释】选项板中单击【表格样式】按钮🖱️，即可在打开的【表格样式】对话框中_____、_____和_____相应的表格样式。

3. 表格主要用来展示_____、_____、_____和_____等内容。

二、选择题

1. 在文字标注时，____用来控制数字小数点的设置。

　A."标注样式"的"精度"选项

　B. units

　C."标注样式"的"测量比例"选项

　D. 编辑标注文字

2. 下列表示角度符号的是____。

　A.%%C

　B.%%D

　C.%%P

　D.%%U

三、简答题

简述如何创建表格？

四、上机练习

1. 绘制减速器箱体

本练习绘制减速器箱体零件图，如图 6-97 所示。减速器在机械领域中的应用非常广泛，除了部分旋转类机械，如鼓风机、水泵等直接由原动机驱动之外，绝大多数工程机械的工作部分的转速与原动机的转速不一致，因此，需要使用减速器来协调原动机与工作机之间的速度。减速器箱体在减速器中起着重要的作用，一方面支撑和保护内部轴和齿轮等零件，另一方面也是减速器润滑油的主要载体，同时还起到安装固定整个减

AutoCAD 2014 中文版标准教程

194

速器的作用。

图 6-97 . 减速器箱体零件图

通过对该箱体零件的分析可以看出，该零件的形状比较规则，主要是由起支撑和保护作用的主箱体，用来安装和固定传动轴轴承的 3 个带有凸台的轴孔，以及安装、固定减速器的底座组成。因此在确定基本视图时，首先根据加工位置、工作位置以及形状特征的原则，确定该零件的主视图，并将其绘制为阶梯剖视图，以表达出箱壁上轴孔的结构和尺寸。然后根据能够完整、清晰地表达出零件的结构形状原则，确定该零件的左视图和俯视图即可。

2. 标注泵盖零件图

本练习标注一泵盖零件图，效果如图 6-98

所示。泵盖是齿轮泵中的主要零件，主要用于齿轮泵的封闭和固定内部齿轮，以及齿轮轴轴承的作用。该零件图主要包括主视图和剖视图，主视图采用了旋转阶梯剖。该零件图采用 A4 图纸，其上标注的内容主要包括线性尺寸、尺寸公差、形位公差、基准和粗糙度符号，以及标题栏和技术要求等。

图 6-98 . 泵盖零件图效果

标注该零件图，可首先利用【线性】工具标注一些常规尺寸，并利用编辑标注工具标注尺寸公差。然后利用【引线】工具绘制形位公差指引线和剖切符号，并利用【公差】工具添加形位公差。接着利用【矩形】工具绘制图纸图框，并利用【表格】工具创建图纸的标题栏。最后利用【多行文字】工具添加技术要求文字即可。

第7章

创建三维模型

一般情况下，绘制的二维图形难以全面表现出设计者理念中零部件的材料、形状和尺寸，不能完全表达设计意图。即使通过创建若干个二维零件图来描述一个零件的三维构造，对于一些空间想象力不够强的人，并不能凭借几个零件图想象出零件的三维结构。此时便需要在AutoCAD中直接创建出零件的三维曲面或模型，以三维方式来形象逼真地表达零件的结构造型。

本章主要介绍在三维建模环境中创建各种三维曲线和网格曲面的方法，以及利用AutoCAD相关的实体工具创建各种三维实体的方法。此外还介绍了三维绘图的基础知识和UCS坐标系的设置方法。

本章学习目的：

➢ 了解三维绘图的基础知识
➢ 掌握UCS坐标系的创建方法
➢ 掌握绘制各种三维线段的方法
➢ 掌握创建网格曲面的方法
➢ 掌握创建各种基本实体的方法
➢ 掌握由二维图形创建实体的方法

7.1 三维绘图基础

传统的二维绘图设计需要通过投影图来想象其立体形状，这样给实际的交流和生产带来了极大的不便。从平面到三维造型技术，是一个质的飞跃，可以使用户在模拟的三维空间随心所欲地直接创建立体模型，更加形象逼真地传达用户的设计意图。

7.1.1 三维模型的分类

三维模型是二维投影图立体形状的间接表达。利用计算机绘制的三维图形称为三维几何模型，它比二维模型更加接近真实的对象。

要创建三维模型，首先必须进入三维建模空间。只需在 AutoCAD 顶部的【工作空间】下拉列表中选择【三维建模】选项，即可切换至三维建模空间，如图 7-1 所示。在 AutoCAD 中，用户可以创建线框模型、曲面模型和实体模型 3 种类型的三维模型，现分别介绍如下。

图 7-1 三维建模空间

1. 线框模型

线框模型没有面和体的特征，仅是三维对象的轮廓。由点、直线和曲线等对象组成，不能进行消隐和渲染等操作。创建对象的三维线框模型，实际上是在空间的不同平面上绘制二维对象。由于构成该种模型的每个对象都必须单独绘制出来，因此这种建模方式比较耗时，效果如图 7-2 所示。

图 7-2 线框模型

2. 曲面模型

曲面模型既定义了三维对象的边界，又定义了其表面。AutoCAD 用多边形代表各个小的平面，而这些小平面组合在一起构成了曲面，即网格表面。网格表面只是真实曲面的近似表达。该类模型可以进行消隐和渲染等操作，但不具有体积和质心等特征，效果如图 7-3 所示。

3. 实体模型

三维实体具有线、面和体等特征，可以进行消隐和渲染等操作，并且包含体积、质心和转动惯量等质量特性。用户可以直接创建长方体、球体和锥体等基本实体，还可以通过旋转或拉伸二维对象创建三维实体。此外，三维实体间还可以进行布尔运算，以生成更为复杂的立体模型，效果如图 7-4 所示。

图 7-3　曲面模型

7.1.2　三维建模的专业术语

在三维操作环境中创建的实体模型往往是在平面上进行的，所不同的是可以在任意方向和位置对应的平面创建三维对象，因此必须在平面的基础上深刻了解并认识立体对象。在绘制三维图形时，首先需要了解几个非常重要的基本概念，如视点、高度、厚度和 Z 轴等，如图 7-5 所示。下面将对这些基本概念进行详细介绍。

图 7-4　实体模型

- □ **视点**　视点是指用户观察图形的方向。例如当我们观察场景中的一个实体曲面时，如果当前位于平面坐标系，即 Z 轴垂直于屏幕，则此时仅能看到实体在 XY 平面上的投影；如果调整视点至【西南等轴测】方向，系统将显示其立体效果，如图 7-6 所示。

图 7-5　三维视图术语

图 7-6　改变视点前后的效果

- □ **Y 平面**　它是一个平滑的二维面，仅包含 X 轴和 Y 轴，即 Z 坐标为 0。
- □ **Z 轴**　Z 轴是三维坐标系中的第三轴，它总是垂直于 XY 平面。
- □ **平面视图**　当视线与 Z 轴平行时，用户看到的 XY 平面上的视图即为平面视图。

- ❑ **高度** 主要是 Z 轴上的坐标值。
- ❑ **厚度** 指对象沿 Z 轴测得的相对长度。
- ❑ **相机位置** 如果用照相机比喻，观察者通过照相机观察三维模型，照相机的位置相当于视点。
- ❑ **目标点** 用户通过照相机看某物体，聚集到一个清晰点上，该点就是目标点。在 AutoCAD 中，坐标系原点即为目标点。
- ❑ **视线** 是假想的线，它是将视点与目标点连接起来的线。
- ❑ **与 XY 平面的夹角** 即视线与其在 XY 平面的投影线之间的夹角。
- ❑ **XY 平面角度** 即视线在 XY 平面的投影线与 X 轴正方向之间的夹角。

7.2 三维视图

创建三维模型时，常常需要从不同的方向观察模型。当用户设定某个查看方向后，AutoCAD 将显示出对应的 3D 视图，具有立体感的 3D 视图将有助于正确理解模型的空间结构。

7.2.1 设置正交和等轴测视图

在三维操作环境中，可以通过指定正交和轴测视点观测当前模型。其中正交视图是从坐标系统的正交方向观测所得到的视图；而轴测视图是从坐标系统的轴测方向观测所获得的视图。指定这两类视图的方法主要有以下两种。

1．利用选项板工具设置视图

在【三维建模】空间中展开【常用】选项卡，并在【视图】选项板中选择【三维导航】选项。然后在打开的下拉列表中选择指定的选项，即可切换至相应的视图模式，效果如图 7-7 所示。

2．利用三维导航器设置视图

在【三维建模】空间中使用三维导航器工具可以切换各种正交或轴测视图模式：可以自由切换 6 种正交视图、8 种正等轴测视图和 8 种斜等轴测视图。

利用三维导航工具可以根据需要，快速地调整视图的显示方式。该导航工具以非常直观的 3D 导航立方体显示在绘图区中。单击该工

图 7-7 利用选项板工具设置视图

具图标的各个位置，系统即可显示不同视点的视图效果，如图 7-8 所示。

此外，三维导航器图标的显示方式是可以修改的。右击该图标左上方按钮，在打开的快捷菜单中选择【ViewCube 设置】选项，系统将打开相应的对话框。在该对话框中即可根据需要进行导航器的各种设置，如图 7-9 所示。

图 7-8　利用导航工具查看视图

图 7-9　【ViewCube 设置】对话框

7.2.2　平面视图

　　利用 PLAN 命令可以创建坐标系的 XY 平面视图，即视点位于坐标系的 Z 轴上。该命令在三维建模过程中非常有用。当用户需要在三维空间中的某个面上绘图时，可以先以该平面为 XY 坐标面创建坐标系，然后利用该命令使坐标系的 XY 平面显示在屏幕上，即可在三维空间的该面上绘图。

　　该命令常用在一些与标准视点视图不平行的（即倾斜的）实体面上绘图。在该类倾斜面上作图，首先需利用【坐标】选项板上的【三点】工具将当前坐标系的 XY 平面调整至该斜平面。例如依次指定端面的三个端点 A、B 和 C，调整坐标系如图 7-10 所示。

　　然后在命令行中输入指令 PLAN，并按下回车键。接着在打开的快捷菜单中选择【当前 UCS】选项，即可将当前视图切换至与该端面平行，效果如图 7-11 所示。

图 7-10　调整坐标系的 XY 平面　　　　图 7-11　创建平面视图

7.3　三维坐标系

　　在构造三维模型时，经常需要使用指定的坐标系作为参照，以便精确地绘制或定位某个对象，或者通过调整坐标系到不同的方位来完成特定的任务。此外在 AutoCAD 中，大多数的三维编辑命令都依赖于坐标系的位置和方向进行操作，因此可以说三维建模离不开三维坐标系。

7.3.1　三维坐标系基础知识

三维空间内的所有几何物体，无论其形状多么复杂，归根到底，都是许多空间点的集合。有了三维空间的坐标系统，三维造型就成为可能。因此三维坐标系统是确定三维对象位置的基本手段，是研究三维空间的基础。

1．三维坐标系类型

在三维环境中与 X-Y 平面坐标系统相比，三维世界坐标系统多了一个数轴 Z。增加的数轴 Z 给坐标系统多规定了一个自由度，并和原来的两个自由度（X 和 Y）一起构成了三维坐标系统，简称三维坐标系。在 AutoCAD 中，系统提供了以下 3 种三维坐标系类型。

1）三维笛卡尔坐标系

笛卡尔坐标系是由相互垂直的 X 轴、Y 轴和 Z 轴三个坐标轴组成的。它是利用这三个相互垂直的轴来确定三维空间的点，图中的每个位置都可由相对于原点（0，0，0）的坐标点来表示。

三维笛卡尔坐标使用 X、Y 和 Z 三个坐标值来精确地指定对象位置。输入三维笛卡尔坐标值（X、Y、Z）类似于输入二维坐标值（X、Y），除了指定 X 和 Y 值外，还需要指定 Z 值。如图 7-12 所示的坐标值（3，2，5）就是指一个沿 X 轴正方向 3 个单位，沿 Y 轴正方向 2 个单位，沿 Z 轴正方向 5 个单位的点。

图 7-12　三维绝对笛卡尔坐标系

使用三维笛卡尔坐标时，可以输入基于原点的绝对坐标值，也可以输入基于上一输入点的相对坐标值。如果要输入相对坐标，需使用符号@作为前缀，如输入（@1，0，0）表示在 X 轴正方向上距离上一点一个单位的点。

2）圆柱坐标系

圆柱坐标与二维极坐标类似，但增加了从所要确定的点到 XY 平面的距离值。三维点的圆柱坐标，可以分别通过该点与 UCS 原点连线在 XY 平面上的投影长度、该投影与 X 轴正方向的夹角，以及该点垂直于 XY 平面的 Z 值来确定，效果如图 7-13 所示。

图 7-13　柱坐标示意图

例如一点的柱坐标为（20，45，15）表示该点与原点的连线在 XY 平面上的投影长度为 20 个单位，该投影与 X 轴的夹角为 45°，在 Z 轴上投影点的 Z 值为 15。

3）球面坐标系

球面坐标也类似于二维极坐标。在确定某点时，应分别指定该点与当前坐标系原点的距离、点在 XY 平面的投影和原点的连线与 X 轴的夹角、点到原点连线与 XY 平面的夹角，效果如图 7-14 所示。

例如坐标（18<60<30）表示一点与当前 UCS 原点的距离为 18 个单位，在 XY 平面的投影与 X 轴的夹角为 60°，并且该点与 XY 平面的夹角为 30°。

图 7-14 球坐标示意图

2．三维坐标系形式

在 AutoCAD 中，所有图形均使用一个固定的三维笛卡尔坐标系，称作世界坐标系 WCS，图中每一点均可用世界坐标系的一组特定（X，Y，Z）坐标值来表示。此外，用户也可以在三维空间的任意位置定义任一个坐标系，这些坐标系称作用户坐标系 UCS。且所定义的 UCS 位于 WCS 的某一位置和某一方向。

1）世界坐标系

AutoCAD 为用户提供了一个绝对的坐标系，即世界坐标系（WCS）。且通常利用 AutoCAD 构造新图形时，系统将自动使用 WCS。虽然 WCS 不可更改，但可以从任意角度、任意方向来观察或旋转。

世界坐标系又称为绝对坐标系或固定坐标系，其原点和各坐标轴方向均固定不变。对于二维绘图来说，世界坐标系已足以满足要求，但在固定不变的世界坐标系中创建三维模型，则不太方便。此外，世界坐标系的图标在不同视觉样式下呈现不同的效果，如图 7-15 所示在线框模式下世界坐标系原点处有一个位于 XY 平面上的小正方形。

图 7-15 世界坐标系

2）用户坐标系

相对于世界坐标系，用户可以根据需要创建无限多的坐标系，这些坐标系称为用户坐标系 UCS。为了有助于绘制三维图元，可以创建任意数目的用户坐标系，并可存储或重定义它们。正确运用 UCS 可以简化建模过程。

创建三维模型时，用户的二维操作平面可能是空间中的任何一个面。由于 AutoCAD 的大部分绘图操作都是在当前坐标系的 XY 平面内或与 XY 平面平行的平面中进行的，而用户坐标系的作用就是让用户设定坐标系的位置和方向，从而改变工作平面，便于坐标输入。如图 7-16 所示创建用户坐标系，使用户坐标系的 XY 平面与实体前表面平行，

AutoCAD 2014 中文版标准教程

便可以在前表面上创建圆柱体。

7.3.2 定制 UCS

AutoCAD 的大多数 2D 命令只能在当前坐标系的 XY 平面或与 XY 平面平行的平面中执行，因此如果用户要在空间的某一平面内使用 2D 命令，则应沿该平面位置创建新的 UCS。在三维建模过程中需要不断地调整当前坐标系。

图 7-16　用户坐标系

在【常用】选项卡的【坐标】选项板中，系统提供了创建 UCS 的多种工具，如图 7-17 所示。

各主要工具按钮的使用方法现分别介绍如下。

1. 原点

该工具主要用于修改当前用户坐标系原点的位置，而坐标轴方向与上一个坐标系相同，由它定义的坐标系将以新坐标存在。

图 7-17　创建 UCS 的各种工具

单击【原点】按钮，然后在模型上指定一点作为新的原点，即可创建新的 UCS，效果如图 7-18 所示。

2. 面

该工具是通过选取指定的平面设置用户坐标系，即将新用户坐标系的 XY 平面与实体对象的选定面重合，以便在各个面上或与这些面平行的平面上绘制图形对象。

单击【面】按钮，然后在一个面的边界内或该面的某个边上单击，以选取该面（被选中的面将会亮显）。此时在打开的快捷菜单中选择【接受】选项，坐标系的 XY 平面将与选定的平面重合，且 X 轴将与所选面上的最近边重合，效果如图 7-19 所示。

图 7-18　指定原点创建 UCS

图 7-19　选取面创建 UCS

3. 对象

该工具可以通过快速选择一个对象来定义一个新的坐标系，新定义的坐标系对应坐标轴的方向取决于所选对象的类型。

单击【对象】按钮，然后在图形对象上选取任一点后，UCS 将作相应的调整，并移动到该位置处，效果如图 7-20 所示。

且当选择不同类型的图形对象，新坐标系的原点位置以及 X 轴的方向会有所不同。所选对象与新坐标系之间的关系如表 7-1 所示。

图 7-20 选择对象创建 UCS

表 7-1 选取对象与 UCS 的关系

对 象 类 型	新建 UCS 方式
直线	距离选取点最近的一个端点成为新 UCS 的原点，X 轴沿直线的方向，并使该直线位于新坐标系的 XY 平面
圆	圆的圆心成为新 UCS 的原点，X 轴通过选取点
圆弧	圆弧的圆心成为新 UCS 的原点，X 轴通过距离选取点最近的圆弧端点
二维多段线	多段线的起点成为新 UCS 的原点，X 轴沿从起点到下一个顶点的线段延伸方向
实心体	实体的第 1 点成为新 UCS 的原点，新 X 轴为两起始点之间的直线
尺寸标注	标注文字的中点为新的 UCS 的原点，新 X 轴的方向平行于绘制标注时有效 UCS 的 X 轴

4. 视图

该工具使新坐标系的 XY 平面与当前视图方向垂直，Z 轴与 XY 平面垂直，而原点保持不变。创建该坐标系通常用于标注文字，即当文字需要与当前屏幕平行而不需要与对象平行时的情况。

单击【视图】按钮，新坐标系的 XY 平面将与当前视图方向垂直，此时添加的文字效果如图 7-21 所示。

5. X/Y/Z

该方式是指保持当前 UCS 的原点不变，通过将坐标系绕 X 轴、Y 轴或 Z 轴旋转一定角度来创建新的用户坐标系。

单击【Z】按钮，然后输入绕该轴

图 7-21 通过视图创建 UCS

旋转的角度值，并按下回车键，即可将 UCS 绕 Z 轴旋转，如图 7-22 所示。

提 示

在旋转轴创建 UCS 时，最容易混淆的是哪个方向为旋转正方向。此时用户可运用右手定则简单确定：如果竖起大拇指指向旋转轴的正方向，则其他手指的环绕方向为旋转正方向。

6. 世界

该工具用来切换回世界坐标系，即 WCS。用户只需单击【UCS，世界】按钮，UCS 即可变为世界坐标系，效果如图 7-23 所示。

指定绕 Z 轴的旋转角度 <90>: 90

2. 输入旋转角度

1. 原坐标系效果

坐标系绕 Z 轴旋转 90° 效果

当前坐标系

切换回世界坐标系

图 7-22 旋转 UCS

图 7-23 切换回世界坐标系

7. Z 轴矢量

Z 轴矢量是通过指定 Z 轴的正方向来创建新的用户坐标系。利用该方式确定坐标系需指定两点，指定的第一点作为坐标原点，指定第二点后，第二点与第一点的连线决定了 Z 轴正方向。且此时系统将根据 Z 轴方向自动设置 X 轴和 Y 轴的方向。

单击【Z 轴矢量】按钮，然后在模型上指定一点确定新原点，并指定另一点

坐标系调整效果

B

A

图 7-24 指定 Z 轴创建 UCS

确定 Z 轴。此时系统将自动确定 XY 平面，创建新的用户坐标系。例如分别指定点 A 和点 B 确定 Z 轴，系统即可自动确定 XY 平面创建坐标系，如图 7-24 所示。

提 示

使用该工具创建 UCS 的优点在于：可以快速建立当前 UCS，且 Z 轴为可见。如果用户关心的只是 UCS 的 Z 轴正向，可首选该定制工具。

8. 三点

利用该方式只需选取 3 个点即可创建 UCS。其中第一点确定坐标系原点，第二点与第一点的连线确定新 X 轴，第三点与新 X 轴确定 XY 平面。且此时 Z 轴的方向将由系统自动设置为与 XY 平面垂直。

例如指定点 A 为坐标系新原点，并指定点 B 确定 X 轴正方向。然后指定点 C 确定 Y 轴正方向，按下回车键，即可创建新坐标系，如图 7-25 所示。

7.3.3 控制 UCS

在创建三维模型时，当前坐标系图标的可见性是可以进行设置的，用户可以任意地

显示或隐藏坐标系。此外，坐标系图标的大小也可以随意进行设置。

1. 显示或隐藏 UCS

用户要改变坐标系图标的显示状态，可以在命令行中输入 UCSICON 指令后按下回车键，并输入指令 OFF，则显示的 UCS 将被隐藏起来，效果如图 7-26 所示。

图 7-25 指定三点创建 UCS

图 7-26 隐藏当前坐标系

而输入指令 ON，则隐藏的 UCS 将显示出来。此外直接在【坐标】选项板中单击【隐藏 UCS 图标】按钮┗┛或【显示 UCS 图标】按钮┗┛，也可以将 UCS 隐藏或显示，且此时显示的为世界坐标系。而如果要显示当前坐标系，可以单击【在原点处显示 UCS 图标】按钮┗┛，效果如图 7-27 所示。

2. 修改 UCS 图标大小

在一些图形中通常为了不影响模型的显示效果，可以将坐标系的图标变小。且 UCS 图标大小的变化只有当视觉样式为【二维线框】下才可以查看。

在【坐标】选项板中单击【UCS 图标，特性...】按钮┗┛，系统将打开【UCS 图标】对话框，如图 7-28 所示。

图 7-27 显示当前坐标系

在该对话框中即可设置 UCS 图标的样式、大小和颜色等特性。其中，在该对话框的【UCS 图标大小】文本框中可以直接输入图标大小的数值，也可以拖动右侧的滑块来动态调整图标的大小，效果如图 7-29 所示。

图 7-28 【UCS 图标】对话框

图 7-29 调整 UCS 图标大小

在三维空间中，线是构成模型的基本元素，它同二维对象的直线类似，主要用来辅助创建三维模型。在 AutoCAD 中，三维线段主要包括直线、多段线、螺旋线和样条曲线等类型。

7.4.1 绘制空间直线

在 AutoCAD 中绘制线框模型或部分实体模型时，往往需要用到空间直线。该类直线是点沿一个或两个方向无限延伸的结果，类似于绘制二维对象时用到的直线，起到辅助的作用。

1. 绘制空间基本直线

在 AutoCAD 中绘制线框模型或部分实体模型时，往往需要用到空间直线。该类直线是点沿一个或两个方向无限延伸的结果，类似于绘制二维对象时用到的直线，起到辅助的作用。

三维空间中的基本直线包括直线、射线和构造线等类型。单击【直线】按钮∕，可以通过输入坐标值的方法确定直线段的两个端点，也可以直接选取现有模型上的端点，从而绘制直线、射线和构造线等任意直线，效果如图 7-30 所示。

2. 绘制三维多段线

三维多段线是多条不共面的线段和线段间的组合轮廓线，且所绘轮廓可以是封闭的或非封闭的直线段。而如果欲绘制带宽度和厚度的多段线，其多段线段必须共面，否则系统不予支持。

要绘制三维多段线，可以在【绘图】选项板中单击【三维多段线】按钮，然后依次指定各个端点，即可绘制相应的三维多段线，效果如图 7-31 所示。

7.4.2 绘制空间曲线

在绘制部分实体和曲面模型时，会用到样条曲线和螺旋线等三维曲线来辅助绘制。下面分别介绍这两种曲线的绘制方法。

1. 绘制样条曲线

样条曲线就是通过一系列给定控制点的一条光滑曲线，它在控制处的形状取决于曲

图 7-30　绘制空间基本直线

图 7-31　绘制三维多段线

线在控制点处的矢量方向和曲率半径。对于空间中的样条曲线，应用比较广泛，它不仅能够自由描述曲线和曲面，而且还能够精确地表达圆锥曲线曲面在内的各种几何体。

要绘制样条曲线，可以在【绘图】选项板中单击【样条曲线】按钮📈，根据命令行提示依次选取样条曲线的控制点即可。对于空间样条曲线，可以通过曲面网格创建自由曲面，从而描述曲面等几何体，效果如图7-32所示。

2. 绘制三维螺旋线

螺旋线是指一个固定点向外，以底面所在平面的法线为方向，并以指定的半径、高度或圈数旋绕而形成的规律曲线。在绘制弹簧或内外螺纹时，必须使用三维螺旋线作为轨迹线。

图7-32　绘制空间样条曲线

要绘制该曲线，可以在【绘图】选项板中单击【螺旋】按钮🗘，并分别指定底面中心点、底面和顶面的半径值。然后设置螺旋线的圈数和高度值，即可完成螺旋线的绘制，效果如图7-33所示。

其中，在绘制螺旋线时，如果选择【轴端点】选项，可以通过指定轴的端点，绘制出以底面中心点到该轴端点距离为高度的螺旋线；选择【圈数】选项，可以指定螺旋线的螺旋圈数；选择【圈高】选项，可以指定螺旋线各圈之间的间距；选择【扭曲】选项，可以指定螺旋线的螺旋方向是顺时针或逆时针，效果如图7-34所示。

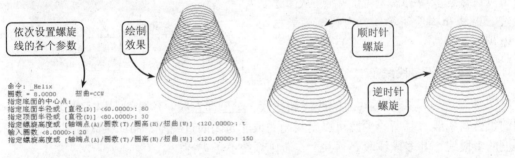

图7-33　绘制三维螺旋曲线　　　　　　图7-34　设置螺旋方向

7.5　创建网格曲面

三维曲面都是由多边形网格构成的小平面来近似表示的曲面，其主要由基本三维曲面和特殊三维曲面组成。其中，特殊三维曲面都是通过定义网格的边界来创建平直的或弯曲的网格，它的尺寸和形状由定义它的边界及确定边界点所采用的公式决定。

7.5.1　创建旋转网格

旋转曲面是指将旋转对象绕指定的轴旋转所创建的曲面。其中，旋转的对象叫做路径曲线，它可以是直线、圆弧、圆、二维多段线或三维多段线等曲线类型，也可以由直线、圆弧或二维多段线组成的多个对象；生成旋转曲面的旋转轴可以是直线或二维多段线，且可以是任意长度和沿任意方向。

切换至【网格】选项卡，然后在【图元】选项板中单击【建模，网格，旋转曲面】按钮∞，命令行将显示线框密度参数。此时选取轨迹曲线，并指定旋转轴线。接着依次指定起点角度和包含角角度，即可创建旋转曲面，效果如图 7-35 所示。

在创建网格曲面时，使用 SURFTAB1 和 SURFTAB2 变量可以控制 U 和 V 方向的网格密度。但必须在创建曲面之前就设置好两个参数，否则创建的曲面图形不能再改变，效果如图 7-36 所示。

图 7-35　创建旋转曲面　　　　　　　　图 7-36　设置不同的网格线密度

7.5.2　创建平移网格

平移曲面是通过沿指定的方向矢量拉伸路径曲线而创建的曲面网格。其中，构成路径曲线的对象可以是直线、圆弧、圆和椭圆等单个对象，而方向矢量确定拉伸方向及距离，它可以是直线或开放的二维或三维多段线。

在【图元】选项板中单击【建模，网格，平移曲面】按钮，然后依次选取路径曲线和方向矢量，即可创建相应的平移曲面，效果如图 7-37 所示。

如果选取多段线作为方向矢量时，则平移方向将沿着多段线两端点的连线方向，并沿矢量方向远离选取点的端点方向创建平移曲面，效果如图 7-38 所示。

图 7-37　创建平移曲面　　　　　　　　图 7-38　选取多段线为方向矢量创建平移曲面

7.5.3 创建直纹网格

直纹曲面是在两个对象之间创建的曲面网格。这两个对象可以是直线、点、圆弧、圆、多段线或样条曲线。如果一个对象是开放或闭合的，则另一个对象也必须是开放或闭合的；如果一个点作为一个对象，而另一个对象则不必考虑是开放或闭合的，但两个对象中只能有一个是点对象。

在【图元】选项板中单击【建模，网格，直纹曲面】按钮，然后依次选取指定的两条开放边线，即可创建相应的直纹曲面，如图 7-39 所示。

其中，当曲线为封闭的圆轮廓线时，直纹曲面从圆的零度角位置开始创建；当曲线是闭合的多段线时，直纹曲面则从该多段线的最后一个顶点开始创建。

图 7-39　创建直纹网格

7.5.4 创建边界网格

边界曲面是一个三维多边形网格，该曲面网格由 4 条邻边作为边界，且边界曲线首尾相连。其中，边界线可以是圆弧、直线、多段线、样条曲线和椭圆弧等曲线类型。每条边分别为单个对象，而且要首尾相连形成封闭的环，但不要求一定共面。

在【图元】选项板中单击【建模，网格，边界曲面】按钮，然后依次选取相连的四条边线，即可创建相应的边界曲面，效果如图 7-40 所示。

图 7-40　创建边界曲面

7.5.5 创建三维网格

三维面是一种用于消隐和着色的实心填充面，它没有厚度和质量属性，且创建的每个面的各顶点可以有不同的 Z 坐标。在三维空间中的任意位置可以创建三侧面或四侧面，且构成各个面的顶点最多不能超过 4 个。

在命令行中输入 3DFACE 指令，然后按照命令行提示依次选取指定的 3 个点，并连续按下两次回车键，即可创建相应的三维平面，如图 7-41 所示。

如果选取 4 个顶点，则选取完成后，系统将自动连接第三点和第四点，创建一空间

图 7-41　指定 3 点创建三维面

的三维面，效果如图 7-42 所示。

7.6 创建基本实体

基本实体是指具有实心的对象（如长方体、圆柱体和球体等），其主要的几何特征表现为体。由于实体能够更完整准确地表达模型的机构特征，所包含的模型信息也更多，所以实体模型是当前三维造型领域最为先进的造型方式。

图 7-42　指定 4 点创建三维面

7.6.1　创建长方体

相对于面构造体而言，实心长方体的创建方法既简单又快捷，只需指定长方体的两个对角点和高度值即可。要注意的是长方体的底面始终与当前坐标系的 XY 平面平行。

在【常用】选项卡的【建模】选项板中单击【长方体】按钮，命令行将显示"指定第一个角点或[中心（C）]:"的提示信息，创建长方体的两种方法现分别介绍如下。

1. 指定角点创建长方体

该方法是创建长方体的默认方法，即通过依次指定长方体底面的两对角点或指定一角点和长、宽、高的方式，创建长方体。

单击【长方体】按钮，然后依次指定长方体底面的对角点，并输入高度值，即可创建相应的长方体特征，效果如图 7-43 所示。

图 7-43　指定对角点创建长方体

如果指定第一个角点后，在命令行中输入字母 C，然后指定一点或输入长度值，将获得立方体特征；如果在命令行中输入字母 L，则需要分别输入长度、宽度和高度值获得长方体。

2. 指定中心创建长方体

该方法是通过指定长方体的截面中心，然后指定角点确定长方体截面的方式来创建长方体的。其中，长方体的高度向截面的两侧对称生成。

选择【长方体】工具后，输入字母 C。然后在绘图区中选取一点作为截面中心点，并选取另一点或直接输入截面的长宽数值来确定截面大小。接着输入高度数值，即可完成长方体的创建，效果如图 7-44 所示。

图 7-44　指定中心创建长方体

7.6.2　创建球体

球体是三维空间中到一个点的距离完全相同的点集合形成的实体特征。在 AutoCAD 中，球体的显示方法与球面有所不同，能够很方便地查看究竟是球面还是球体。

单击【球体】按钮○，命令行将显示"指定中心点或[三点（3P）/两点（2P）/切点、切点、半径（T）]:"的提示信息。此时直接捕捉一点作为球心，然后指定球体的半径或直径值，即可获得球体效果，如图 7-45 所示。

另外还可以按照命令行的提示使用以下 3 种方式创建球体。

❑ **三点**　通过在三维空间的任意位置指定 3 个点来定义球体的圆周。其中，这 3 个指定点还定义了圆周平面。

❑ **两点**　通过在三维空间的任意位置指定两个点来定义球体的圆周。圆周平面由第一个点的 Z 值定义。

❑ **切点、切点、半径**　创建具有指定半径且与两个对象相切的球体。其中，指定的切点投影在当前 UCS 上。

图 7-45　指定中心和半径创建球体

> **提 示**
>
> 在 AutoCAD 中创建三维曲面，其网格密度将无法改变。而在实体造型中，网格密度则以新设置为准。用户可以输入 ISOLINES 指令来改变实体模型的网格密度，输入 FACETRES 指令改变实体模型的平滑度参数。

7.6.3　创建圆柱体

在 AutoCAD 中，圆柱体是以圆或椭圆为截面形状，沿该截面法线方向拉伸所形成的实体。圆柱体在制图时较为常用，例如各种轴类零件，建筑图形中的各类立柱等。

单击【圆柱体】按钮○，命令行将显示"指定底面的中心点或[三点(3P)/两点(2P)/切点、切点、半径(T)/椭圆(E)]: "的提示信息。创建圆柱体的方法主要有两种，现分别介绍如下。

1．创建普通圆柱体

该方法是最常用的创建方法，即创建的圆柱体中轴线与 XY 平面垂直。创建该类圆柱体，应首先确定圆柱体底面圆心的位置，然后输入圆柱体的半径值和高度值即可。

选择【圆柱体】工具后，选取一点确定圆柱体的底面圆心，然后分别输入底面半径值和高度值，即可创建相应的圆柱体特征，效果如图 7-46 所示。

2．创建椭圆圆柱体

椭圆圆柱体指圆柱体上下两个端面的形状为椭圆。创建该类圆柱体，只需选择【圆柱体】工具后，在命令行中输入字母 E。然后分别指定两点确定底面椭圆第一轴的两端点，并再指定一点作为另一轴端点，完成底面椭圆的绘制。接着输入高度数值，即可创建相应的椭圆圆柱体特征，效果如图 7-47 所示。

图 7-46　指定圆柱高度创建圆柱体　　　　图 7-47　创建椭圆圆柱体

7.6.4　创建圆锥体

圆锥体是以圆或椭圆为底面形状，沿其法线方向并按照一定锥度向上或向下拉伸创建的实体模型。利用【圆锥体】工具可以创建圆锥和平截面圆锥体两种类型的实体特征，现分别介绍如下。

1．创建圆锥体

与普通圆柱体一样，利用【圆锥体】工具可以创建轴线与 XY 面垂直的圆锥和斜圆锥。其创建方法与圆柱体创建方法相似，这里仅以圆形锥体为例，介绍圆锥体的具体创建方法。

单击【圆锥体】按钮△，指定一点为底面圆心，并指定底面半径或直径数值。然后指定圆锥高度值，即可创建相应的圆锥体特征，效果如图 7-48 所示。

```
命令: cone
指定底面的中心点或 [三点(3P)/两点(2P)/切点、切点、半径(T)/椭圆(E)]:
指定底面半径或 [直径(D)] <200.0000>: 200
指定高度或 [两点(2P)/轴端点(A)/顶面半径(T)] <600.0000>: 600
```

图 7-48　创建圆锥体

2．创建圆锥台

圆锥台是由平行于圆锥底面，且与底面的距离小于锥体高度的平面为截面，截取该圆锥而创建的实体。

选择【圆锥体】工具后，指定底面中心，并输入底面半径值。然后在命令行中输入字母 T，设置顶面半径和圆台高度即可完成圆锥台的创建，效果如图 7-49 所示。

```
命令: cone
指定底面的中心点或 [三点(3P)/两点(2P)/切点、切点、半径(T)/椭圆(E)]:
指定底面半径或 [直径(D)] <150.0000>: 180
指定高度或 [两点(2P)/轴端点(A)/顶面半径(T)] <200.0000>: t
指定顶面半径 <68.0000>: 72
指定高度或 [两点(2P)/轴端点(A)] <200.0000>: 200
```

图 7-49　创建平截面圆锥体

7.6.5 创建楔体

楔体是长方体沿对角线切成两半后所创建的实体，且其底面总是与当前坐标系的工作平面平行。该类实体通常用于填充物体的间隙，例如安装设备时常用的楔铁和楔木。

单击【楔体】按钮◇，然后依次指定楔体底面的两个对角点，并输入楔体高度值，即可创建相应的楔体特征，效果如图7-50所示。

在创建楔体时，楔体倾斜面的方向与各个坐标轴之间的位置关系有密切联系。一般情况下，楔体的底面均与坐标系的XY平面平行，且创建的楔体倾斜面方向从Z轴方向指向X轴或-X轴方向，效果如图7-51所示。

图7-50 创建楔体

图7-51 坐标轴位置不同的创建效果

7.6.6 创建棱锥体

棱锥体是以多边形为底面形状，沿其法线方向按照一定锥度向上或向下拉伸创建的实体模型。利用【棱锥体】工具可以创建棱锥和棱台两种类型的实体特征，现分别介绍如下。

1. 创建棱锥体

棱锥体是以一多边形为底面，而其他各面是由一个公共顶点，且具有三角形特征的面所构成的实体。

单击【棱锥体】按钮◇，命令行将显示"指定底面的中心点或[边(E)/侧面(S)]: "的提示信息，且棱锥体边数默认状态下为4。此时指定一点作为底面中心点，并设置底面半径值和棱锥体的高度值，即可创建相应的棱锥体特征，效果如图7-52所示。

图7-52 创建四棱锥

此外，如果在命令行中输入字母E，可以设置棱锥体底面的边数；如果在命令行中输入S，可以设置棱锥体侧面的个数。

> **提 示**
>
> 在利用【棱锥体】工具进行棱锥体的创建时，所指定的边数必须是3至32之间的整数。

2. 创建平截面棱锥体

平截面棱锥体即是以平行于棱锥体底面，且与底面的距离小于棱锥体高度的平面为截面，与该棱锥体相交所得到的实体。

选择【棱锥体】工具，指定底面中心和底面半径后输入字母 T，然后分别指定顶面半径和棱锥体高度，即可创建出相应的平截面棱锥体特征，效果如图 7-53 所示。

图 7-53　创建棱锥台

7.6.7　创建圆环体

圆环体可以看作是在三维空间内，圆轮廓线绕与其共面的直线旋转所形成的实体特征。该直线即是圆环的垂直中心线，而直线和圆心的距离是圆环的半径，并且圆轮廓线的直径即是圆管的直径。圆环体在工程绘图时使用同样广泛，例如轿车模型中的轮胎和方向盘等。

单击【圆环体】按钮◎，指定一点确定圆环体中心位置。然后输入圆环体的半径或直径值，接着输入圆环管子截面的半径或直径值，即可创建相应的圆环体特征，效果如图 7-54 所示。

图 7-54　创建圆环体

> **提　示**
>
> 圆环体的半径或直径不是以外圈计算，而是以圆环的中圈计算的。

7.7　二维图形生成实体

在 AutoCAD 中，不仅可以利用上面介绍的各类基本实体工具进行简单实体模型的创建，还可以利用二维图形生成三维实体，即利用本节所介绍的扫描特征工具进行更为复杂的实体模型以及曲面的创建。此类工具可以将二维轮廓线沿指定的引导线运动扫描创建出相应的三维实体。

7.7.1　拉伸实体

利用该工具可以将二维图形沿其所在平面的法线方向进行扫描，从而创建出三维实体。其中，该二维图形可以是多段线、多边形、矩形、圆或椭圆等。能够被拉伸的二维图形必须是封闭的，且图形对象连接成一个图形框，而拉伸路径可以是封闭或不封闭的。创建拉伸实体的方法主要有以下 3 种。

1. 指定高度拉伸

该方法是最常用的拉伸实体方法，只需选取封闭且首尾相连的二维图形，并设置拉伸高度即可。

在【建模】选项板中单击【拉伸】按钮，然后选取封闭的二维多段线或面域，并按下回车键。接着输入拉伸高度，即可创建相应的拉伸实体特征，效果如图 7-55 所示。

2. 指定路径拉伸

该方法通过指定路径曲线，将轮廓曲线沿该路径曲线进行拉伸以生成相应的实体。其中，路径曲线既不能与轮廓共面，也不能具有高曲率。

选择【拉伸】工具后，选取轮廓对象，然后按下回车键，并在命令行中输入字母 P。接着选取路径曲线，并确定拉伸高度，即可创建相应的拉伸实体特征，效果如图 7-56 所示。

3. 指定倾斜角拉伸

如果拉伸的实体需要倾斜一个角度时，可以在选取拉伸对象后输入字母 T。然后在命令行中输入角度值，并指定拉伸高度，即可创建倾斜拉伸实体特征，效果如图 7-57 所示。

图 7-55　输入高度创建拉伸实体

图 7-56　指定路径拉伸

提 示

当指定拉伸角度时，其取值范围为-90～90，正值表示从基准对象逐渐变细，负值则表示从基准对象逐渐变粗。默认情况下角度为 0，表示在与二维对象所在平面的垂直方向上进行拉伸。

图 7-57　创建倾斜拉伸实体

7.7.2 旋转实体

旋转实体是将二维对象绕所指定的旋转轴线旋转一定的角度而创建的实体模型，例如带轮、法兰盘和轴类等具有回旋特征的零件。其中，该二维对象不能是包含在块中的对象、有交叉或横断部分的多段线，以及非闭合多段线。

单击【旋转】按钮，选取二维轮廓对象，并按下回车键。此时系统提供了两种方法将二维对象旋转成实体：一种是围绕当前 UCS 的旋转轴旋转一定角度来创建实体，另一种是围绕直线、多段线或两个指定的点旋转对象创建实体。例如围绕指定的直线旋转所创建的实体如图 7-58 所示。

7.7.3　放样实体

放样实体是指将两个或两个以上横截面沿指定的路径，或导向运动扫描所获得的三维实体。其中，横截面是指具有放样实体截面特征的二维对象。

单击【放样】按钮，然后依次选取所有横截面，并按下回车键，此时命令行将显

图 7-58　围绕指定直线旋转创建实体

示"输入选项[导向(G)/路径(P)/仅横截面(C)/设置(S)]<仅横截面>:"的提示信息，以下分别介绍这 3 种放样方式的操作方法。

1．指定导向放样

导向曲线是控制放样实体或曲面形状的一种方式。用户可以通过使用导向曲线来控制点如何匹配相应的横截面，以防止出现不希望看到的效果（例如结果实体或曲面中的皱褶）。

选择【放样】工具后，依次选取横截面，并在命令行中输入字母 G，按下回车键。然后依次选取导向曲线，按下回车键即可创建相应的放样实体特征，效果如图7-59 所示。

其中，能够作为导向曲线的曲线，必须具备 3 个条件：曲线必须与每个横截面相交，并且曲线必须始于第一个横截面，止于最后一个横截面。

图 7-59　指定导向曲线创建放样实体

2．指定路径放样

该方式是通过指定放样操作的路径来控制放样实体的形状的。通常情况下，路径曲线始于第一个横截面所在的平面，并且止于最后一个横截面所在的平面。

选择【放样】工具后，依次选取横截面，并在命令行中输入字母 P，按下回车键。然后选取路径曲线，并按下回车键，即可创建相应的放样实体特征，效果如图 7-60 所示。

图 7-60　创建放样实体

其中，路径曲线包括直线、圆弧、椭圆弧、样条曲线、螺旋、圆、椭圆、二维多段线和三维多段线。需要注意的是：路径曲线必须与所有横截面相交。

3. 指定仅横截面放样

该方法是指仅指定一系列横截面来创建新的实体。利用该方法可以指定多个参数来限制实体的形状，其中包括设置直纹、法线指向和拔模斜度等曲面参数。

选择【放样】工具后，依次选取横截面，并按下回车键。然后输入字母 S，并按下回车键，系统将打开【放样设置】对话框，如图 7-61 所示。

该对话框中各选项的含义如下所述。

☐ **直纹** 选择该单选按钮，创建的实体或曲面在横截面之间将是直纹（直的），并且在横截面处具有鲜明边界。

☐ **平滑拟合** 选择该单选按钮，创建的实体或曲面在横截面之间将是平滑的，并且在起点和终点横截面处具有鲜明边界。

图 7-61 【放样设置】对话框

☐ **法线指向** 选择该单选按钮，可以控制创建的实体或曲面在其通过横截面处的曲面法线指向。这 3 种不同的截面属性设置，所创建的放样实体的对比效果如图 7-62 所示。

☐ **拔模斜度** 选择该单选按钮，可以控制放样实体或曲面的第一个和最后一个横截面的拔模斜度和幅值。例如分别设置拔模斜度为 0°、90° 和 180° 的实体效果如图 7-63所示。

> **注　意**
>
> 放样时使用的曲线必须全部开放或全部闭合，即选取的曲线不能既包含开放曲线又包含闭合曲线。

图 7-62 控制放样形状

7.7.4 扫掠实体

扫掠操作是指通过沿开放或闭合的二维或三维路径曲线，扫掠开放或闭合的平面曲线来创建曲面或实体。其中，扫掠对象可以是直线、圆、圆弧、多段线、样条曲线和面域等。

图 7-63 设置拔模斜度

单击【扫掠】按钮，选取待扫掠的二维对象，并按下回车键。此时命令行将显示"选择扫掠路径或[对齐(A)/基点(B)/比例(S)/扭曲(T)]："的提示信息。此时，如果直接选取扫掠的路径曲线，即可生成相应的扫掠实体特征，效果如图 7-64 所示。

该提示信息中各选项的含义介绍如下。

1. 对齐

如果选取二维对象后，在命令行中输入字母 A，即可指定是否对齐轮廓以使其作为扫掠路径切向的法向。默认情况下，轮廓是对齐的，如果轮廓曲线不垂直于路径曲线起点的切向，则轮廓曲线将自动对齐。出现对齐提示时可以输入命令 No，以避免该情况的发生。

图 7-64　创建扫掠实体

2. 基点

如果选取二维对象后，在命令行中输入字母 B，即可指定要扫掠对象的基点。如果指定的点不在选定对象所在的平面上，则该点将被投影到该平面上。

3. 比例

如果选取二维对象后，在命令行中输入字母 S，即可指定比例因子以进行扫掠操作。从扫掠路径的开始到结束，比例因子将统一应用到扫掠的对象。如果按照命令行提示输入字母 R，即可通过选取点或输入值来根据参照的长度缩放选定的对象。

4. 扭曲

如果选取二维对象后，在命令行中输入字母 T，即可设置被扫掠对象的扭曲角度。其中，扭曲角度是指沿扫掠路径全部长度的旋转量，而倾斜是指被扫掠的曲线是否沿三维扫掠路径自然倾斜。例如输入扭曲角度为120º，创建的扫掠实体效果如图 7-65 所示。

图 7-65　扭曲扫掠效果

7.8　课堂实例 7-1：创建支耳模型

本例创建一支耳模型，效果如图 7-66 所示。该实体结构底板加工4个均匀的台阶孔,用于通过螺栓定位该底板，而底板的两个对称小光孔用来插入定位销或其他对象。在底板中间突出的台阶和孔特征用来定位轴机构。

创建该支耳实体，首先利用【直线】和【圆】工具绘

图 7-66　支耳实体效果图

制底面轮廓，并利用【拉伸】和【差集】工具创建底座实体。然后绘制支耳轮廓，并进行拉伸操作创建为支耳实体。接着利用【三维镜像】工具创建镜像支耳实体即可。

操作步骤：

1　切换当前视图方式为【俯视】，单击【直线】按钮／和【圆】按钮⊙，绘制支耳底座的轮廓线，效果如图 7-67 所示。

🔲 **图 7-67**　绘制底座轮廓线

2　单击【面域】按钮◎，框选如图 7-68 所示的底座轮廓对象创建为面域特征。然后切换视觉样式为【概念】，观察创建后的面域效果。

🔲 **图 7-68**　创建面域特征

3　切换视觉样式为【三维线框】，并切换当前视图方式为【西南等轴测】。然后单击【拉伸】按钮🔳，选取半径为 R6.5 的四个圆轮廓为拉伸对象，沿–Z 轴方向拉伸高度为 5.5，效果如图 7-69 所示。

4　切换视觉样式为【隐藏】，利用【拉伸】工具，选取如图 7-70 所示半径分别为 R4.5 和 R5 的圆轮廓为拉伸对象，沿–Z 轴方向拉伸高度为 17。

🔲 **图 7-69**　创建拉伸实体

🔲 **图 7-70**　创建拉伸实体

5　利用【拉伸】工具，选取底座面域特征为拉伸对象，沿–Z 轴方向拉伸长度为 17，效果如图 7-71 所示。

🔲 **图 7-71**　创建拉伸实体

6　继续利用【拉伸】工具，选取半径为 R13.5 和半径为 R21.5 的圆轮廓为拉伸对象，沿–Z 轴方向拉伸高度为 42.5，效果如图 7-72 所示。

图 7-72　创建拉伸实体

7　单击【移动】按钮✛，选取上步创建的拉伸
实体为移动对象，指定如图 7-73 所示圆柱
体的上表面圆心 A 为基点，并输入相对坐标
（@0，0，5）确定目标点，进行移动操作。

图 7-73　移动实体

8　单击【实体，并集】按钮◎，选取底座实体
和底面半径为 R21.5 的圆柱体实体为合并
对象，进行并集操作，效果如图 7-74 所示。

图 7-74　合并实体

9　继续利用【实体，并集】工具，选取半径为
R4.5 和 R6.5 的所有圆柱体实体为合并对
象，进行并集操作，效果如图 7-75 所示。

10　单击【实体，差集】按钮◎，选取外部实体
为源对象，并选取如图 7-76 所示的内部圆

柱体为要去除的对象，进行差集操作。

图 7-75　合并实体

图 7-76　实体求差

11　单击【UCS】按钮⌐，将当前坐标系的原点
调整至如图 7-77 所示位置。然后单击【Y】
按钮⌐，指定当前坐标系绕 Y 轴的旋转角度
为 90°，按下回车键。

图 7-77　调整并旋转坐标系

12　切换当前视图方式为【左视】，利用【直线】
和【圆】工具，绘制如图 7-78 所示尺寸的
轮廓。然后利用【面域】工具，将该轮廓创
建为面域特征。

13　单击【移动】按钮✛，选取上步创建的面域
特征为移动对象，并指定点 B 为基点，输入

相对坐标(@0，0，11)确定目标点 C，进行移动操作。然后利用【拉伸】工具，选取移动后的面域特征为拉伸对象，沿-Z 轴拉伸长度为 27.5，效果如图 7-79 所示。

图 7-78 绘制图形并创建面域特征

图 7-79 拉伸实体

14 利用【实体，差集】工具，选取如图 7-80 所示支耳外部实体为源对象，并选取内部圆柱体为要去除的对象，进行差集操作。

15 利用【UCS】工具，将当前坐标系的原点调整至如图 7-81 所示边的中点位置。然后单击【三维镜像】按钮 ⅍，选取进行差集操作后的拉伸实体为镜像对象，并指定 YZ 平面为镜像中心面，进行镜像操作。

图 7-80 实体求差

图 7-81 镜像实体

16 利用【实体，并集】工具，框选所有实体为合并对象，进行并集操作，效果如图 7-82 所示。

图 7-82 合并实体

7.9 课堂实例 7-2：创建定位支座模型

本实例创建一定位支座模型，效果如图 7-83 所示。创建该模型，首先利用【拉伸】和【圆柱体】工具创建支座实体，然后利用【实体，并集】工具将所有外部实体合并，并利用【实体，差集】工具创建出孔及槽特征。接着利用【拉伸】和【实体，差集】工具创建沉台和凸起实体即可。

图 7-83 定位支座模型

操作步骤:

1. 切换视觉样式为【二维线框】,并切换视图样式为【俯视】。然后按照如图 7-84 所示尺寸绘制截面轮廓。接着单击【面域】按钮🖼,框选所绘图形创建为面域特征,并切换视觉样式为【概念】,观察创建的面域效果。

图 7-84　绘制截面轮廓并创建面域

2. 切换视图样式为【西南等轴测】。然后单击【拉伸】按钮🖳,选取如图 7-85 所示的面域特征为拉伸对象,并设置沿 Z 轴方向的高度为 22,创建拉伸实体。

图 7-85　创建拉伸实体

3. 利用【拉伸】工具选取如图 7-86 所示的面域特征为拉伸对象,并设置沿 Z 轴方向的高度为 30,创建拉伸实体。

图 7-86　创建拉伸实体

4. 利用【拉伸】工具选取如图 7-87 所示两个圆形面域为拉伸对象,并设置沿 Z 轴方向的高度为 53,创建拉伸实体。

图 7-87　创建拉伸实体

5. 利用【拉伸】工具选取如图 7-88 所示的圆形面域为拉伸对象,并设置沿 Z 轴方向的高度为 33,创建拉伸实体。

图 7-88　创建拉伸实体

6. 利用【拉伸】工具选取如图 7-89 所示的大圆面域为拉伸对象,并设置沿 Z 轴方向的高度为 40,创建拉伸实体。

图 7-89　创建拉伸实体

7. 继续利用【拉伸】工具选取如图 7-90 所示的底板面域为拉伸对象,并设置沿 Z 轴方向的高度为 10，创建拉伸实体。

图 7-90　创建拉伸实体

8　单击【实体，并集】按钮◎，选取如图 7-91
　　所示的外部实体为求和对象，进行并集
　　操作。

图 7-91　实体求和

9　单击【实体，差集】按钮◎，选取上步创建
　　的合并体为源对象，并选取如图 7-92 所示
　　的实体为去除对象，进行差集操作。

图 7-92　实体求差

10　单击【绕 X 轴旋转】按钮，并设置旋转角
　　　度为 90°，然后利用【偏移】工具将水平
　　　中心线沿 Y 轴方向偏移 84。接着单击【绕 Y
　　　轴旋转】按钮，并设置旋转角度为 90°，

利用【偏移】工具将竖直中心线沿 Y 轴方向
偏移 84，效果如图 7-93 所示。

图 7-93　绘制辅助中心线

11　单击【UCS】按钮，恢复世界坐标。然后
　　　单击【圆柱体】按钮，以上步偏移后的中
　　　心线交点为底面中心点，分别创建半径为
　　　R22.5，沿-Z 轴方向的高度为 51 和半径为
　　　R30，沿-Z 轴方向的高度为 44 的两个圆柱
　　　体，效果如图 7-94 所示。

图 7-94　创建圆柱体

12　利用【实体，并集】工具选取半径为 R30
　　　的圆柱体和底板实体进行并集操作，效果如
　　　图 7-95 所示。

图 7-95　实体求和

13　利用【实体，差集】工具选取上步创建的合

并体为源对象，并选取如图 7-96 所示圆柱体为去除对象，进行差集操作。

图 7-96　实体求差

14　单击【UCS】按钮⫟，移动当前坐标系至如图 7-97 所示位置。然后利用【构造线】工具构造与 X 轴成–45° 的直线，并利用【偏移】工具将该构造线向图示一侧偏移 23。

图 7-97　绘制辅助线

15　按照如图 7-98 所示位置尺寸绘制半圆截面轮廓，并利用【面域】工具将绘制的截面轮廓创建为面域特征。

图 7-98　绘制截面并创建面域

16　利用【拉伸】工具选取上步创建的面域为拉伸对象，并设置沿–Z 轴方向的高度为 35，

创建拉伸实体，效果如图 7-99 所示。

图 7-99　创建拉伸实体

17　利用【实体，差集】工具选取如图 7-100 所示实体为源对象，并选取上步创建的拉伸实体为去除对象，进行差集操作。

图 7-100　实体求差

18　利用【圆柱体】工具，并选取上步切出平面的三维中心点为底面中心点，创建半径为 R8，高度为 7 的圆柱体，效果如图 7-101 所示。

图 7-101　创建圆柱体

19　利用【实体，差集】工具选取如图 7-102 所示外部实体为源对象，并选取上步创建的圆柱体为去除对象，进行差集操作。

图 7-102 实体求差

AutoCAD 2014 中文版标准教程

20 利用【偏移】工具将水平中心线沿-Y 轴方向偏移 32。然后利用【绕 Y 轴旋转】工具，并设置旋转角度为 90°，将竖直中心线沿 X 轴方向偏移 44。接着利用【绕 X 轴旋转】工具，并设置旋转角度为 90°，将水平中心线沿 X 轴方向偏移 44，效果如图 7-103 所示。

图 7-103 绘制辅助线

21 恢复世界坐标系，并切换视图样式为【前视】。然后以偏移辅助线的交点为基点，按照如图 7-104 所示尺寸绘制截面轮廓。

图 7-104 绘制截面轮廓

22 利用【面域】工具选取上步绘制的截面轮廓为操作对象，创建为面域特征，效果如

图 7-105 创建面域

23 利用【拉伸】工具选取如图 7-106 所示的面域特征为拉伸对象，并设置沿 Y 轴方向的长度为 8，创建拉伸实体。

图 7-106 创建拉伸实体

24 利用【拉伸】工具选取如图 7-107 所示的圆形面域为拉伸对象，并设置沿 Y 轴方向的长度为 15，创建拉伸实体。

图 7-107 创建拉伸实体

25 利用【实体，并集】工具选取如图 7-108 所示外部实体为操作对象，进行合并操作。

26 利用【实体，差集】工具选取上步合并的实体为源对象，并选取如图 7-109 所示的拉伸实体为去除对象，进行差集操作。

图 7-108　实体求和

图 7-109　实体求差

7.10　课堂实例 7-3：创建底座

本实例创建一个底座实体，效果如图 7-110 所示。创建该模型，首先利用【拉伸】工具创建实体特征，然后利用【实体，并集】工具将两个部分合并，并利用【实体，差集】工具创建孔特征。接着利用【楔体】工具创建加强筋即可。

图 7-110　底座模型

操作步骤：

1　切换视觉样式为【二维线框】，并切换视图样式为【俯视】。然后利用【矩形】【圆】和【圆角】工具按照图 7-111 所示尺寸绘制底板轮廓。

图 7-111　绘制底板轮廓

2　单击【面域】按钮◎，选取上步绘制的轮廓线创建为面域。然后切换视觉样式为【概念】，观察创建的面域效果，如图 7-112 所示。

3　切换视觉样式为【隐藏】，并切换视图样式为【西南等轴测】。然后单击【拉伸】按钮⬆，选取直径为 Φ20 和 Φ40 的圆轮廓为拉伸对象，沿 Z 轴方向拉伸高度为 45，创建拉伸实体，效果如图 7-113 所示。

图 7-112　创建面域

图 7-113　创建拉伸实体

4　利用【拉伸】工具选取长方形面域和直径为 Φ11 的小圆面域为拉伸对象，沿 Z 轴方向拉伸高度为 19，创建拉伸实体，效果如图 7-114 所示。

图 7-114　创建拉伸实体

5 单击【实体，并集】按钮◎，选取长方体和直径为 Φ40 的圆柱体为求和对象，创建合并体，效果如图 7-115 所示。

图 7-115　合并实体

6 单击【实体，差集】按钮◎，选取上步合并体为源对象，并选取直径分别为 Φ20 和 Φ11 的圆柱体为要去除的对象，创建孔特征，效果如图 7-116 所示。

图 7-116　创建孔特征

7 利用【拉伸】工具选取直径为 Φ52 圆为拉伸对象，沿 Z 轴方向拉伸高度为 69，创建拉伸实体，效果如图 7-117 所示。

8 单击【圆柱体】按钮□，选取底面轮廓中心为底面中心点，创建底面半径为 R20，沿 Z

轴方向高度为 69 的圆柱体，效果如图 7-118 所示。

图 7-117　创建拉伸实体

图 7-118　创建圆柱体

9 利用【实体，差集】工具选取直径为 Φ52 圆柱体为源对象，并选取上步创建的直径为 Φ40 的圆柱体为去除对象，创建孔特征，效果如图 7-119 所示。

图 7-119　创建孔特征

10 切换视图样式为【前视】，使用【偏移】工具将底面水平中心线沿 Z 轴方向偏移 19。然后切换视图样式为【左视】，继续利用【偏移】工具将底面竖直中心线沿 Z 轴方向偏移 19，效果如图 7-120 所示。

图 7-120 偏移中心线

11 切换视图样式为【西南等轴侧】。单击【UCS】
按钮↳，将坐标系的原点调至偏移后中心线
的交点位置。然后按照如图 7-121 所示尺
寸绘制辅助轮廓线。

图 7-121 绘制轮廓线

12 利用【UCS】工具将坐标系移至图示位置。
然后单击【楔体】按钮◁，指定坐标原点为
第一点，斜对角点为其他点，并输入沿 Z 轴
方向的高度为 40，创建楔体特征，效果如
图 7-122 所示。

13 单击【三维镜像】按钮⚅，选取创建的楔体
为镜像对象，并指定 YZ 平面为镜像面，偏
移后的中心线交点为镜像中心点，创建镜像

特征，效果如图 7-123 所示。

图 7-122 创建楔体

图 7-123 创建镜像体

14 利用【实体，并集】工具框选所有实体，进
行并集操作，效果如图 7-124 所示。

图 7-124 合并实体

7.11 课堂实例 7-4：创建支撑座模型

本例创建一支撑座模型，效果如图 7-125 所示。该支撑座是用以支承设备重量，并
使其固定于一定位置的支承部件。该零件为一立式支撑座，其主要结构由底座、支撑板、
支座、定位孔和定位槽组成。其中底座两端的 U 型槽和支座上的定位孔用于定位与之配
合的零件；底座上的支座和支撑板则起到加强支撑座整体强度的作用。

创建该支撑座模型，首先绘制底座轮廓，并利用【拉伸】工具创建为拉伸实体。然
后利用【直线】【圆】和【修剪】工具绘制支撑板轮廓，并利用【拉伸】工具创建为支撑

板实体。接着利用【圆柱体】【实体，并集】和【实体，差集】工具创建支撑板实体上部的孔特征。最后利用【圆柱体】【实体，并集】和【实体，差集】工具创建底座和支座上的孔特征即可。

图 7-125　支撑座模型效果

操作步骤:

1　切换视图样式为【俯视】，利用【直线】【圆】和【修剪】工具绘制底座轮廓线。然后单击【面域】按钮◎，框选所有图形创建面域，效果如图 7-126 所示。

图 7-126　绘制底座轮廓线并创建为面域

2　切换视图样式为【西南等轴测】。然后单击【拉伸】按钮，选取该面域为拉伸对象，沿 Z 轴方向拉伸高度为 14，创建拉伸实体，效果如图 7-127 所示。

图 7-127　创建拉伸实体

3　单击【UCS】按钮，将当前坐标系的原点调整至底面后边的中点位置。然后利用【直线】工具绘制沿 X 轴和 Z 轴的两条中心线，效果如图 7-128 所示。

4　切换视图样式为【后视】。然后利用【圆】【修剪】和【直线】工具绘制支撑板上的封闭半圆形。接着利用【面域】工具选取该图形，创建为面域，效果如图 7-129 所示。

图 7-128　调整坐标系并绘制中心线

图 7-129　绘制封闭半圆形并创建为面域

5　利用【圆】【直线】和【修剪】工具绘制支撑板轮廓线。然后利用【面域】工具选取该支撑板轮廓线，创建为面域，效果如图 7-130 所示。

图 7-130　绘制支撑板轮廓并创建为面域

6　利用【偏移】和【直线】工具绘制梯形的支座轮廓线。然后利用【面域】工具选取该支座轮廓线，创建为面域，效果如图 7-131 所示。

图 7-131　绘制支座轮廓线并创建为面域

7　切换视图样式为【西南等轴测】。然后利用【拉伸】工具选取半圆形面域为拉伸对象，沿-Z 轴方向拉伸长度为 50,创建拉伸实体。继续利用【拉伸】工具选取支座面域为拉伸对象，沿-Z 轴拉伸长度为 45，创建拉伸实体，效果如图 7-132 所示。

图 7-132　创建拉伸实体

8　利用【拉伸】工具选取支撑板面域为拉伸对象，沿-Z 轴方向拉伸长度为 15，创建拉伸实体，效果如图 7-133 所示。

图 7-133　创建支撑板实体

9　单击【圆柱体】按钮，选取支撑板后端面中心线交点为圆柱底面中心，创建底面半径为 R16，沿-Z 轴高度为 18 的圆柱体。继续利用【圆柱体】工具选取同一交点为圆柱底面中心，创建底面半径为 R9，沿-Z 轴高度为 18 的圆柱体，效果如图 7-134 所示。

图 7-134　创建圆柱体

10　利用【实体，差集】工具选取上步创建的大圆柱体为源对象，并选取上步创建的小圆柱体为要去除的对象，创建孔特征。然后单击【实体，并集】按钮，框选所有对象，合并实体，效果如图 7-135 所示。

图 7-135　创建孔特征并合并实体

11　利用【圆柱体】工具选取半圆柱体前端面圆心为圆柱底面中心，创建底面半径为 R18，沿 Z 轴高度为 50 的圆柱体。然后利用【直线】工具分别连接支座实体上端面的对边中点，绘制两条辅助线，两辅助线的交点即为上端面的中心，效果如图 7-136 所示。

12　单击【世界 UCS】按钮，将当前坐标系恢复至世界坐标系。然后利用【圆柱体】工具选取上步所绘辅助线的交点为圆柱底面的中心，创建底面半径为 R6，沿–Z 轴高度为 25 的圆柱体，效果如图 7–137 所示。

图 7–136 创建圆柱体并绘制中心

13 利用【实体，并集】工具选取上步创建的圆柱体和底座中的圆柱体为合并对象，合并实体。然后利用【实体，差集】工具选取支撑座外部实体为源对象，并选取合并后的两圆柱体为要去除的对象，创建支撑座内部孔特征，效果如图 7–138 所示。

图 7–137 恢复世界坐标系并创建圆柱体

图 7–138 合并实体并创建孔特征

7.12 思考与练习

一、填空题

1. 在 AutoCAD 中，用户可以创建_____、_____和_____3 种类型的三维模型。

2. 在三维操作环境中，可以通过指定_____和_____观测当前模型。其中正交视图是从坐标系统的正交方向观测所得到的视图。

3. 有了三维空间的坐标系统，三维造型就成为可能。因此_____是确定三维对象位置的基本手段，是研究三维空间的基础。

4. 三维空间中的基本直线包括_____、_____和_____等类型。

5. 三维曲面都是由多边形网格构成的小平面来近似表示的曲面，其主要由_____和_____组成。

6. 由于实体能够更完整准确地表达模型的机构特征，所包含的模型信息也更多，所以_____是当前三维造型领域最为先进的造型方式。

7. 创建拉伸实体的方法主要有以下 3 种：_____、_____、_____。

二、选择题

1. 下列选项不是三维坐标系类型的是____。
   A. 三维笛卡尔坐标系
   B. 圆柱坐标系
   C. 球面坐标系
   D. 用户坐标系

2. CAD 的三维坐标系形式，包括世界坐标系和____坐标系。
   A. 绝对
   B. 平面
   C. 相对
   D. 用户

3. 建立三维网格的命令是____。
   A. 3Dface
   B. 3Dmesh
   C. Rulesurf
   D. Surftabl

三、简答题

1. 简述如何使用三维坐标系？

2. 简述怎样创建拉伸实体？

四、上机练习

1. 创建法兰支架模型

本练习创建一法兰支架模型，效果如图 7-139 所示。该支架主要用于管道与管道之间的连接。其主要结构由"十"字型支撑板、底座，以及相应的安装孔组成。其中，支撑板对所连接的管路起支撑作用；底座的上下端连接法兰对整体零件起定位作用；底座中空，与管路配合起支撑作用；安装孔起到定位和固定管路的作用。

图 7-139 法兰支架模型效果

创建该法兰支架模型，首先绘制法兰一端的轮廓，利用【拉伸】工具创建一侧法兰盘实体，并镜像获得另一侧法兰盘实体。然后利用【实体，差集】工具创建管孔和各安装孔特征。接着利用【矩形】【直线】【圆】和【修剪】工具绘制支撑板轮廓，并利用【移动】和【拉伸】工具创建支撑板实体。最后利用【实体，并集】工具将所有实体合并。

2. 创建密封盖

本练习创建密封盖实体模型，效果如图 7-140 所示。该零件主要用于压力容器设备中，起到密封防止压力泄露等作用。从该零件的结构特征来看，在端盖的最大圆周位置均匀分布 6 个沉头孔，是为了通过螺栓固定在压力容器设备上；上端两个提耳是为安装吊钩将其调入指定位置。此外，端盖最上方的圆孔是为了在必要时打开压力容器释放压力而设置的。

图 7-140 压力容器端盖效果

分析该密封盖零件，可以将其分为由 6 个均布沉头螺栓孔的圆形连接法兰、上部起密封、吊装作用和安装外部管道的球形盖体、三角形支耳，以及盖体中部的孔特征组成。在创建该零件的实体模型时，依次创建出底部法兰、球形盖体和盖体中部的连接孔，以及分布于盖体两侧的支耳特征，即可完成该密封盖实体模型的创建。

第8章

编辑三维图形

不管是通过基本实体工具，还是拉伸截面创建的实体，都只是零件的初始框架。为了准确、有效地创建出更加复杂的三维实体，可以利用三维编辑工具对实体进行移动、阵列、镜像和旋转等操作。此外，还可以对相关的实体对象进行边、面和体的编辑操作，以及布尔运算，从而创建出符合设计意图的三维实体。

本章主要介绍控制三维视图显示效果的方法，以及实体间的布尔运算和相关的三维操作方法。此外，还详细介绍了编辑实体的边、面和体的方法。

本章学习目的：

➤ 熟悉各种动态观察工具的使用方法
➤ 熟悉控制图形显示的各种方法
➤ 掌握布尔运算的操作方法
➤ 掌握相关三维操作的方法和技巧
➤ 掌握编辑三维实体边、面和体的方法

8.1 动态观察与漫游

在创建和编辑三维图形的过程中，AutoCAD 提供了一个交互的三维动态观察器，可以对图形进行平移、缩放以及旋转等操作，以便对图形的不同位置以及局部细节进行观察。此外还可以利用漫游和飞行工具动态地观察视图。

8.1.1 动态观察类型

利用 AutoCAD 的动态观察功能可以动态、交互式、且直观地显示三维模型，从而方便地检查所创建的实体模型是否符合要求。在 AutoCAD 中动态观察模型的方式包括以下 3 种。

1. 动态观察

利用该工具可以对视图中的图形进行一定约束地动态观察，即可以水平、垂直或对角拖动对象进行动态观察。在观察视图时，视图的目标位置保持不动，而相机位置（观察点）围绕该目标移动。默认观察点会约束为沿着世界坐标系的 XY 平面或 Z 轴移动。

在【视图】选项卡的【导航】选项板中单击【动态观察】按钮⊕，系统将激活交互式的动态视图。用户可以通过单击并拖动鼠标来改变观察方向，从而非常方便地获得不同方向的 3D 视图，效果如图 8-1 所示。

图 8-1 动态观察模型

2. 自由动态观察

利用自由动态观察工具，可以使观察点绕视图的任意轴进行任意角度的旋转，从而对图形进行任意角度的观察。

在【导航】选项板中单击【自由动态观察】按钮，围绕待观察的对象将形成一个辅助圆，且该圆被 4 个小圆分成 4 等份。该辅助圆的圆心是观察目标点，当用户按住鼠标拖动时，待观察的对象静止不动，而视点绕着 3D 对象旋转，显示的效果便是视图在不断地转动，如图 8-2 所示。

图 8-2 自由动态观察模型

其中，当光标置于左右侧的小球上时，拖动鼠标模型将沿中心的垂直轴进行旋转；当光标置于上下方的小球上时，拖动鼠标模型将沿中心的水平轴进行旋转；当光标在圆形轨道外拖动时，模型将绕着一条穿过中心，且与屏幕正交的轴线进行旋转；当光标在圆形轨道内拖动时，可以在水平、垂直以及对角线等任意方向上旋转任意角度，即可以对对象做全方位地动态观察。

3. 连续动态观察

利用该工具可以使观察对象绕指定的旋转轴和旋转速度做连续的旋转运动，从而对其进行连续动态地观察。

在【导航】选项板中单击【连续动态观察】按钮，按住左键拖动启动连续运动，释放后模型将沿着拖动的方向继续旋转，旋转的速度取决于拖动模型时的速度。当再次单击或按下 Esc 键时即可停止转动，效果如图 8-3 所示。

图 8-3 连续动态观察模型

8.1.2 漫游和飞行

在观察三维模型时,利用【漫游】和【飞行】工具可以动态地改变观察点相对于观察对象之间的视距和回转角度,从而能够以任意距离、观察角度对模型进行观察。

由于漫游和飞行功能只有在透视图中才可以使用,所以在使用该功能前,需单击屏幕右上角三维导航立方体的小房子按钮 ,将切换视图至透视效果。然后利用【工具栏】工具调出【三维导航】工具栏。接着在该工具栏中单击【漫游】按钮 或【飞行】按钮 ,即可利用打开的【定位器】选项板设置位置指示器和目标指示器的具体位置,以调整观察窗口中视图的观察方位,如图8-4所示。

此时,将鼠标移动至【定位器】选项板中的位置指示器上,光标将变成 形状,按住左键并拖动,即可调整绘图区中视图的方位;而在【常规】面板中可以对位置指示器和目标指示器的颜色、大小以及位置等参数进行相应的设置,效果如图8-5所示。

图8-4 【定位器】选项板

图8-5 调整视图方向

> **提示**
>
> 在【常用】选项卡的【视图】选项板中通过设置焦距大小可以改变观察位置和目标位置之间的距离,从而改变漫游和飞行时视野的大小。

另外,在【三维导航】工具栏中单击【漫游和飞行设置】按钮 ,即可在打开的【漫游和飞行设置】对话框中对漫游或飞行的步长以及每秒步数等参数进行设置,如图8-6所示。

设置好漫游和飞行操作的所有参数值后,单击【确定】按钮。然后单击【漫游】或【飞行】按钮,打开【定位器】选项板。此时将鼠标放置于绘图区中,即可使用键盘和鼠标交互在图形中漫游和飞行:使用4个箭头键或W、S、A和D键来分别向下、向上、向右和向左移动;如果要指定查看方向,只需沿查看的方向拖动鼠标即可。

图8-6 【漫游和飞行设置】对话框

为创建和编辑三维图形中各部分的结构特征，需要不断调整模型的显示方式和视图位置。控制三维视图的显示可以实现视角、视觉样式和三维模型显示平滑度的改变。这样不仅可以改变模型的真实投影效果，更有利于精确设计产品模型。

8.2.1 设置视觉样式

零件的不同视觉样式呈现出不同的视觉效果，例如要形象地展示模型效果，可以切换为概念样式；如果要表达模型的内部结构，可以切换为线框样式。在 AutoCAD 中，视觉样式用来控制视口中模型边和着色的显示，用户可以在视觉样式管理器中创建和更改视觉样式的设置。

1．视觉样式的切换

在 AutoCAD 中为了观察三维模型的最佳效果，往往需要不断地切换视觉样式。通过切换视觉样式，不仅可以方便地观察模型效果，而且一定程度上还可以辅助创建模型。例如在绘制构造线时，可以切换至【线框】或【二维线框】样式，以选取模型内部的特殊点。

视觉样式用来控制视口中模型边和着色的显示，用户可以在视觉样式管理器中创建和更改不同的视觉样式，如图 8-7 所示。

【视觉样式】列表框中各主要类型的含义如下所述。

- ❏ **二维线框** 该样式用直线或曲线来显示对象的边界。其中光栅、OLE 对象、线型和线宽均可见，且线与线之间是重复地叠加。

图 8-7 视觉样式类型

- ❏ **线框** 该样式用直线或曲线作为边界来显示对象，且显示一个已着色的三维 UCS 图标，但光栅、OLE 对象、线型和线宽均不可见。
- ❏ **隐藏** 该样式用线框来表示对象，并消隐表示后面的线。
- ❏ **真实** 该样式表示着色时使对象的边平滑化，并显示已附着到对象的材质。
- ❏ **概念** 该样式表示着色时使对象的边平滑化，适用冷色和暖色进行过渡。着色的效果缺乏真实感，但可以方便地查看模型的细节。
- ❏ **着色** 该样式表示模型仅仅以着色显示，并显示已附着到对象的材质。这六种主要视觉样式的对比效果如图 8-8 所示。

图 8-8 不同视觉样式的对比效果

2．视觉样式管理器

在实际建模过程中，可以通过【视觉样式管理器】选项板来控制线型颜色、样式面、背景显示、材质和纹理，以及模型显示的精度等特性。

在【视觉样式】下拉列表的最下方选择【视觉样式管理器】选项，然后在打开的选项板中选择不同的视觉样式，即可切换至对应的特性面板，对所选当前图形视觉样式的面、环境和边进行设置，如图 8-9 所示。

各主要样式特性面板的参数选项含义如下所述。

1）【二维线框】特性

二维线框的特性面板主要用于控制轮廓素线的显示、线型的颜色、光晕间隔百分比以及线条的显示精度。它的设置直接影响线框的显示效果。例如轮廓素线分别为 4 和 28 时的对比效果如图 8-10 所示。

2）【线框】特性

线框特性面板包括面、环境以及边等特性的设置，具体包括面样式、背景、边颜色以及边素线等特性。其中，常用的面样式是指控制面的着色模式，背景是指控制绘图背景的显示，而边素线和颜色则与二维线框类似。例如将线框设置为 3 种不同面样式的对比效果如图 8-11 所示。

> **注 意**
>
> 【真实】样式表现出物体面非常接近于面在现实中的表现方式；【古氏】样式使用冷色和暖色，而不是暗色和亮色增强面的显示效果。这些面可以附加阴影，并且很难在真实显示中看到。

3）【隐藏】特性

隐藏的特性面板与线框基本相同，区别在于隐藏是将边线镶嵌于面，以显示出面的效果，因此多出了【折缝角度】和【光晕间隔】等特性。其中，折缝角度主要用于创建更光滑的镶嵌表面，折缝角越大，表面越光滑；而光晕间隔则是镶嵌面与边交替隐藏的间隔。例如分别将折缝角变小、将光晕间隔增大时，其表面变换效果如图 8-12 所示。

图 8-9 【视觉样式管理器】对话框

图 8-10 修改二维线框的轮廓素线

图 8-11 修改模型的面样式

4）【概念】特性

【概念】特性面板同【隐藏】基本相同，区别在于【概念】视觉样式是通过着色显示面的效果，而【隐藏】则是【无】面样式显示。此外，它可以通过亮显强度、不透明度以及材质和颜色等特性对比显示较强的模型效果。

例如在【面设置】面板中单击【不透明度】按钮，即可在下方激活的文本框中设置不透明参数，以调整模型的显示效果，如图 8-13 所示。

5）【真实】特性

【真实】特性面板与【概念】基本相同，它真实显示模型的构成，并且每一条轮廓线都清晰可见。由于真实着色显示出模型结构，因此相对于概念显示来说，不存在折痕角、光晕间隔等特性。如果赋予其特殊材质特性，材质效果清晰可见，效果如图 8-14 所示。

8.2.2　消隐图形

对图形进行消隐处理，可以隐藏被前景对象遮掩的背景对象，将使图形的显示更加简洁，设计更加清晰。但在创建和编辑图形时，系统处理的是对象或面的线框表示，消隐处理仅用来验证这些表面的当前位置，而不能对消隐的对象进行编辑或渲染。

利用【工具栏】工具调出【渲染】工具栏，然后在该工具栏中单击【隐藏】按钮。此时，系统会自动对当前视图中的所有实体进行消隐，并在屏幕上显示消隐后的效果，如图 8-15 所示。

8.2.3　改变模型曲面
轮廓素线

与实体显示效果有关的变量主要有

图 8-12　修改【隐藏】视觉样式

图 8-13　修改【概念】视觉样式

图 8-14　修改【真实】视觉样式

图 8-15　消隐前后的对比效果

ISOLINES、FACETRES 和 DISPSILH 三个系统变量。通过这三个变量可以分别控制线框模式下的网格线数量或消隐模式下的表面网格密度，以及网格线的显示或隐藏状态。

1．通过 ISOLINES 控制网格线数量

三维实体的面都是由多条线构成，线条的多少决定了实体面的粗糙程度。用户可以利用 ISOLINES 指令设置对象上每个曲面的轮廓线数目，该值的范围是 0-2047。其中轮廓素线的数目越多，显示的效果也越细腻，但是渲染时间相对较长。

要改变模型的轮廓素线值，可以在绘图区的空白处单击鼠标右键，在打开的快捷菜单中选择【选项】选项。然后在打开的对话框中切换至【显示】选项卡，在【每个曲面的轮廓素线】文本框中输入数值，并单击【确定】按钮。接着在命令行中输入 REGEN 指令，更新图形显示，即可显示更改后的效果，如图 8-16 所示。

图 8-16　改变轮廓素线值效果

2．通过 FACETRES 控制网格密度

通过系统变量 FACETRES，可以设置实体消隐或渲染后表面的网格密度。该变量值的范围为 0.01-10，值越大表明网格越密，消隐或渲染后的表面越光滑，效果如图 8-17 所示。

图 8-17　更改表面光滑度

提　示

此外，也可以在绘图区的空白处右击并选择【选项】选项。然后在打开的对话框中切换至【显示】选项卡，在【渲染对象的平滑度】文本框中设置网格密度参数即可。

3．通过 DISPSILH 控制实体轮廓线的显示

系统变量 DISPSILH 用于确定是否显示实体的轮廓线，有效值为 0 和 1。其中默认值为 0，当设置为 1 时，显示实体轮廓线，否则不显示。该变量对实体的线框视图和消隐视图均起作用，并且更改该系统变量后，还需要在命令行中输入 REGEN 指令，更新图形显示，才会显示更改后的效果，如图 8-18 所示。

图 8-18　控制实体轮廓线的显示

8.2.4　改变模型表面的平滑度

通过改变实体表面的平滑度来控制圆、圆弧和椭圆的显示精度。平滑度越高，显示将越平滑，但是系统也需要更长的时间来运行重生成、平移或缩放对象的操作。

AutoCAD 的平滑度默认值为1000，切换至【选项】对话框的【显示】选项卡，即可在【圆弧和圆的平滑度】文本框中对该值进行重新设置，该值的有效范围为 1~20000。例如值为 10 和 10000 时的显示效果如图 8-19 所示。

图 8-19　平滑度为 10 和 10000 时图形显示效果

技 巧

在绘制图形时，可以将表面的平滑度设置为较低的值。而在渲染时增加该选项的值，可以提高 AutoCAD 的运行速度，从而提高工作效率。

8.3　布尔运算

布尔运算包括并集、差集和交集三种运算方式，贯穿整个建模过程。该类运算主要用于确定建模过程中多个实体之间的组合关系，通过该类运算可以将多个形体组合为一个形体，以实现一些特殊的造型。例如孔、槽、凸台和轮齿等特征，都是通过布尔运算来实现的。在创建三维实体时，熟练掌握并运用相应的布尔运算方式，将使创建模型过程更加方便快捷。

8.3.1　并集运算

并集运算就是将所有参与运算的面域合并为一个新的面域，且运算后的面域与合并前的面域位置没有任何关系。

要执行该并集操作，可以首先将绘图区中的多边形和圆等图形对象分别创建为面域。然后在命令行中输入 UNION 指令，并分别选取这两个面域。接着按下回车键，即可获得并集运算效果，如图 8-20 所示。

1. 选取多边形面域

2. 选取圆面域

并集效果

8.3.2　差集运算

图 8-20　并集运算效果

差集运算是从一个面域中减去一个或多个面域，从而获得一个新的面域。当所指定去除的面域和被去除的面域不同时，所获得的差集效果也会不同。

在命令行中输入 SUBTRACT 指令，然后选取多边形面域为源面域，并单击右键。接着选取圆面域为要去除的面域，并单击右键，即可获得面域求差效果，如图 8-21 所示。

图 8-21 差集运算效果

8.3.3 交集运算

通过交集运算可以获得各个相交面域的公共部分。要注意的是只有两个面域相交，两者间才会有公共部分，这样才能进行交集运算。

在命令行中输入 INTERSECT 指令，然后依次选取多边形面域和圆面域，并单击右键，即可获得面域求交效果，如图 8-22 所示。

图 8-22 交集运算效果

8.4 三维操作

与二维空间中的编辑命令一样，在三维空间中同样可以对三维物体执行移动、阵列、镜像和旋转等编辑操作。灵活使用这些编辑工具，能够快速地创建复杂的实体模型。

8.4.1 三维移动

在三维建模环境中，利用【三维移动】工具能够将指定的模型沿 X、Y、Z 轴或其他任意方向，以及沿轴线、面或任意两点间移动，从而准确地定位模型在三维空间中的位置。

在【修改】选项板中单击【三维移动】按钮，选取要移动的对象，该对象上将显示相应的三维移动图标，如图 8-23 所示。

然后通过选择该图标的基点和轴句柄，即可实现不同的移动效果，现分别介绍如下。

图 8-23 显示三维移动图标

1. 指定距离数值移动对象

指定移动基点后，可以通过直接输入移动距离来移动对象。例如要将圆柱体沿 Y 轴负方向移动 10，在指定图标原点为基点后，输入相对坐标（@0，-10，0），并按下回车键，即可移动该圆柱体，如图 8-24 所示。

2．指定轴向移动对象

选取要移动的对象后，将光标停留在坐标系的轴句柄上，直到矢量显示为与该轴对齐，然后选择该轴句柄即可将移动方向约束到该轴上。当用户拖动光标时，选定的对象将仅沿指定的轴移动，且此时便可以单击或输入值以指定移动距离。例如将实体沿 X 轴向移动的效果如图 8-25 所示。

图 8-24 输入距离移动对象

3．指定平面移动对象

将光标悬停在两条轴柄直线之间汇合处的平面上（用于确定移动平面），直到直线变为黄色。然后选择该平面，即可将移动约束添加到该平面上。当用户拖动光标时，所选的实体对象将随之移动，且此时便可以单击或输入值以指定移动距离，效果如图 8-26 所示。

图 8-25 指定轴向移动对象

8.4.2 三维阵列

利用该工具可以在三维空间中按矩形阵列或环形阵列的方式，创建指定对象的多个副本。在创建齿轮、齿条等按照一定顺序分布的三维对象时，利用该工具可以快速地进行创建。现分别介绍矩形阵列和环形阵列的使用方法。

图 8-26 指定平面移动对象

1．矩形阵列

三维矩形阵列与二维矩形阵列操作过程很相似，不同之处在于：在指定行列数目和间距之后，还可以指定层数和层间距。

在【修改】选项板中单击【矩形阵列】按钮 ，并选取要阵列的长方体对象。然后按下回车键，系统将展开【阵列创建】选项卡。此时，在该选项卡的相应文本框中依次设置列、行和层的相关参数，即可完成该长方体矩形阵列特征的创建，效果如图 8-27 所示。

2．环形阵列

创建三维环形阵列除了需要指定阵列数目和阵列填充角度以外，还需要指定旋转轴的起止点，以及对象在阵列后是否绕着阵列中心旋转。

在【修改】选项板中单击【环形阵列】按钮，然后选取要阵列的对象，并按下回车键。接着在绘图区中指定阵列的中心点，系统将展开【阵列创建】选项卡。此时，在该选项卡的相应文本框中依次设置相关的阵列参数，即可完成环形阵列特征的创建，效果如图 8-28 所示。

图 8-27　创建三维矩形阵列

图 8-28　创建三维环形阵列

提 示

在执行三维环形阵列时，"填充角度"表示环形阵列覆盖的角度，默认值为 360°，表示在全环范围内阵列。

8.4.3　三维镜像

利用该工具能够将三维对象通过镜像平面获取与之完全相同的对象。其中，镜像平面可以是与当前 UCS 的 XY、YZ 或 XZ 平面平行的平面，或者由 3 个指定点所定义的任意平面。

单击【三维镜像】按钮，即可进入【三维镜像】模式。此时选取待镜像的对象，并按下回车键，则在命令行中将显示指定镜像平面的各种方式，常用方式的操作方法介绍如下。

AutoCAD 2014 中文版标准教程

1. 指定对象镜像

该方式是指使用选定对象的平面作为镜像平面，包括圆、圆弧或二维多段线等。在命令行中输入字母 O 后，选取相应的平面对象，并指定是否删除源对象，即可创建相应的镜像特征，效果如图 8-29 所示。

2. 指定视图镜像

该方式是指将镜像平面与当前视口中通过指定点的视图平面对齐。在命令行中输入字母 V 后，直接在绘图区中指定一点或输入坐标点，并指定是否删除源对象，即可获得相应的镜像特征。

选取该矩形所在平面为镜像平面

三维镜像效果

图 8-29 指定对象镜像

3. 指定 XY、YZ、ZX 平面镜像

该方式是将镜像平面与一个通过指定点的坐标系平面（XY、YZ 或 ZX）对齐，通常与调整 UCS 操作配合使用。

例如将当前 UCS 移动到指定的节点位置，然后在执行镜像操作时，指定坐标系平面 XY 为镜像平面，并指定该平面上一点，即可获得相应的镜像特征，如图 8-30 所示。

4. 指定 3 点镜像

该方式是指定 3 点定义镜像平面，并且要求这 3 点不在同一条直线上。例如选取镜像对象后，直接在模型上指定 3 点，按下回车键，即可获得相应的镜像特征，如图 8-31 所示。

2. 指定该圆心为平面上一点　　1. 选取 XY 平面

三维镜像效果

图 8-30 指定 XY 平面镜像

8.4.4 三维旋转

三维旋转操作就是将所选对象沿指定的基点和旋转轴（X 轴、Y 轴和 Z 轴）进行自由地旋转。利用该工具可以在三维空间中以任意角度旋转指定的对象，以获得模型不同观察方位的效果。

三维镜像效果

图 8-31 指定 3 点镜像

单击【三维旋转】按钮 ⊕，进入【三维旋转】模式。然后选取待旋转的对象，并按下回车键，该对象上将显示旋转图标。其中，红色圆环代表 X 轴、绿色圆环代表 Y 轴、蓝色圆环代表 Z 轴，效果如图 8-32 所示。

此时指定一点作为旋转基点，并选取相应的旋转图标的圆环以确定旋转轴。且当选取一圆环时，系统将显示对应的轴线为旋转轴。然后拖动光标或输入任意角度，即可执

行三维旋转操作，效果如图 8-33 所示。

图 8-32　显示三维旋转图标　　　　　图 8-33　三维旋转对象

8.4.5　三维对齐

利用三维对齐工具可以指定至多 3 个点用以定义源平面，并指定至多 3 个点用以定义目标平面，从而获得三维对齐效果。在机械设计中经常利用该工具来移动、旋转或倾斜一对象使其与另一个对象对齐，以获得组件的装配效果。

单击【三维对齐】按钮，即可进入【三维对齐】模式。此时选取相应的源对象，并按下回车键。然后依次指定源对象上的 3 个点用以确定源平面。接着指定目标对象上与之相对应的 3 个点用以确定目标平面，源对象即可与目标对象根据参照点对齐，效果如图 8-34 所示。

图 8-34　三维对齐对象

8.4.6　三维倒角和圆角

在三维环境中执行倒角和圆角操作，与二维环境中编辑效果的不同之处在于：这些操作是在三维实体表面相交处按照指定的距离创建的一个新平面。

1．三维倒角

为模型边缘添加倒角特征，可以使模型尖锐的棱角变的光滑。该工具主要用于孔特征零件或轴类零件上，为防止擦伤或者滑伤安装人员，进而方便安装。

切换至【实体】选项卡，在【实体编辑】选项板中单击【倒角边】按钮，然后在实体模型上选取要倒角的边线，并分别设定基面倒角距离和相邻面的倒角距离。接着按下回车键，即可获得相应的倒角特征，效果如图 8-35 所示。

提　示

此外在指定倒角距离参数后，可以在命令行中输入字母 L，表示同时在基面的周围进行倒角操作。

2．三维圆角

在三维建模过程中创建圆角特征，就是在实体表面相交处按照指定半径创建一个圆弧性曲面。主要用在回转零件的轴肩位置处，以防止轴肩应力集中，在长时间的运转中断裂。

切换至【实体】选项卡，在【实体编辑】选项板中单击【圆角边】按钮 ，然后选取待倒圆角的边线，并输入圆角半径。接着按下回车键，即可创建相应的圆角特征，效果如图 8-36 所示。

图 8-35　创建实体倒角　　　　　图 8-36　创建三维圆角

8.5　编辑三维对象

实体都是由最基本的边和面所组成。在 AutoCAD 中，用户不仅可以根据设计需要提取实体模型上的多个边特征，还可以利用系统提供的各种编辑面的工具，对实体的结构进行形状或位置上的调整，直至符合用户的设计要求。

8.5.1　编辑实体边

实体都是由最基本的面和边所组成，在 AutoCAD 中可以根据设计的需要，提取多个边特征，对其执行着色、提取、压印或复制边等操作，便于查看或创建更为复杂的模型。

1．着色边

利用该工具可以修改三维对象上单条或多条边的颜色。在创建比较复杂的实体模型时，利用该工具对边进行着色，可以更清晰地操作或观察边界线。

在【常用】选项卡的【实体编辑】选项板中单击【着色边】按钮 ，然后选取需要进行颜色修改的边，并按下回车键，系统将打开【选择颜色】对话框。然后在该对话框中选择颜色，单击【确定】按钮，即可完成边颜色的修改，效果如图 8-37 所示。

选取该边

着色边效果

图 8-37 着色边效果

2. 提取边

在三维建模环境中执行提取边操作,可以从三维实体或曲面中提取相应的边线来创建线框。这样可以从任何有利的位置查看模型结构特征,并且自动创建标准的正交和辅助视图,以及轻松生成分解视图。

在【实体编辑】选项板中单击【提取边】按钮,然后选取待提取的三维模型,按下回车键,即可执行提取边操作。此时提取后并不能显示提取效果,如果要进行查看,可以将对象移出当前位置来显示提取边效果,如图 8-38 所示。

移动参照模型

正交: 68.6957 < -Z

提取模型所有边效果

3. 压印边

在创建三维模型后,往往需要在模型的表面加入公司标记或产品标记等图形对象,AutoCAD 为该操作专门提供了压印工具,使用该工具能够将对象压印到选定的实体上。为了使压印操作成功,被压印的对象必须与选定对象的一个或多个面相交。

单击【压印】按钮,然后选取被压印的实体,并选取压印对象。此时,如果需要保留压印对象,按下回车键即可;如果不需要保留压印对象,可在命令行中输入字母 Y,并按下回车键即可。例如删除压印对象的效果如图 8-39 所示。

图 8-38 提取边效果

压印时,系统将创建新的表面区域,且该表面区域以被压印几何图形和实体的棱边为边界。用户可以对该新生成的面进行拉伸和复制等操作。单击【按住并拖动】按钮,选取该新封闭区域,并移动光标,所选区域将动态地显示相应的三维实体。此时在合适位置单击,或直接输入高度值来确定三维实体的高度即可,效果如图 8-40 所示。

2. 选取压印对象

压印效果

选取该压印区域进行拖动

1. 选取被压印实体

拖动为实体效果

图 8-39 压印边效果

图 8-40 拉伸压印区域创建实体

4．复制边

利用该工具能够对三维实体中的任意边进行复制，且可以复制的边为直线、圆弧、圆、椭圆或样条曲线等对象。

单击【复制边】按钮，选取需要进行复制的边，并按下回车键。然后依次指定基点和位移点，即可将选取的边线复制到目标点处。例如将复制的边从基点 A 移动到基点 B 的效果如图8-41 所示。

选取边

复制边效果

图 8-41 复制边效果

8.5.2 编辑实体面

在创建零件模型时，有时所创建结构特征的位置和大小并不符合设计要求。如果删除重新创建必定会比较麻烦，此时就可以利用 AutoCAD 提供的面的各种编辑工具对实体的结构形状或位置进行实时地调整，直至符合用户的设计要求。

1．移动实体面

当实体上孔或槽的位置不符合设计要求时，可以利用【移动面】工具选取孔或槽的表面，将其移动到指定位置，使实体的几何形状发生关联的变形，但其大小和方向并不改变。

在【常用】选项卡的【实体编辑】选项板中单击【移动面】按钮，选取要移动的槽表面，并按下回车键。然后依次选取基点和目标点确定移动距离，即可将槽移动至目标点，效果如图 8-42 所示。

2. 指定该圆心为基点

3. 指定目标点

1. 选取该槽表面

正交 41.9380 < 0°

槽移动效果

图 8-42 移动面效果

2．偏移实体面

如果要改变现有实体上孔或槽的大小，可以利用【偏移面】工具进行编辑。利用该工具可以直接输入数值或者选取两点来确定偏移距离，之后所选面将根据偏移距离沿法线方向进行移动。当所选面为孔表面时，可以放大或缩小孔；当所选面为实体端面时，则可以拉伸实体，改变其高度或宽度。

单击【偏移面】按钮，选取槽表面，并按下回车键。然后输入偏移值，并按下回车键，即可获得偏移面效果。其中，当输入负偏移值时，将放大槽；输入正偏移值时，则缩小槽，效果如图 8-43 所示。

图 8-43 偏移面效果

3. 删除实体面

删除面指从三维实体对象上删除多余的实体面和圆角，从而使几何形状实体产生关联的变化。通常删除面用于对实体倒角或圆角面的删除，删除后的实体回到原来的状态，成为未经倒角或圆角的锐边。

单击【删除面】按钮，进入【删除面】模式。此时选取要删除的面后右击，或按下回车键，即可删除该面，效果如图 8-44 所示。

图 8-44 删除面效果

4. 旋转实体面

旋转面指将一个或多个面，或者实体的某部分，绕指定的轴旋转。当一个面旋转后，与其相交的面会进行自动调整，以适应改变后的实体。

单击【旋转面】按钮，选取要旋转的面，右击或按下回车键。然后指定旋转轴，并输入旋转角度后按下回车键，即可旋转该面，效果如图 8-45 所示。

图 8-45 旋转面效果

5. 倾斜实体面

利用【倾斜面】工具可以将实体中的一个或多个面按照指定的角度倾斜。在倾斜面操作中，所指定的基点和另外一点确定了面的倾斜方向，面与基点同侧的一端保持不变，而另一端则发生变化。

单击【倾斜面】按钮，选取实体上要进行倾斜的面，并按下回车键。然后依次选取基点和另一点确定倾斜轴，输入倾斜角度（当角度为正值时向内倾斜，负值时向外倾斜），按下回车键，即可完成倾斜面操作，效果如图 8-46 所示。

AutoCAD 2014中文版标准教程

提 示

输入倾斜角度时，数值不要过大，因为如果角度过大，在倾斜面未达到指定的角度之前可能已经聚为一点，系统不支持这种倾斜。

图 8-46　倾斜面效果

6. 拉伸实体面

如果要动态地调整实体的高度或宽度，可以利用【拉伸面】工具根据指定的距离拉伸面或将面沿某条路径拉伸。此外，如果输入拉伸距离，还可以设置拉伸的锥角，使拉伸实体形成锥化效果。

单击【拉伸面】按钮，选取实体上要拉伸的面，并设置拉伸距离和拉伸的倾斜角度。此时拉伸面将沿其法线方向进行移动，进而改变实体的高度，效果如图 8-47 所示。

7. 复制实体面

在创建零件模型时，可以不必重新绘制截面，直接将现有实体的表面复制为新对象以用于实体建模。其中，利用【复制面】工具复制出的新对象可以是面域或曲面。且当为面域时，用户还可以拉伸该面域创建新的实体。

单击【复制面】按钮，选取待复制的实体表面，并按下回车键。然后依次指定基点和目标点，放置复制出的实体面即可，效果如图 8-48 所示。

图 8-47　拉伸实体面效果　　　　**图 8-48　复制面效果**

8.6　编辑三维实体

在实体建模过程中，不仅可以对实体上的边线和单个表面执行编辑操作，还可以对整个实体进行编辑操作，从而在源实体的基础上创建出新的实体效果。如利用剖切工具表达零件的内部结构，利用抽壳工具创建壳体零件等。

8.6.1 抽壳

抽壳是指从实体内部挖去一部分材料，形成内部中空或者凹坑的薄壁实体结构。通过执行抽壳操作，可以将实体以指定的厚度形成一个空的薄层。其中，当指定正值时从圆周外开始抽壳，指定负值时从圆周内开始抽壳。根据创建方式的不同，抽壳方式主要有以下两种类型。

1. 删除面抽壳

该方式是抽壳中最常用的一种方法，主要是通过删除实体的一个或多个表面，并设置相应的厚度来创建壳特征。

在【实体编辑】选项板中单击【抽壳】按钮 ，选取待抽壳的实体，并选取要删除的面。然后按下回车键，并输入抽壳偏移距离，即可执行抽壳操作，效果如图 8-49 所示。

图 8-49   删除面执行抽壳操作

2. 保留面抽壳

该方法可以在实体中创建一个封闭的壳，使整个实体内部呈中空状态。该方法常用于创建各球类模型和气垫等空心模型。

选择【抽壳】工具后，选取待抽壳的实体，并按下回车键，然后输入抽壳偏移距离，即可创建中空的抽壳效果。为了查看抽壳效果，可以利用【剖切】工具将实体剖开，效果如图 8-50 所示。

图 8-50   保留面执行抽壳操作

8.6.2 分割和剖切实体

在三维建模环境中创建实体模型后，为清楚地表现实体内部的结构特征，可以将组合实体分割或假想一个剖切平面将其剖切，然后将剖切后的实体移除，便可以清晰地显示剖切后的效果。

1. 分割

该操作是将由不相连的实体组成的组合体分割为单独的实体。但对于组合体中各个实体之间的共同体积不能执行分割操作，例如两个相互干涉的实体通过并集运算合并成一个实体时，将不能执行分割操作。

单击【分割】按钮 ，选取需要分割的实体对象，并按下回车键，即可完成分割操

AutoCAD 2014 中文版标准教程

作。例如将原来不相连组合在一起的实体分割为单独的实体，效果如图 8-51 所示。

2．剖切

剖切就是使用假想的一个与对象相交的平面或曲面，将三维实体切为两半。被切开的实体两部分可以保留一侧，也可以都保留。利用该工具常剖切一些外形看似简单，但内部却极其复杂的零件，如腔体类零件。通过剖切可以更清楚地表达模型内部的形体结构。

图 8-51　分割对象效果

单击【剖切】按钮，选取要剖切的实体对象，按下回车键。然后指定剖切平面，并根据需要保留切开实体的一侧或两侧，即可完成剖切操作。以下分别介绍几种常用的指定剖切平面的方法。

1）指定切面起点

该方式是默认剖切方式，即通过指定剖切实体的两点，系统将默认两点所在垂直平面为剖切平面，对实体进行剖切操作。

指定要剖切的实体后，按下回车键。然后指定两点确定剖切平面，此时命令行将显示"在所需的侧面上指定点或[保留两个侧面(B)]："的提示信息，可以根据设计需要设置是否保留指定侧面或两侧面，并按下回车键，即可执行剖切操作，效果如图 8-52 所示。

图 8-52　指定切面起点剖切对象

2）平面对象

该剖切方式是利用曲线、圆、椭圆、圆弧或椭圆弧、二维样条曲线和二维多段线作为剖切平面，对所选实体进行剖切。

选取待剖切的对象之后，在命令行中输入字母 O，并按下回车键。然后选取二维曲线为剖切平面，并设置保留方式，即可完成剖切操作。例如选取一矩形为剖切平面，并设置剖切后的实体只保留一侧，效果如图 8-53 所示。

3）曲面

该方式以曲面作为剖切平面。选取待剖切的对象后，在命令行中输入字母 S，按下回车键后选取曲面，即可执行剖切操作。例如指定相应的曲面为剖切平面后，保留一侧的效果如图 8-54 所示。

图 8-53　指定平面对象剖切实体

4）Z 轴

该方式可以通过指定 Z 轴方向上的两点来剖切实体。选取待剖切的对象后，在命令行中输入字母 Z，按下回车键后直接在实体上指定两点，则系统将以这两点连线的法向面作为剖切平面执行剖切操作。例如输入字母 Z 后，指定两圆心确定剖切平面，保留一侧剖切实体的效果如图 8-55 所示。

图 8-54 指定曲面剖切实体

5）视图

该方式是以实体所在的视图为剖切平面。选取待剖切的对象之后，在命令行中输入字母 V，然后按下回车键并指定一点作为视图平面上的点，即可执行剖切操作。例如当前视图为西北等轴测，指定实体边上的中点作为视图平面上的点，剖切效果如图 8-56 所示。

图 8-55 指定 Z 轴两点剖切实体

6）XY、YZ、ZX

该方式是利用坐标系 XY、YZ、ZX 平面作为剖切平面。选取待剖切的对象后，在命令行中指定坐标系平面，按下回车键后指定该平面上一点，即可执行剖切操作。例如指定 XY 平面为剖切平面，并指定当前坐标系原点为该平面上一点，创建的剖切实体效果如图 8-57 所示。

7）三点

该方式是在绘图区中选取 3 点，利用这 3 个点组成的平面作为剖切平面。选取待剖切的对象之后，在命令行输入数字 3，按下回车键后直接在实体上选取 3 个点，系统将自动根据这 3 个点组成的平面，执行剖切操作。例如依次指定点 A、点 B 和点 C 而生成的剖切效果如图 8-58 所示。

图 8-56 按视图方式剖切实体

图 8-57 指定坐标平面剖切实体

图 8-58 选取 3 点剖切实体

8.6.3 转换三维图形

在编辑三维图形时，为提高图形的显示速度，可以将当前的实体特征转换为曲面特征。此外，为提高图形的显示效果，还可以将指定的对象转换为实体特征。以下分别介绍这两种转换方式。

1．转换为实体

利用【转换为实体】工具可以将网格曲面对象转换为平滑的三维实体对象。该操作只能针对网格曲面。

单击【转换为实体】按钮 ，进入【转换为实体】模式。此时选择需要转化的对象后，按下回车键，即可将其转化为实体。例如将旋转网格转换为实体的效果如图 8-59 所示。

图 8-59　旋转网格转换为实体效果

2．转换为曲面

利用【转换为曲面】工具可以将图形中现有的对象，如二维实体、面域、开放的具有厚度的零宽度多段线、具有厚度的直线或圆弧，以及三维平面创建为曲面。

单击【转换为曲面】按钮 ，进入【转换为曲面】模式。此时选取需进行转换的对象后，按下回车键，即可完成曲面的转换操作。例如将正五边形线框转化为曲面的效果如图 8-60 所示。

图 8-60　线框转换为曲面效果

8.7　课堂实例 8-1：创建箱体模型

本实例创建一箱体零件，效果如图 8-61 所示。创建该箱体模型，首先利用【拉伸】工具创建底板实体，并利用【实体，差集】工具创建孔特征。然后利用相关工具创建吊耳特征，并利用【实体，并集】工具将各个部件合并。为表现箱体的内部结构特征，利用【剖切】工具，对该实体进行剖切操作，即可完成箱体零件模型的创建。

操作步骤：

1️⃣ 切换视觉方式为【二维线框】，并切换视图样式为【俯视】。然后按照如图 8-62 所示尺寸绘制截面轮廓。接着单击【面域】按钮 ，框选所绘截面轮廓创建面域，并切换视觉样式为【概念】，观察创建的面域效果。

图 8-61　箱体零件

图 8-62　绘制截面并创建面域

2　单击【实体,差集】按钮◎,选取矩形面域为源对象,并选取圆形面域为去除对象,进行差集操作,效果如图 8-63 所示。

图 8-63　面域求差

3　切换视图方式为【西南等轴测】,单击【拉伸】按钮□,选取求差后的面域特征为拉伸对象,并输入沿 Z 轴方向的拉伸高度为 25,创建拉伸实体,效果如图 8-64 所示。

图 8-64　创建拉伸实体

4　利用【矩形】【直线】【圆弧】和【圆角】工具按照如图 8-65 所示尺寸绘制截面轮廓。然后利用【面域】工具,框选绘制的截面轮廓创建为面域特征。

图 8-65　绘制截面并创建面域

5　利用【实体,差集】工具选取如图 8-66 所示的面域为源对象,并选取该面域内部的矩形面域为去除对象,进行差集操作。

图 8-66　面域求差

6　利用【拉伸】工具选取上步求差后的面域特征为拉伸对象,并输入沿 Z 轴方向的高度为 150,创建拉伸实体,效果如图 8-67 所示。

图 8-67　创建拉伸实体

7　切换视图样式为【前视】,并按照如图 8-68 所示尺寸绘制截面轮廓。然后利用【面域】工具框选该截面,创建为面域特征。

8　利用【拉伸】工具选取上步创建的面域特征为拉伸对象,并输入沿 Z 轴方向的高度为

150，创建拉伸实体，效果如图 8-69 所示。

图 8-68　绘制截面并创建面域

图 8-69　创建拉伸实体

9　利用【实体，差集】工具选取第 6 步创建的拉伸实体为源对象，并选取上步创建的拉伸实体为去除对象，进行差集操作，效果如图 8-70 所示。

图 8-70　实体求差

10　切换视图样式为【俯视】，并利用【直线】【圆】和【修剪】工具按照如图 8-71 所示尺寸绘制支耳轮廓。然后利用【面域】工具框选该支耳轮廓，创建为面域特征。

11　切换视图样式为【西南轴等测】。然后利用【实体，差集】工具选取支耳外部轮廓面域为源对象，并选取圆形面域为去除对象，进

行差集操作，效果如图 8-72 所示。

图 8-71　绘制截面并创建面域

图 8-72　面域求差

12　利用【拉伸】工具选取上步求差后的面域特征为拉伸对象，并输入沿 Z 轴方向的高度为 -25，创建拉伸实体，效果如图 8-73 所示。

图 8-73　创建拉伸实体

13　单击【三维镜像】按钮，并选取上步创建的拉伸实体为镜像对象。然后选取 YZ 平面为镜像平面，指定底面矩形长边中点为镜像中心点，并保留源对象，创建镜像实体，效果如图 8-74 所示。

14　单击【实体，并集】按钮，框选所有实体特征进行并集操作，效果如图 8-75 所示。

图 8-74 创建镜像实体

图 8-76 剖切实体

图 8-75 实体求和

图 8-77 剖切实体

15 单击【剖切】按钮，并选取合并实体为剖切对象。然后选择 ZX 平面为剖切平面，指定底面矩形短边为剖切中心点，并保留两个侧面，效果如图 8-76 所示。

16 继续利用【剖切】工具选取如图 8-77 所示实体为剖切对象，并选取 YZ 平面为剖切平面。然后指定底面矩形短边中点为剖切中点，并单击右侧为要保留的实体部分。

17 利用【实体，并集】工具框选剖分后的所有实体，进行并集操作，效果如图 8-78 所示。

图 8-78 实体求和

8.8 课堂实例 8-2：创建腔体模型

本例创建一腔体模型，效果如图 8-79 所示。该腔体主要用于管道与管道之间的连接，在管路设备中应用极为广泛。其中该腔体模型上的法兰起到连接和定位的作用，底座起到连接和支撑的作用。

创建该腔体模型，首先绘制底座法兰盘轮廓，并利用【拉伸】和【实体，差集】工具创建为拉伸实体。然后创建腔体壳柱体，并利用【剖切】工具剖切该模型，显示其内部结构特征。

图 8-79 腔体实体效果

操作步骤：

1. 切换视图方式为【俯视】，单击【直线】按钮 ✎，绘制边长为 80 的正方形。然后单击【偏移】按钮 ⚏，将正方形的四条边向内分别偏移 10，效果如图 8-80 所示。

图 8-80 绘制底板轮廓

2. 单击【圆角】按钮 ◻，绘制如图 8-81 所示尺寸的 4 个圆角。然后单击【圆】按钮 ⊘，以各条偏移线段的交点为圆心，依次绘制 4 个直径均为 Φ7 的圆轮廓。

图 8-81 绘制圆角和圆

3. 单击【面域】按钮 ⊚，框选如图 8-82 所示的图形轮廓创建为面域特征。然后切换视图样式为【概念】，观察创建的面域效果。

图 8-82 创建面域

4. 切换视图方式为【西南等轴测】，单击【拉伸】按钮 ☝，选取上步创建的面域特征为拉伸对象，沿 Z 轴方向拉伸高度为 8，效果如图 8-83 所示。

图 8-83 创建拉伸实体

5. 单击【实体，差集】按钮 ◉，选取长方体实体为源对象，并选取 4 个圆柱体实体为要去除的对象，进行差集操作，效果如图 8-84 所示。

图 8-84 实体求差效果

6. 利用【直线】工具，在底板的上表面绘制如图 8-85 所示的两条正交辅助线。然后利用【圆】工具，以这两条辅助线的交点为圆心，绘制半径分别为 R14 和 R20 的圆轮廓。接着利用【面域】工具，将这两个圆轮廓创建为面域特征。

图 8-85 绘制圆并创建面域

7 利用【拉伸】工具，选取上步创建的面域特征为拉伸对象，沿 Z 轴方向拉伸高度为 32，效果如图 8-86 所示。

拉伸实体效果

选取面域为拉伸对象

图 8-86 创建拉伸实体

8 利用【实体，差集】工具，选取外部半径为 R20 的圆柱体为源对象，并选取内部半径为 R14 的圆柱体为要去除的对象，进行差集操作，效果如图 8-87 所示。

2. 选取内部圆柱体为要去除的对象

差集效果

1. 选取外部实体为源对象

图 8-87 实体求差效果

9 利用【圆】工具，以圆柱体上表面的圆心为圆心，绘制半径分别为 R20 和 R24 的圆轮廓。然后利用【面域】工具，将所绘制的圆轮廓创建为面域特征，效果如图 8-88 所示。

绘制圆

面域效果

图 8-88 绘制圆并创建面域

10 利用【拉伸】工具，选取上步创建的面域特征为拉伸对象，沿 Z 轴方向拉伸高度为 62，效果如图 8-89 所示。

选取面域为拉伸对象

拉伸实体效果

图 8-89 创建拉伸实体

11 利用【直线】工具，依次绘制如图 8-90 所示通过圆柱体底面圆心的两条互相垂直的辅助线。然后单击【移动】按钮，选取竖直辅助线为移动对象，指定圆柱体底面圆心为基点，输入相对坐标（@0，-45，0）确定目标点即可。接着按相同的方法，移动另一条辅助线。

绘制辅助线

移动辅助线

圆心

图 8-90 绘制辅助线

12 单击【X】按钮，并指定绕 X 轴的旋转角度为 90°，按下回车键调整坐标系。然后利用【圆】工具，选取移动后的辅助线的交点为圆心，绘制半径分别为 R15 和 R20 的圆轮廓。接着利用【面域】工具，将这两个圆轮廓创建为面域特征，效果如图 8-91 所示。

13 利用【拉伸】工具，选取上步创建的面域特征为拉伸对象，沿-Z 轴方向拉伸长度为 45，效果如图 8-92 所示。

绘制圆并创建面域

图 8-92　创建拉伸实体

14 利用【圆】【直线】和【修剪】工具，以辅
助线的交点为圆心，绘制如图 8-93 所示尺
寸的图形轮廓。然后利用【面域】工具，选
取所绘制的图形，创建面域特征。

图 8-93　绘制法兰轮廓并创建面域

15 利用【拉伸】工具，选取上步创建的面域特
征为拉伸对象，沿-Z 方向拉伸长度为 7，
效果如图 8-94 所示。

16 利用【实体，差集】工具，选取法兰外部实
体为源对象，并选取法兰上的两个圆柱体为
要去除的对象，进行差集操作，效果如图

8-95 所示。

图 8-94　创建拉伸实体

图 8-95　实体求差效果

17 单击【实体，并集】按钮 ，选取如图 8-96
所示的两个圆柱实体为合并对象，进行并集
操作。

图 8-96　合并实体

18 继续利用【实体，并集】工具，选取如图
8-97 所示的两个内部圆柱实体为对象，进
行合并操作。

19 利用【实体，差集】工具，选取外部实体为
源对象，并选取上步合并的内部实体为要去
除的对象，进行差集操作，效果如图 8-98

所示。

图 8-97 合并实体

图 8-98 实体求差效果

20 单击【X】按钮 ，并指定绕 X 轴的旋转角
度为 90°，按下回车键调整坐标系。然后
利用【圆】和【直线】工具，绘制如图 8-99
所示尺寸的圆法兰轮廓。接着利用【面域】
工具，将所绘制的图形轮廓创建为面域
特征。

图 8-99 绘制轮廓并创建面域

21 利用【拉伸】工具，选取上步创建的面域特
征为拉伸对象，沿 Z 轴方向拉伸高度为 8，
效果如图 8-100 所示。

图 8-100 拉伸实体

22 利用【实体，差集】工具，选取上步拉伸实
体的外部实体为源对象，并选取内部的圆柱
体为要去除的对象，进行差集操作，效果如
图 8-101 所示。

图 8-101 实体求差效果

23 利用【圆】工具，以圆法兰的上表面中心点
为圆心，绘制如图 8-102 所示尺寸的两个
圆轮廓。然后利用【面域】工具，将所绘制
的圆轮廓创建为面域特征。

图 8-102 绘制圆并创建面域

24 利用【拉伸】工具，选取上步创建的面域特
征为拉伸对象，沿 Z 轴方向拉伸高度为 3，
效果如图 8-103 所示。

图 8-103 创建拉伸实体

25 利用【实体，差集】工具，选取上步拉伸的外部圆柱体为源对象，并选取内部圆柱体为要去除的对象，进行差集操作，效果如图 8-104 所示。

图 8-104 实体求差效果

26 利用【实体，并集】工具，框选全部实体为合并对象，进行并集操作，效果如图 8-105 所示。

图 8-105 合并实体

27 单击【原点】按钮，将当前坐标系的原点调整至腔体底板上表面的圆心位置。然后单击【剖切】按钮，选取腔体为要剖切的对象，并指定 YZ 平面为剖切平面。接着输入坐标（0，0，0），指定该点为 YZ 平面上的

点，并输入字母 B，保留剖切的两侧实体，效果如图 8-106 所示。

图 8-106 剖切实体

28 利用【剖切】工具，选取如图 8-107 所示对象为要剖切的对象，并指定 ZX 平面为剖切平面。然后输入坐标（0，0，0），指定该点为 ZX 平面上的点，并单击左侧部分为要保留的剖切侧实体。

图 8-107 剖切实体

29 利用【实体，并集】工具框选全部实体为合并对象，进行并集操作。然后切换视觉样式为【概念】，观察创建的实体效果，如图 8-108 所示。

图 8-108 合并实体

本例创建的是一活塞实体模型，如图 8-109 所示。活塞是汽车发动机的"心脏"，承受交变的机械负荷和热负荷，是发动机中工作条件最恶劣的关键零部件之一。活塞的功用是承受气体压力，并通过活塞销传递给连杆，驱使曲轴旋转。另外，活塞顶部还是燃烧室的组成部分。

图 8-109 活塞模型剖切效果图

创建该活塞模型，首先利用【直线】工具绘制截面轮廓并创建为面域特征，并利用【旋转】工具创建活塞柱体实体。然后在底面绘制并创建面域，利用【拉伸】和【实体，差集】工具创建其内部特征。接着在圆柱体的侧表面上创建活塞的侧面特征。最后利用【剖切】工具剖切该实体模型即可。

操作步骤：

1 切换视图方式为【前视】，单击【直线】按钮，绘制如图 8-110 所示尺寸的图形轮廓。然后单击【面域】按钮，将绘制的图形对象创建为面域特征。接着切换视图样式为【概念】，观察创建的面域效果。

图 8-110 绘制轮廓并创建面域

图 8-111 创建旋转实体

2 切换视图方式为【西南等轴测】，单击【旋转】按钮，选取上步创建的面域特征为旋转对象，并指定如图 8-111 所示的边为旋转中心线，默认旋转角度为 360°，创建旋转实体。

3 切换视图方式为【仰视】，利用【直线】和【圆】工具，在旋转体底面绘制如图 8-112 所示尺寸的图形。然后利用【面域】工具，将所绘制的图形轮廓创建为面域特征。

图 8-112 绘制轮廓并创建面域

4 单击【拉伸】按钮，选取上步创建的面域特征为拉伸对象，沿 Z 方向拉伸高度为 25。然后利用【实体，差集】工具，选取外部实体为源对象，并选取该拉伸实体为要去除的对象，进行差集操作，效果如图 8-113 所示。

AutoCAD 2014 中文版标准教程

图 8-113 创建拉伸实体并求差

5 切换视图方式为【西南等轴测】,并切换视图样式为【二维线框】。然后利用【直线】工具,选取底面圆心为起点,绘制如图 8-114 所示尺寸的辅助线。接着利用【圆】和【直线】工具,以辅助线与圆柱素线的交点为基点,绘制如图 8-114 所示尺寸的图形轮廓线。

图 8-114 绘制辅助线和轮廓线

6 利用【面域】工具,将上步绘制的轮廓线创建为面域特征。然后利用【拉伸】工具,将矩形面域特征沿 Y 轴方向拉伸长度为 2,效果如图 8-115 所示。

图 8-115 创建面域并拉伸

7 利用【拉伸】工具,选取大圆面域特征为拉

伸对象,沿 Y 轴方向拉伸长度为 8。继续利用【拉伸】工具,选取小圆面域特征为拉伸对象,沿 Y 轴方向拉伸长度为 40,效果如图 8-116 所示。

图 8-116 创建拉伸实体

8 单击【三维镜像】按钮 ◈,选取拉伸创建的长方体实体和大圆柱体实体为镜像对象,指定 ZX 平面为镜像中心面,并指定如图 8-117 所示的底面圆心为镜像原点,进行镜像操作。

图 8-117 镜像实体

9 单击【实体,并集】按钮 ◎,选取大圆柱体和活塞主体为合并对象,进行并集操作,效果如图 8-118 所示。

图 8-118 合并实体

10 单击【实体，差集】按钮◎，选取上步创建的合并实体为源对象，并选取小圆柱体为要去除的对象，进行差集操作，效果如图 8-119 所示。

图 8-119　实体求差效果

11 继续利用【实体，差集】工具，选取第 9 步创建的合并实体为源对象，并选取长方体为要去除的对象，进行差集操作，效果如图 8-120 所示。

图 8-120　实体求差效果

12 切换视觉样式为【二维线框】。然后利用【直线】工具，绘制如图 8-121 所示尺寸的辅助线和轮廓线。然后利用【面域】工具，将绘制的梯形轮廓创建为面域特征，并切换视图样式为【3D 隐藏】，观察效果。

图 8-121　绘制轮廓并创建面域

13 利用【拉伸】工具，选取上步创建的面域特征为拉伸对象，沿 Y 轴方向拉伸长度为 10，效果如图 8-122 所示。

图 8-122　创建拉伸实体

14 利用【三维镜像】工具，选取上步创建的拉伸实体为镜像对象，指定 ZX 平面为镜像中心面，并指定如图 8-123 所示的底面圆心为镜像原点，进行镜像操作。

图 8-123　镜像实体

15 利用【实体，差集】工具，选取活塞主体为源对象，并选取创建的两个梯形实体为要去除的对象，进行差集操作，效果如图 8-124 所示。

图 8-124　实体求差效果

AutoCAD 2014 中文版标准教程

16 单击【剖切】按钮，选取活塞实体为剖切对象，指定 YZ 平面为剖切平面，并指定底面圆心为 YZ 平面上的点。然后输入字母 B，保留剖切的两侧实体，效果如图 8-125 所示。

图 8-125 剖切实体

17 继续利用【剖切】工具，选取如图 8-126 所示的对象为要剖切的对象，并指定 ZX 平面为剖切平面。然后继续指定底面圆心为 ZX 平面上的点，并单击左侧部分为要保留的剖切侧实体。

图 8-126 剖切实体

18 利用【实体，并集】工具，框选全部实体为合并对象，进行并集操作。然后切换视觉样式为【概念】，观察创建的实体效果，如图 8-127 所示。

图 8-127 合并实体

8.10 课堂实例 8-4：创建轴承座模型

本例创建一轴承座模型，效果如图 8-128 所示。轴承座是用来支撑轴承的构件，它的作用是稳定轴承及其所连接的回转轴，确保轴和轴承内圈平稳回转，避免因承载回转引起的轴承扭动或跳动。该轴承座是典型的端盖类零件。其主要结构包括底板、中间缸体和两侧的支耳和加强肋板组成。且为了表现内部结构，该模型采用了旋转剖切。

创建该轴承座模型，首先绘制底板截面并创建为面域，面域求差后将其拉伸成实体。然后利用【圆柱体】工具创建底板上的大圆柱体，并创建一旋转实体，将该实体与圆柱体求差。接着利用【拉伸】工具创建一个支耳和肋板，并利用【三维镜像】工具快速创建其他支耳和肋板。最后利用【剖切】工具创建模型的旋转剖切效果，并利用【实体，并集】工具将所有实体合并即可。

图 8-128 轴承座模型效果

操作步骤：

1 利用【矩形】【圆】和【倒圆角】工具按照如图 8-129 所示尺寸绘制截面。然后单击【面域】按钮 ⬚，框选所有图形创建 5 个面域。接着切换视觉样式为【概念】，观察创建的面域效果。

图 8-129 绘制截面并创建面域

2 单击【实体，差集】按钮 ⬤，选取外部的矩形面域为源面域，并选取内部的 4 个小圆面域为要去除的面域，进行差集操作，如图 8-130 所示。

图 8-130 面域求差效果

3 切换当前视图样式为【西南等轴测】，然后单击【拉伸】按钮 ⬚，选取求差后的面域为拉伸对象，沿 Z 轴方向拉伸 10，创建拉伸实体，效果如图 8-131 所示。

4 利用【直线】工具连接底板上表面两边的中点，绘制一辅助直线。然后单击【圆柱体】

按钮 ⬚，选取该辅助线的中点为圆柱底面中心，并输入底面半径为 32.5，高度为 60，创建圆柱体，效果如图 8-132 所示。

图 8-131 创建拉伸实体

图 8-132 创建圆柱体

5 单击【实体，并集】按钮 ⬤，选取底板和圆柱体将其合并。然后单击【倒角】按钮 ◻，按照如图 8-133 所示选取倒角基面后按下回车键，并输入基面的倒角距离为 2，创建倒角特征。

图 8-133 创建倒角

6 切换当前视图样式为【前视】，利用【直线】

工具绘制如图 8-134 所示尺寸的截面。然后利用【面域】工具框选所有图形，创建为面域特征。

图 8-134　绘制截面并创建为面域

7 单击【旋转】按钮，选取上步创建的面域为旋转对象，并依次指定该面域的两个端点为旋转基点。然后输入旋转角度为 360º，创建旋转实体。接着切换当前视图方向为【西南等轴测】，观察旋转实体效果，如图 8-135 所示。

图 8-135　创建旋转实体

8 利用【移动】工具选取上步创建的旋转实体为要移动的对象，然后指定该实体顶面圆心为基点，并指定第 5 步创建的圆柱实体顶面的圆心为目标点，移动该旋转实体，效果如图 8-136 所示。

9 利用【实体,差集】工具选取第 5 步合并后的实体为源对象，并选取上步移动后的实体

为要去除的对象，进行差集操作，效果如图 8-137 所示。

图 8-136　移动旋转实体

图 8-137　差集操作

10 单击【倒角】按钮，选取实体顶面为倒角基面后按下回车键，并输入基面的倒角距离为 2，其他面的倒角距离也为 2。然后选取要倒角的边，并按下回车键，创建倒角特征，效果如图 8-138 所示。

图 8-138　创建倒角

11 切换当前视图样式为【左视】，然后利用【直

线】和【圆弧】工具在绘图区的空白区域绘制如图 8-139 所示尺寸的截面。接着利用【面域】工具框选所有图形，创建两个面域特征。

图 8-139　绘制截面并创建面域

[12] 切换视觉样式为【二维线框】，然后利用【实体，差集】工具选取外部的面域为源对象，并选取内部的小圆面域为要去除的对象，进行差集操作。接着切换视觉样式为【概念】，观察面域求差后的效果，如图 8-140 所示。

图 8-140　差集效果

[13] 切换当前视图样式为【西南等轴测】，然后利用【拉伸】工具选取求差后的面域为拉伸对象，将其沿 Z 轴拉伸 8，创建拉伸实体，效果如图 8-141 所示。

[14] 利用【移动】工具选取上步创建的拉伸实体为要移动的对象，并指定该拉伸实体上孔的中心为基点，然后在命令行中输入 From 指令，并选取如图 8-142 所示的圆柱顶面圆心为参照基点，接着输入相对坐标（@-43，-20，-12.5）确定目标点，移动该实体。

图 8-141　创建拉伸实体

图 8-142　移动实体

[15] 将坐标系移动至孔中心，然后单击【三维镜像】按钮，选取上步移动后的实体为要镜像的对象，并指定 XY 平面为镜像平面。接着输入坐标（0，0，0）为镜像中心点，创建镜像实体特征，效果如图 8-143 所示。

图 8-143　镜像实体

[16] 继续利用【三维镜像】工具，选取如图 8-144 所示的两个实体为要镜像的对象，并指定 YZ 平面为镜像平面。然后输入坐标（0，0，

0）为镜像中心点，创建镜像实体特征。

图 8-144　镜像实体

17　单击【UCS，世界】按钮⊙，将当前坐标系恢复至世界坐标系。然后单击【楔体】按钮⬡，在绘图区的空白区域任意指定一点为楔体底面第一点，并输入相对坐标（@-35，10）确定楔体底面第二点。接着输入沿 Z 轴的高度为 45，创建楔体特征，效果如图 8-145 所示。

图 8-145　创建楔体

18　利用【移动】工具选取上步创建的楔体为要移动的对象，然后指定楔体侧边中点为基点，并指定第 4 步绘制的辅助直线的端点为目标点，移动该楔体至合适位置，效果如图 8-146 所示。

19　将当前坐标系调整至顶面圆心。然后单击【三维镜像】按钮⬡，选取上步移动后的楔体为要镜像的对象，并指定 YZ 平面为镜像平面。接着输入坐标（0，0，0）为镜像中心点，将该楔体镜像，效果如图 8-147 所示。

图 8-146　移动楔体

图 8-147　镜像楔体

20　利用【实体，并集】工具框选所有对象进行并集操作，即可将所有实体对象合并为一个整体，效果如图 8-148 所示。

图 8-148　并集效果

21　单击【剖切】按钮⬡，选取上步合并后的对象为要剖切的对象，并指定 YZ 平面为剖切平面。然后输入坐标（0，0，0）为 YZ 平面上的点，并输入字母 B 保留剖切的两侧实体，效果如图 8-149 所示。

选取剖切对象

剖切效果

图 8-149 剖切实体

切侧实体。

选取剖切对象

剖切效果

图 8-150 剖切实体

22 单击【剖切】按钮，选取如图 8-150 所示对象为要剖切的对象，并指定 XZ 平面为剖切平面。然后输入坐标（0，0，0）为 XZ 平面上的点，并单击右侧部分为要保留的剖

23 利用【实体，并集】工具将所有剖切实体合并，完成该轴承座模型的创建。然后切换视觉样式为【概念】，即可观察最终的创建效果，如图 8-128 所示。

8.11 思考与练习

一、填空题

1．在创建和编辑三维图形的过程中，AutoCAD 提供了一个交互的三维动态观察器，可以对图形进行_____、_____以及_____等操作，以便对图形的不同位置以及局部细节进行观察。

2．在 AutoCAD 中动态观察模型的方式包括以下 3 种：即_____、_____、_____。

3．布尔运算包括_____、_____和_____三种运算方式，贯穿整个建模过程。

4．控制三维视图的显示可以实现_____、_____和_____的改变。这样不仅可以改变模型的真实投影效果，更有利于精确设计产品模型。

5．_____是指从实体内部挖去一部分材料，形成内部中空或者凹坑的薄壁实体结构。

6．利用_____工具能够将三维对象通过镜像平面获取与之完全相同的对象。

二、选择题

1．布尔运算的并集的命令是____。

A．由两个或两个以上的基本实体叠加而得到的组合体即为叠加式组合体

B．将一个对象减去另一个对象形成新的组合对象，类似于数学中的减法运算

C．得两个对象的公共部分，而去除其余部分，从而形成一个新的组合对象

D．以上说法都正确

2．求出一组被选中实体的公共部分的命令是____。

A．并集

B．差集

C．交集

D．合集

3．三维镜像操作的目的是____。

A．用于沿指定的镜像平面创建对象的镜像

B．用于将三维对象通过镜像平面获取与之完全相同的对象

C．用于在三维空间中移动指定对象并使它与某对象对齐位置

D．用于在三维空间中按矩形阵列或环形阵列的方式创建对象的多个副本

三、简答题

1. 简述如何使用布尔运算？
2. 简述三维实体操作的方法和技巧。

四、上机练习

1. 创建泵体模型

本练习创建一泵体模型，效果如图8-151所示。该泵体主要用于液压传动的动力设备中。该零件主要由泵体底座、泵壳主体、左侧的直通型连接管道，以及右侧的弧形弯曲管道组成。其中，泵体底座的圆形法兰用于固定泵壳主体，泵体上部的圆角菱形法兰用于连接回油管道，安装孔则用于固定端盖。为表现泵体内部结构特征，对泵体模型进行了旋转剖切。

图 8-151 泵体模型效果

创建该泵体模型，首先绘制底座法兰轮廓，并利用【拉伸】和【实体，差集】工具创建拉伸实体。然后利用【直线】和【圆】工具绘制泵体轮廓，并利用【拉伸】和【球体】工具创建泵壳主体。接着利用【旋转】工具创建左侧连接管道，并利用【扫掠】工具创建右侧弧形弯曲管道。最后利用【剖切】工具剖切模型，并利用【实体，并集】工具将所有实体合并。

2. 创建阀门实体

本练习创建阀门实体，效果如图8-152所示。阀门是流体输送系统中的控制部件，具有截止、调节、导流、防止逆流、稳压、分流和溢流泄压的功能。其中的法兰连接阀门起连接管道的作用；阀体的中空管起输送流体的作用，阀体上部的T型板起连接和固定的作用。

图 8-152 创建阀门实体

创建该实体模型时，首先切换视图样式为【前视】，利用【直线】【圆】和【修剪】工具绘制法兰轮廓，并利用【面域】和【拉伸】工具创建为实体。然后切换视图样式为【左视】，利用【圆】和【多段线】工具绘制中空管和T型板的轮廓，并利用【拉伸】工具创建为实体。接着利用【实体，差集】工具创建该阀门的孔特征，并利用【移动】工具完成阀门实体的创建。最后利用【剖切】工具剖切该阀门实体，并利用【实体，并集】工具合并实体即可。

第 9 章

打印输出和发布

当完成图形内容的全部绘制和编辑操作后，用户可以通过对现有图形进行布局设置、打印输出或网上发布等操作，以便查看、对比、参照和资源共享。使用 AutoCAD 输出图纸时，用户不仅可以将绘制好的图形通过布局或者模型空间直接打印，还可以将信息传递给其他应用程序。除此之外，用户利用 Internet 网络平台还可以发布、传递图形，进行技术交流或者信息资源共享等。

本章主要介绍视图布局和视口的设置方法，以及常用图形的打印输出和格式输出方法。此外还介绍了 DWF 格式文件的发布方法，以及将图形发布到 Web 页的方法。

本章学习目的：

➢ 掌握创建和管理布局的方法
➢ 掌握视口的创建和编辑方法
➢ 熟悉创建、编辑和使用打印样式的过程
➢ 熟悉创建和查看 dwf 文件的方法
➢ 熟悉创建 Web 页和发布图形的技术

9.1 创建和管理布局

每个布局都代表一张单独的打印输出图纸，用户可以根据设计需要，创建多个布局以显示不同的视图，并且还可以在布局中创建多个浮动视口。

9.1.1 模型空间和布局空间

模型空间和布局空间是 AutoCAD 的两个工作空间，且通过这两个空间可以设置打印效果，其中通过布局空间的打印方式比较方便快捷。

1. 空间概述

在 AutoCAD 中，模型空间主要用于绘制图形的主体模型，而布局空间主要用于打印输出图纸时对图形的排列和编辑。

1）模型空间

模型空间是绘图和设计图纸时最常用的工作空间。在该空间中，用户可以创建物体的视图模型包括二维和三维图形造型。此外还可以根据需求，添加尺寸标注和注释等来完成所需要的全部绘图工作。

在软件界面底部的状态栏中单击【模型】按钮，系统将自动进入模型工作空间，效果如图 9-1 所示。

2）布局空间

布局空间又称为图纸空间，主要用于图形排列、添加标题栏、明细栏以及起到模拟打印效果的作用。在该空间中，通过移动或改变视口的尺寸可以排列视图。另外，该空间可以完全模拟图纸页面，在绘图之前或之后安排图形的布局输出。

在软件界面底部的状态栏中单击【布局】按钮，系统将自动进入布局工作空间，效果如图 9-2 所示。

当在【模型】按钮或【布局】按钮上单击右键，并选择【显示布局和模型选项卡】选项，在绘图区左下方将显示【模型】和【布局】选项卡标签。此时，用户通过选择标签即可进行模型和布局空间的切换，效果如图 9-3 所示。

图 9-1　模型空间

图 9-2　布局空间

图 9-3　通过【模型】和【布局】选项卡标签切换空间

2. 快速查看布局和图形

使用快速查看工具，可以轻松预览打开的图形和对应的模型与布局空间，并可以在两种空间之间任意切换，以及以缩略图形式显示在应用程序窗口的底部。

1）快速查看图形

利用该工具能够将所有当前打开的图形显示为一行快速查看的图形图像，并且以两个级别的结构预览所有打开的图形和图形中的布局。

启用状态栏中的【快速查看图形】功能，系统将以图形方式显示所有已打开的图形。当光标悬停在快速查看图形图像上时，即可预览打开图形的模型与布局空间，并在其间进行切换，效果如图 9-4 所示。

图 9-4　快速查看图形

默认情况下当前图形的图像将亮显。如果将光标悬停在图像上，则该图形的所有模型和布局都将在上方显示为一行图像。如果快速查看图像行超出了应用程序的显示区域，则在该行的左侧或右侧将显示滚动箭头，可以滚动查看其他图像。此外还可以按住 Ctrl 键并拨动滚轮动态调整快速查看图像的大小，效果如图 9-5 所示。

图 9-5　调整图形大小

2）快速查看布局

利用该工具能够以图形方式显示当前图形的模型和所有布局空间。同样当前图形的模型空间与布局也将显示为一行快速查看的布局图像。

启用状态栏中的【快速查看布局】功能，即可以显示当前图形的模型和所有布局空间。当光标悬停在快速查看的图形图像上时，即可执行当前空间的打印和发布设置，效果如图 9-6 所示。

3. 隐藏布局和模型选项卡

图 9-6　快速查看布局

经典界面上提供了【模型】选项卡以及一个或多个【布局】选项卡，如果要优化绘图区域中的空间，可以隐藏这些选项卡。

要隐藏这些选项卡，只需将鼠标移至选项卡的标签上并单击右键，在打开的快捷菜单中选择【隐藏布局和模型选项卡】选项即可，效果如图9-7所示。

另外，在绘图区空白处右击，并在打开的快捷菜单中选择【选项】选项，系统将打开【选项】对话框。此时，用户可以通过在该对话框中禁用【显示布局和模型选项卡】复选框，实现隐藏布局和模型选项卡的效果，如图9-8所示。

移至标签上并右击

图 9-7 隐藏布局和模型选项卡

> **提 示**
>
> 执行完隐藏操作后，如需重新显示这些选项卡，可以将鼠标移至状态栏中的【模型】或【图纸】按钮上右击，选择【显示布局和模型选项卡】选项，即可重新显示各选项卡标签。

9.1.2 创建布局

布局空间在图形输出中占有极大的优势和地位。在 AutoCAD 中，系统为用户提供了多种用于创建布局的方式和不同管理布局的方法。

禁用该复选框

图 9-8 禁用【显示布局和模型选项卡】复选框

1．新建布局

利用该方式可以直接插入新建的布局。切换至【视图】选项卡的【用户界面】选项板中，利用【显示工具栏】工具调出【布局】工具栏。然后在该工具栏中单击【新建布局】按钮，并在命令行中输入新布局的名称，如"支撑体"即可创建新的布局。接着单击【支撑体】布局选项卡标签，即可进入该布局空间，效果如图9-9所示。

新建布局

模型／布局1／布局2＼支撑体

图 9-9 新建布局空间

2．使用布局向导创建布局

该方式可以对所创建布局的名称、图纸尺寸、打印方向以及布局位置等主要选项进行详细的设置。因此使用该方式创建的布局一般不需要再进行调整和修改，即可执行打印输出操作，适合于初学者使用。使用该方式创建布局的具体操作过程介绍如下。

1）指定布局名称

在命令行中输入 LAYOUTWIZARD 指令，系统将打开【创建布局-开始】对话框。在该对话框中输入布局名称，如图9-10所示。

2）配置打印机

单击【下一步】按钮，系统将打开【创建布局-打印机】对话框。根据需要在右边的绘图仪列表框中选择所要配置的打印机，如图9-11所示。

3）指定图纸尺寸和方向

单击【下一步】按钮，在打开的对话框中选择布局在打印中所使用的纸张、图形单位。图形单位主要有毫米、英寸和像素。继续单击【下一步】按钮，在打开的对话框中可以设置布局的方向包括【纵向】和【横向】两种方式，如图9-12所示。

4）指定标题栏

单击【下一步】按钮，系统将打开【创建布局-标题栏】对话框，用户可以选择布局在图纸空间所需要的边框或标题栏的样式。此时，从左边的列表框中选择相应的样式，在其右侧将显示预览样式的效果，如图9-13所示。

5）定义视口并指定视口位置

单击【下一步】按钮，在打开的对话框中可以设置新创建布局的相应视口，包括视口设置和视口比例等。其中，如果选择【标准三维工程视图】单选按钮，则还需要设置行间距与列间距；如果选择【阵列】单选按钮，则需要设置行数与列数。此外，视口的比例可以从下拉列表中任意选择，如图9-14所示。

完成上述设置后，单击【下一步】按钮，在打开的【创建布局-拾取位置】对话

图 9-10　输入新布局名称

图 9-11　指定打印机

图 9-12　指定图纸尺寸

图 9-13　指定标题栏

框中单击【选择位置】按钮，系统将切换到布局窗口。此时，指定两对角点确定视口的大小和位置，并单击【完成】按钮即可创建新布局，效果如图 9-15 所示。

新布局
效果

图 9-14　【创建布局-定义视口】对话框　　　图 9-15　创建新布局效果

9.2　页面设置

在进行图纸打印时，必须对打印页面的打印样式、打印设备、图纸的大小、图纸的打印方向以及打印比例等参数进行设置。

9.2.1　修改页面设置

在【布局】工具栏中单击【页面设置管理器】按钮，系统将打开【页面设置管理器】对话框，如图 9-16 所示。

在该对话框中可对布局页面进行新建、修改和输入等操作。其中，通过修改页面设置操作可以对现有页面进行详细的修改和设置，如打印机类型、图纸尺寸等，从而达到所需的出图要求。

在【页面设置管理器】对话框中单击【修改】按钮，即可在打开的【页面设置】对话框中对该页面进行重新设置，如图 9-17 所示。

图 9-16　【页面设置管理器】对话框　　　图 9-17　【页面设置】对话框

该对话框中各主要选项组的功能如表 9-1 所示。

表 9-1 【页面设置】对话框各面板功能

选 项 组	功 能
打印机/绘图仪	指定打印机的名称、位置和说明。在【名称】下拉列表框中选择打印机或绘图仪的类型。单击【特性】按钮，在弹出的对话框中查看或修改打印机或绘图仪配置信息
图纸尺寸	可以在该下拉列表中选取所需的图纸，并可以通过对话框中的预览窗口进行预览
打印区域	可以对布局的打印区域进行设置。用户可以在该下拉列表中的 4 个选项中选择打印区域的确定方式：选择【布局】选项，可以对指定图纸界线内的所有图形打印；选择【窗口】选项，可以指定布局中的某个矩形区域为打印区域进行打印；选择【范围】选项，将打印当前图纸中所有图形对象；选择【显示】选项，可以用来设置打印模型空间中的当前视图
打印偏移	用来指定相对于可打印区域左下角的偏移量。在布局中，可打印区域的左下角点由左边距决定。此外，启用【居中打印】复选框，系统可以自动计算偏移值以便居中打印
打印比例	选择标准比例，该值将显示在自定义中。如果需要按打印比例缩放线宽，可以启用【缩放线宽】复选框
图形方向	设置图形在图纸上的放置方向，如果启用【上下颠倒打印】复选框，表示将图形旋转 180° 打印

9.2.2 新建页面设置

在【页面设置管理器】对话框中单击【新建】按钮，在打开的对话框中输入新页面的名称，并指定基础样式。然后单击【确定】按钮，即可在打开的【页面设置】对话框中对新页面进行详细设置。接着单击【确定】按钮，设置好的新布局页面将显示在【页面设置管理器】对话框中，效果如图 9-18 所示。

图 9-18 新建页面设置

9.2.3 输入页面设置

如想要将其他图形文件的页面设置用于当前图形，可以在【页面设置管理器】对话框中单击【输入】按钮，系统将打开相应的对话框，如图 9-19 所示。

在该对话框中选择要输入页面设置方案的图形文件后，单击【打开】按钮，系统将打开【输入页面设置】对话框，如图 9-20所示。

然后在该对话框中选择希望输入的页面设置方案，并单击【确定】按钮，该页面设置方案即可显示在【页面设置管理器】对话框中的【页面设置】列表框中，以供用户选择使用。

图 9-19 【从文件选择页面设置】对话框

图 9-20 指定要输入的页面设置

9.3 视口

在创建复杂的二维图形和三维模型时，为了便于同时观察图形的不同部分或三维模型的不同侧面，可以将绘图区域划分为多个视口。这些视口可以相互叠加或分离，并可以对其进行移动和调整等操作。

9.3.1 新建视口

视口就是视图所在的窗口。在创建复杂的二维图形和三维模型时，为了便于同时观察图形的不同部分或三维模型的不同侧面，可以将绘图区域划分为多个视口。在AutoCAD 中，视口可以分为平铺视口和浮动视口。

1. 创建平铺视口

平铺视口是在模型空间中创建的视口，各视口间必须相邻，视口只能为标准的矩形，而且无法调整视口边界。

在【视图】选项卡的【模型视口】选项板中单击【命名】按钮，然后在打开的【视口】对话框中切换至【新建视口】选项卡，即可在该选项卡中设置视口的个数、每个视口中的视图方向，以及各视图对应的视觉样式。例如创建四个相等视口的效果如图 9-21 所示。

图 9-21 创建平铺视口

【新建视口】选项卡中各选项的含义介绍如下。

❏ **新名称** 在该文本框中可以输入创建当前视口的名称。这样添加有明显的文字标记，方便调用。

❏ **应用于** 该下拉列表中包含【显示】和【当前视口】两个选项，用于指定设置是应用于整个显示窗口还是当前视口。

❏ **设置** 该下拉列表中包括【二维】和【三维】两个选项：选择【三维】选项可以进一步设置主视图、俯视图和轴测图等；选择【二维】选项只能是当前位置。

❏ **修改视图** 在该下拉列表中设置所要修改视图的方向。该列表框的选项与【设置】下拉列表框选项相关。

❏ **视觉样式** 在【预览】中指定相应的视口，即可在该列表框中设置该视口的视觉样式。

2. 创建浮动视口

在布局空间创建的视口为浮动视口。其形状可以是矩形、任意多边形或圆等，且相互之间可以重叠并能同时打印，还可以调整视口边界形状。浮动视口的创建方法与平铺视口相同，在创建浮动视口时，只需指定创建浮动视口的区域即可。

1）创建矩形浮动视口

该类浮动视口的区域为矩形。要创建该类浮动视口，首先需切换到布局空间，然后在【布局】选项卡中单击【视口，矩形】按钮，并在命令行的提示下设定要创建视口的个数。接着依次指定两个对角点确定视口的区域，并在各个视口中将对象调整至相应的视图方向，即可完成浮动视口的创建，效果如图 9-22 所示。

2）创建任意多边形浮动视口

创建该类特殊形状的浮动视口，可以使用一般的绘图方法在布局空间中绘制任意形状的闭合线框作为浮动视口的边界。

在【布局】选项卡的【布局视口】选项板中单击【视口，多边形视口】按钮，然后依次指定多个点绘制一闭合的多边形并按下回车键，即可创建相应的浮动视口，效果如图9-23所示。

图 9-22　创建矩形浮动视口

3）创建对象浮动视口

在布局空间中可以将图纸中绘制的封闭多段线、圆、面域、样条曲线或椭圆等对象设置为视口边界。

在【布局视口】选项板中单击【视口，对象】按钮，然后在图纸中选择封闭曲线对象，即可创建对象浮动视口，效果如图9-24所示。

图 9-23　创建多边形浮动视口

9.3.2　编辑视口

在模型和布局空间中，视口和一般的图形对象相似，均可以使用一般图形的绘制和编辑方法，分别对各个视口进行相应的调整、合并和旋转等操作。

图 9-24　创建对象浮动视口

1. 使用夹点调整浮动视口

首先单击视口边界线，此时在视口的外框上出现4个夹点，拖动夹点到合适的位置即可调整视口，效果如图9-25所示。

2. 合并视口

合并视口只能在模型空间中进行。如果两个相邻的视图需要合并为一个视图，就用到【合并视口】工具。

在【视图】选项卡的【模型视口】选项板中单击【合并视口】按钮，然后依次选取主视口和要合并的视口，此时系统将以第一次选取的视口占据第二次选取的视口，效果如图9-26所示。

图 9-25　拖动夹点调整浮动视口边界

3．缩放视口

如果在布局空间中的浮动视口存在多个视口，就可以对这些视口中的视图建立统一的缩放比例，以便于对视图大小的调整。

选取一浮动视口的边界并右击，在打开的快捷菜单中选择【特性】选项。然后在打开的【特性】面板的【标准比例】下拉列表中选择所需的比例。接着对其余的浮动视口执行相同的操作，即可将所有的浮动视口设置为统一的缩放比例，效果如图9-27所示。

图9-26　合并视口

4．旋转视口

在浮动视口的单个视口中，如果存在多个图形对象，并要对所有的图形对象进行旋转操作时，可以在命令行中输入指令 MVSETUP，然后即可对所选浮动视口中的所有图形对象进行整体旋转。

在命令行中输入该指令，并根据命令行提示指定【对齐方式】为【旋转视图】，然后依次指定旋转基点和旋转角度，即可完成浮动窗口中图形对象的旋转操作，效果如图9-28所示。

图9-27　设置浮动视口缩放比例　　　　图9-28　旋转浮动视口中的视图

9.4　打印输出

创建完成的图形对象都需要以图纸的形式打印出来，以便于后期的工艺编排、交流以及审核。通常在布局空间设置浮动视口，确定图形的最终打印位置，然后通过创建打印样式表，进行必要的打印设置，最后执行【打印预览】命令查看布局无误，即可执行打印操作。

9.4.1　打印设置

在打印输出图形时，所打印图形线条的宽度根据对象类型的不同而不同。对于所打印的线条属性，不但可以在绘图时直接通过图层进行设置，还可以利用打印样式表对线条的颜色、线型、线宽、抖动以及端点样式等特征进行设置。在 AutoCAD 中，打印样式表可以分为颜色和命名打印样式表两种类型。

1. 颜色打印样式表

颜色打印样式表是一种根据对象颜色设置的打印方案。在创建图层时，系统将根据所选颜色的不同自动地为其指定不同的打印样式，如图9-29所示。

图 9-29　【图层特性管理器】对话框

2. 命名打印样式表

在需要对相同颜色的对象进行不同的打印设置时，可以使用命名打印样式表。使用命名打印样式表时，可以根据需要创建统一颜色对象的多种命名打印样式，并将其指定给对象。

在命令行中输入STYLESMANAGER指令，并按下回车键，即可打开【打印样式】对话框，如图9-30所示。

在该对话框中，与颜色相关的打印样式表都被保存在以.ctb 为扩展名的文件中；命名打印样式表被保存在以.stb 为扩展名的文件中。

图 9-30　【打印样式】对话框

3. 创建打印样式表

当【打印样式】对话框中没有合适的打印样式时，可以进行打印样式的设置，创建新的打印样式，使其符合设计者的要求。

在【打印样式】对话框中双击【添加打印样式表向导】文件，在打开的对话框中单击【下一步】按钮，系统将打开【添加打印样式表-开始】对话框，效果如图9-31所示。

图 9-31　【添加打印样式表】对话框

然后在该对话框中选择第一个单选按钮，即创建新打印样式表。接着单击【下一步】按钮，系统将打开相应的对话框。该对话框提示选择表格类型，即选择是创建颜色相关打印样式表，还是创建命名相关打印样式表，如图 9-32 所示。

继续单击【下一步】按钮，并在打开的对话框中输入新文件名。然后单击【下一步】按钮，在打开的对话框中单击【打印样式表编辑器】按钮，即可在打开的对话框中设置新打印样式的特性，如图 9-33 所示。

设置完成后，如果希望将打印样式表另存为其他文件，可以单击【另存为】按钮；如果需要修改后将结果直接保存在当前打印样式表文件中，单击【保存并关闭】按钮返回到【添加打印样式表】对话框，单击【完成】按钮即可创建新的打印样式。

图 9-32　选择表格类型

9.4.2　三维打印

3D 打印功能让设计者通过一个互联网连接来直接输出设计者的 3D AutoCAD 图形到支持 STL 的打印机。借助三维打印机或通过相关服务提供商，可以很容易地将生产有形的 3D 模型和物理原型连接到需三维打印服务或个人的 3D 打印机，设计者可以立即将设计创意变为现实。

图 9-33　【打印样式表编辑器】对话框

在三维建模工作空间中展开【输出】选项卡，并在【三维打印】选项板中单击【发送到三维打印服务】按钮，系统将打开相应的提示窗口，如图 9-34 所示。

选择【继续】选项将进入到绘图区窗口，且光标位置将显示"选择实体或无间隙网络"的提示信息。此时可以框选三维打印的模型对象，如图 9-35 所示。

图 9-34　【三维打印】窗口

图 9-35　选择实体

选取实体后按下回车键，系统将打开【发送到三维打印服务】对话框。在该对话框的【对象】选项组中将显示已选择对象，并在【输出预览】选项组中显示三维打印预览效果，且用户可以放大、缩小、移动和旋转该三维实体，如图 9-36 所示。

此外，用户还可以在【输出标注】选项组中进行更详细的三维打印设置。确认参数设置后，单击【确定】按钮，系统将打开【创建 STL 文件】对话框，如图 9-37 所示。

图 9-36 【发送到三维打印服务】对话框　　图 9-37 【创建 STL 文件】对话框

此时输入文件名称，并单击【保存】按钮，即可通过互联网连接直接输出该 3D AutoCAD 图形到支持 STL 的打印机。

9.4.3 输出图形

打印输出就是将最终设置完成后的图纸布局，通过打印的方式输出该图形，或将图纸信息输出到其他程序中，使图纸从计算机中脱离，方便进行零部件加工工艺的辅助加工。

在【输出】选项卡的【打印】选项板中单击【打印】按钮，系统将打开【打印-布局 1】对话框，如图 9-38 所示。

该对话框中的内容与【页面设置】对话框中的内容基本相同，其主要选项的功能如表 9-2 所示。

图 9-38 【打印-布局 1】对话框

表 9-2 【打印】对话框各选项功能

选　项	功　能
页面设置	在该选项组中，可以选择设置名称和添加页面设置。在【页面设置】选项组的【名称】下拉列表框中，可以选择打印设置，并能够随时保存、命名和恢复【打印】和【页面设置】对话框中所有的设置。单击【添加】按钮，系统将打开【添加页面设置】对话框，可以从中添加新的页面设置

选　　项	功　　能
打印到文件	启用【打印机/绘图仪】选项组中的【打印到文件】复选框，则系统将选定的布局发送到打印文件，而不是发送到打印机
打印份数	可以在【打印份数】文本框中设置每次打印图纸的份数

各参数选项都设置完成以后，在【打印】对话框中单击【预览】按钮，系统将切换至【打印预览】界面，进行图纸的打印预览，效果如图 9-39 所示。

如果符合设计的要求，可以按 Esc 键返回到【打印】对话框，然后单击【确定】按钮，系统将开始输出图形并动态显示绘图进度。

图 9-39　打印预览效果

9.5　图形发布

AutoCAD 拥有与 Internet 进行连接的多种方式，并且能够在其中运行 Web 浏览器。用户可以通过 Internet 访问或存储 AutoCAD 图形以及相关文件，并且通过该方式生成相应的 dwf 文件，以便进行浏览和打印。

9.5.1　三维 DWF 发布

DWF 文件是一种安全的适用于在 Internet 上发布的文件格式，并且可以在任何装有网络浏览器和专用插件的计算机中执行打开、查看或输出操作。此外在发布 DWF 文件时，可以使用绘图仪配置文件，也可以使用安装时选择的默认 DWF6 ePlot.pc3 绘图仪驱动程序，还可以修改配置设置，例如颜色深度、显示精度、文件压缩以及字体处理等其他选项。

在输出 DWF 文件之前，首先需要创建 DWF 文件。在 AutoCAD 中可以使用 ePlot.pc3 配置文件创建带有白色背景和纸张边界的 DWF 文件。其中在使用 ePlot 功能时，系统将会创建一个虚拟电子出图，利用 ePlot 可指定多种设置，如指定旋转和图纸尺寸等，并且这些设置都会影响 DWF 文件的打印效果。下面以创建一支座零件的 DWF 文件为例，具体介绍 DWF 文件的创建方法。

选择【打印】工具，在打开的【打印-布局 1】对话框中选择打印机为 DWF6 ePlot.pc3，如图 9-40 所示。

然后在【打印-布局 1】对话框中单击【确定】按钮，并在打开的【浏览打印文件】对话框中设置 ePlot 文件的名称和路径，效果如图 9-41 所示。

AutoCAD 2014 中文版标准教程

图 9-40　指定打印机

图 9-41　设置 ePlot 文件的名称和路径

接着在【浏览打印文件】对话框中单击【保存】按钮，即可完成 DWF 文件的创建操作。

9.5.2　网上发布

在 AutoCAD 中，用户可以利用 Web 页将图形发布到 Internet 上。利用网上发布工具，即使不熟悉 HTML 代码，也可以快捷地创建格式化 Web 页。其中，所创建的 Web 页可以包含 DWF、PNG 或 JPEG 等格式图像。下面以将一模型零件图形发布到 Web 为例，介绍 Web 页的发布操作。

打开需要发布到 Web 页的图形文件，并在命令行中输入 PUBLISHTO-WEB 指令。然后在打开的【网上发布】对话框中选择【创建新 Web 页】单选按钮，如图 9-42 所示。

单击【下一步】按钮，在打开的【网上发布-创建 Web 页】对话框中指定 Web 文件的名称、存放位置以及相关说明，效果如图 9-43 所示。

继续单击【下一步】按钮，在打开的【网上发布-选择图像类型】对话框中设置 Web 页上显示图像的类型以及图像的大小，效果如图 9-44 所示。

图 9-42　打开图形和【网上发布】对话框

图 9-43　指定文件名称和存放位置

单击【下一步】按钮，在打开的【网上发布-选择样板】对话框中指定 Web 页的样板。此时在该对话框右侧的预览框中将显示出所选样板示例的效果，如图 9-45 所示。

单击【下一步】按钮，在打开的【网上发布-应用主题】对话框中设置 Web 页面上各元素的外观样式，且在该对话框的下部可以对所选主题进行预览，效果如图 9-46 所示。

图 9-44　设置发布图像的类型和大小

单击【下一步】按钮，在打开的【网上发布-启用 i-drop】对话框中启用【启用 i-drop】复选框，即可创建 i-drop 有效的 Web 页，如图 9-47 所示。

图 9-45　设置 Web 页样板

图 9-46　设置 Web 页主题

单击【下一步】按钮，在打开的【网上发布-选择图形】对话框中可以进行图形文件、布局以及标签等内容的添加，效果如图 9-48 所示。

图 9-47　启用 i-drop

图 9-48　添加 Web 页图形文件

单击【下一步】按钮，在打开的【网上发布-生成图像】对话框中可以通过两个单选按钮的选择来指定是重新生成已修改图形的图像，还是重新生成所有图像，效果如图 9-49 所示。

单击【下一步】按钮，在打开的【网上发布-预览并发布】对话框中若单击【预览】按钮，可以预览所创建的 Web 页；而若单击【立即发布】按钮，则可发布所创建的 Web

页，如图 9-50 所示。

图 9-49　选择 Web 页生成图像的类型

图 9-50　预览和发布 Web 页

此外，在发布 Web 页后，还可以在【网上发布-预览并发布】对话框中单击【发送电子邮件】按钮，创建和发送包括 URL 及其位置等信息的邮件。最后单击【完成】按钮，即可完成发布 Web 页的所有操作。

9.6　课堂实例 9–1：打印踏架零件图

本例打印踏架零件图，效果如图 9-51 所示。在进行图纸的打印时，一般情况下需进行视图布局的设置。在进行该踏架零件布局的设置时，首先插入标题栏样板。然后调整样板布局视口中的图形样式，并添加用以表达该踏架具体形状的三个基本视图视口。最终的打印效果是：在一张图纸上既有踏架的三维模型视图，又有它的主、左和俯视图。

图 9–51　踏架三维视图

操作步骤:

1　打开配套光盘中的文件"踏架.dwg"，并单击【布局】标签，进入布局模式，效果如图 9-52 所示。

2　在【布局】标签上单击右键，并在打开的快捷菜单中选择【来自样板】选项。然后在打开的【从文件选择样板】对话框中选择本书配套光盘中的文件"Styles.dwt"，并单击【打开】按钮，系统将打开【插入布局】对话框，效果如图9-53所示。

图 9-52　进入布局模式

图 9-53　选择样板文件

3 在【插入布局】对话框中单击【确定】按钮。此时【布局】标签后面将新增【Gb A3 标题栏】标签。然后单击该标签，进入新建的布局环境，效果如图9-54所示。

图 9-54　插入样板布局

4 双击布局中的标题栏，系统将打开【增强属性编辑器】对话框。然后在该对话框中修改各列表项的标记值，效果如图9-55所示。

图 9-55　修改标题栏参数

5 在当前视口的任意位置双击，此时图纸的内边线将变为黑色的粗实线，即该视口被激活。切换【西南等轴测】为当前视图，并切换【概念】为当前样式。然后利用【实时平移】和【缩放】工具，将模型调整至如图9-56所示位置。

图 9-56　改变视图模式

6 在【布局视口】选项板中单击【命名】按钮🖼，将打开【视口】对话框。然后切换至【新建视口】选项卡，并在【标准视口】列表框中选择【三个：水平】选项，创建三个视口。接着按照如图9-57所示分别设置这三个视口的视图方位和视觉样式。

7 设置完各视口的属性后，单击【确定】按钮。然后依次指定如图9-58所示两个角点A和B为布满区域的两个对角点。

图 9-57 定义多个视口

图 9-58 指定视口区域

8 在【自定义快速访问】工具栏中单击【打印】按钮🖨，系统将打开【打印-Gb A3 标题栏】对话框。然后按照如图 9-59 所示进行打印设置。

图 9-59 设置打印模式

9 设置完打印模式后，单击【预览】按钮，即可进行打印布局的预览，效果如图 9-60 所示。

图 9-60 打印预览

10 查看预览效果并满足要求后，单击右键，并在打开的快捷菜单中选择【退出】选项，系统将返回到【打印-Gb A3 标题栏】对话框。然后单击【确定】按钮，在打开的【浏览打印文件】对话框中指定保存路径和文件名，进行保存，效果如图 9-61 所示。

图 9-61 保存文件

11 保存文件后，按照上面保存的路径，利用 Adobe Reader 软件打开所保存的文件进行查看，效果如图 9-62 所示。

图 9-62 打开保存的对象

本例输出齿轮轴零件图的 PDF 文件，效果如图 9-63 所示。该齿轮轴零件主要作用是传递运动和扭矩，常用于机械传动当中。

图 9-63　输出齿轮轴零件 PDF 文件

输出该零件图的 PDF 格式文件，首先进行页面设置，然后利用【输出 PDF】工具设置输出方式和显示方式，并通过框选窗口指定输出文件区域。接着指定保存路径和名称进行保存。最后利用专业软件打开所保存的 PDF 文件查看效果即可。

操作步骤：

1　打开本书配套光盘文件"齿轮轴零件.dwg"，然后选择【文件】|【打印】|【页面设置】选项，将打开【页面设置管理器】对话框。接着在该对话框中单击【修改】按钮，并在打开的【页面设置-模型】对话框中按照如图 9-64 所示设置页面模式。

图 9-64　页面设置

2　展开【输出】选项卡，在【输出为 DWF/PDF】选项板中单击【输出 PDF】按钮，将打开【另存为 PDF】对话框。然后在该对话框中指定保存路径和名称，保存该格式的文件，效果如图 9-65 所示。

图 9-65　指定保存路径和名称

3　在该对话框的【输出】下拉列表中选择【窗

口】选项，并指定如图 9-66 所示的点 A 和点 B 为窗口的两个对角点。

图 9-66　指定输出窗口

④　在该对话框中单击【选项】按钮，将打开【输出为 DWF/PDF 选项】对话框。然后在该对话框的【合并控制】下拉列表中选择【直线合并】选项，并单击【确认】按钮，效果如图 9-67 所示。

图 9-67　【输出为 DWF/PDF 选项】对话框

⑤　完成上述参数设置后，单击【保存】按钮，

系统将进行输出 PDF 格式文件操作，并在状态栏中将显示"完成打印和发布作业，未发现错误或警告"提示信息，效果如图 9-68 所示。

图 9-68　完成输出

⑥　利用专业软件即可打开上面指定路径所保存的 PDF 文件，效果如图 9-69 所示。

图 9-69　打开 PDF 文件

9.8　思考与练习

一、填空题

1. _____和_____是 AutoCAD 的两个工作空间，且通过这两个空间可以设置打印效果，其中通过布局空间的打印方式比较方便快捷。

2. 模型空间是绘图和设计图纸时最常用的工作空间。在该空间中，用户可以创建物体的视图模型包括_____和_____图形造型。

3. 在 AutoCAD 中，打印样式表可以分为_____和_____打印样式表两种类型。

4. 在模型和布局空间中，视口和一般的图形对象相似，均可以使用一般图形的绘制和编辑方法，分别对各个视口进行相应的_____、_____和_____等操作。

5. _____是在模型空间中创建的视口，各视口间必须相邻，视口只能为标准的矩形，而且无法调整视口边界。

6. _____文件是一种安全的适用于在 Internet 上发布的文件格式，并且可以在任何装有网络浏览器和专用插件的计算机中执行打开、查看或输出操作。

二、选择题

1. 下列说法正确的是____。
  - A. 模型空间是绘图和设计图纸时最常用的工作空间
  - B. 模型空间又称为图纸空间，主要用于图形排列、添加标题栏、明细栏以及起到模拟打印效果的作用
  - C. 浮动视口是在模型空间中创建的视口，各视口间必须相邻，视口只能为标准的矩形，而且无法调整视口边界
  - D. 在布局空间创建的视口为平铺视口

2. 在浮动视口的单个视口中，如果存在多个图形对象，并要对所有的图形对象进行旋转操作时，可以在命令行中输入指令____。
  - A. MVSE
  - B. VSET
  - C. SETU
  - D. MVSETUP

三、简答题

1. 简述 AutoCAD 中模型空间和布局空间的区别与联系。

2. 简述如何将图形文件发布为 DWF 文件，并将该文件发布到 Web 页。

四、上机练习

1. 打印柱塞泵体零件图

本练习打印柱塞泵体零件图，效果如图 9-70 所示。在进行图纸的打印时，一般情况下需进行视图布局的设置。在进行该柱塞泵体零件布局的设置时，首先插入标题栏样板，然后调整样板布局视口中的图形样式，并添加用以表达该柱塞泵体具体形状的三个基本视图视口。最终的打印效

果是：在一张图纸上既有柱塞泵体的三维模型视图，又有它的主、左和俯视图。

图 9-70 柱塞泵体三维视图

2. 输出轴承盖零件图的 PDF 文件

本练习输出轴承盖零件图的 PDF 文件，效果如图 9-71 所示。该轴承盖零件主要用于固定和封闭轴承，其结构由固定螺栓孔组成，且螺栓孔用于轴承的轴向固定。

图 9-71 输出轴承盖 PDF 文件

输出该零件图的 PDF 格式文件，首先进行页面设置，然后利用【输出 PDF】工具设置输出方式和显示方式，并通过框选窗口指定输出文件区域。接着指定保存路径和名称进行保存。最后利用专业软件打开所保存的 PDF 文件查看效果即可。